“三线一单”生态环境分区管控技术方法与省级实践

汪自书　刘　毅　曹利荣　等著

中国环境出版集团·北京

图书在版编目（CIP）数据

“三线一单”生态环境分区管控技术方法与省级实践 / 汪自书等著. - - 北京 : 中国环境出版集团, 2025. 2.
ISBN 978-7-5111-6061-4

Ⅰ. X321.2

中国国家版本馆 CIP 数据核字第 2024MG0423 号

审图号：GS 京（2023）0766 号

责任编辑 侯华华
封面设计 宋 瑞

出版发行 中国环境出版集团
（100062 北京市东城区广渠门内大街 16 号）
网 址：http：//www.cesp.com.cn
电子邮箱：bjgl@cesp.com.cn
联系电话：010-67112765（编辑管理部）
010-67112735（第一分社）
发行热线：010-67125803，010-67113405（传真）
印 刷 玖龙（天津）印刷有限公司
经 销 各地新华书店
版 次 2025 年 2 月第 1 版
印 次 2025 年 2 月第 1 次印刷
开 本 889×1194 1/16
印 张 13
字 数 330 千字
定 价 104.00 元

共同著者

清华大学

谢　丹　　杨　洋　　李　倩　　胡　迪　　莫彬炜

北京清华同衡规划设计研究院有限公司

常照其　　吕春英　　李王锋　　靳　明　　李洋阳

河北省生态环境科学研究院

高　勤　　张慧娟

河北省地理信息集团有限公司

周亚欣　　赵景松　　王　云

河北正润环境科技有限公司

任　钢　　郝明亮

前 言

我国生态环境问题复杂多样，在不同区域、流域、海域等空间地域和空间尺度上的表现形式和成因机制差异较大，具有显著的空间分异特征。实施基于生态环境分区的精细化管控，是国际上应对复杂生态环境问题的通行做法。自 20 世纪 90 年代以来，我国相继发布了地表水、大气、噪声和生态功能区划，推动生态保护红线和流域水环境管控单元划定，初步构建了不同生态环境要素的空间管控体系，但各类生态环境分区管控要素之间的相互联系不紧密，分区管控的综合性、系统性和针对性不足，难以满足新形势下生态环境系统治理、精准管控的需要，实施差别化、综合性分区管理势在必行。

实施生态环境分区管控是以习近平同志为核心的党中央作出的重大决策部署。2023 年 7 月，习近平总书记在全国生态环境保护大会上提出，全面落实生态环境分区管控要求，为绿色低碳发展“明底线”“划边框”，着力从根本上解决生态环境问题。2024 年 3 月，《中共中央办公厅　国务院办公厅关于加强生态环境分区管控的意见》发布，提出实施生态环境分区域差异化精准管控是提升生态环境治理现代化水平的重要举措，对于促进高质量发展和高水平保护、支撑新时期美丽中国建设具有重要意义。

我国生态环境分区管控技术体系的构建经历了探索试点、全国推广和实践应用的过程，既是过去我国区域战略环境评价技术积累的延续深化，又是新时期生态环境管理的技术集成和创新。目前，我国基本形成以规范性技术要求为核心的生态环境分区管控技术体系，各省（区、市）和地市均已完成“三线一单”（生态保护红线、环境质量底线、资源利用上线和生态环境准入清单）生态环境分区管控方案发布。系统总结“三线一单”生态环境分区管控的技术方法体系，详细阐述省级“三线一单”生态环境分区管控方案编制的关键内容和任务要求，可为科研人员和广大读者提供较好的案例借鉴，为建立和完善生态环境分区管控体系提供重要的技术支撑。

本书基于生态环境部“三线一单”生态环境分区管控政策研究、河北省“三线一单”生态环境分区管控编制等研究的主要成果编写而成，分为两篇。上篇“技术方法体系”共五章，梳理了“三线一单”生态环境分区管控的理论内涵、工作进展和技术方法体系，分析“三线一单”生态环境分区管控与相关生态环境管理要求、国土空间规划的技术衔接情况，总结了省级“三线一单”生态环境分区管控编制的技术要点；下篇“省级编制实践”共七章，概述了河北省“三线一单”生态环境分区管控编制工作，梳理了区域发展与保护的总体形势和关键问题，介绍了河北省生态保护红线及生态空间管控、环境质量底线及生态空间管控、资源利用上线及生态空间管控、生态环境准入清单等工作要点和成果，提出了“三线一单”生态环境分区管控成果应用与实施保障机制建议。全书由汪自书、刘毅、曹利荣负责整体框架设计和内容审核。其中，技术方法体系篇章由汪自书、刘毅、谢丹、杨洋等执笔撰写，省级编制实践篇章由汪自书、曹利荣、常照其、吕春英、李倩等执笔撰写。

本书在写作过程中得到了生态环境部环境影响评价与排放管理司、生态环境部环境工程评估中心、生态环境部环境规划院、河北省生态环境厅等部门的悉心指导，也得到了北京清华同衡规划设计研究院、河北省生态环境工程评估中心、河北省生态环境科学研究院、河北省第三测绘院、北京神州瑞霖环境技术研究院有限公司、河北省地质环境监测院、河北省地矿局第八地质大队等多家科研单位及技术专家的大力支持，谨此表示最诚挚的感谢!

在本书研究过程中，国家仍在陆续发布关于生态环境分区管控相关的政策文件和技术规范，因此本书的部分内容与国家最新要求可能存在偏差。本书仅代表作者观点，供研究参考使用。

著者

2024 年 6 月

目　录

上篇　技术方法体系

下篇 省级编制实践

上　篇

技术方法体系

第一章

“三线一单”生态环境分区管控概述

第一节　国内外相关研究与实践

一、国际生态环境分区管控研究与实践

自 20 世纪 60 年代西方发达国家先后遭受生态环境危机以来，国际上对生态环境保护的重视程度日益提高，生态环境分区保护与管控的相关理念逐步在规划、建设、法规、政策中得到体现。结合西方发达国家生态环境管理目标的演变，梳理生态环境分区管控制度的发展历程，可以分为以下 3 个阶段。

第一阶段是 20 世纪 60—80 年代，西方发达国家实施以环境污染控制为目标导向的环境管理，生态环境分区管控模式和相关制度开始萌芽。这一阶段经济快速发展，环境污染日趋严重，公众环境意识空前觉醒，环境保护运动风起云涌，政府采取各种政策措施控制环境污染，实施严格的排放标准和总量管控措施，开始关注生态环境分区的研究和制定。

第二阶段是 20 世纪 80 年代至 21 世纪初，西方发达国家实施以环境质量改善为目标导向的环境管理，生态环境分区管控制度走向成熟。这些国家经过 20 多年的努力，基本解决了常规污染问题，环保工作重点转移到环境质量持续改善和全球环境问题的解决。1970 年，美国实施了近代以来的全球第一部国家环境法——《国家环境政策法》（*Nation Environmental Policy Act*，NEPA），并于同年设立了世界第一个国家级的环境保护管理机构——美国国家环境保护局（EPA）。此后各国普遍采取了设立国家级环境保护部门、加强环境立法、施行环境影响评价制度和推动国家环境规划等环境政策。20 世纪 80 年代中期到 20 世纪末，全球范围内环境政策的实施与扩展呈现显著的增长趋势。在这一阶段，生态环境分区保护与管控相关理念逐步在规划、建设、法规、政策中得到体现，对生态环境要素实行分区管理成为国际上常用的环境管理手段和主要途径。西方发达国家开展了单要素分区管控，探索了不同形式的综合分区管控，并且得到了较好的应用。

第三阶段是 21 世纪初至今，西方发达国家的环境管理转向以环境风险防控为目标导向，更加关注人体健康和生态安全。生态环境分区管控的方式更加灵活，针对产业园区、城镇群/

都市区、海岸带、流域、农业区等区域探索特定区域（area-specific）的综合管控。

欧美等国家和地区陆续实施的生态环境分区管控措施包括对生态、水、大气、噪声等单要素的分区管控，以及生态环境综合分区管控。这些管理措施是应对生态保护、环境污染治理和风险管控的有效手段。本研究选取其中的典型工作进行介绍。

（一）生态分区管控

1974 年，荷兰颁布了第一个国家级能源战略文件《荷兰能源政策》，标志着荷兰政府在国家政策上发生了重大转变，开始关注环境，迈向绿色可持续发展之路。1989 年，荷兰政府颁布了第一个国家环境政策规划，强化了环境空间管控的地位。20 世纪 80 年代末，荷兰国家公共卫生和环境保护研究所（RIVM）制定了一个生态系统分级分类框架，试图解决由于不同机构使用不同的地理区划而造成的混乱，这就是所谓的标准区域化（standardised regionalisation）。标准区域化是一种应用地理信息系统技术对嵌套生态系统（nested ecosystems）的分级绘图方法，可用于支撑国家和区域环境政策的制定。

Frans Klijn 等在回顾总结中阐述了这项工作的原则性要求：

①应该是基于生态特征的，特别是要考虑不同区域对酸化、富营养化、有毒物质污染和干旱破坏等问题敏感性的差异；

②应该有尽可能少的边界，一般情况下仅保留那些最必要的边界；

③不应该随着时间的推移而改变得太快，应能够维持几十年都有效；

④应该足够通用，以支撑不同国家的环境政策；

⑤应该适用于包括自然保护在内的所有土地使用功能，以支撑环境质量综合评价的开展；

⑥应该支持集成不同类型环境管理的情景研究结果；

⑦应该为监测环境质量的分层抽样点位布设奠定坚实的基础。

在比较不同空间单元划分精度后，Frans Klijn 等提出生态区域（ecoregion，100～2 500 km^2）和生态小区（ecodistrict，6.25～100 km^2）是最适用于荷兰国家层面实际管理需要的空间单元。在整合荷兰已有的基础数据和空间分类的基础上，重点考虑地质、地貌、地下水、地表水、土壤、植被和动物等方面的特征，Frans Klijn 等将荷兰划分为 4 个陆地生态区域和 2 个水生态区域。这些生态区域又被进一步划分为 26 个陆地生态小区和 11 个水生态小区。自 1988 年荷兰第一次编制生态区域和生态小区地图以来，实践证明这些地图对达到分析和展示等目的来说是切实可行的。目前这些地图主要应用于生态环境敏感性评估和质量评估，还应用于将复杂的预测模型结果与详细的地理数据进行结合，绘制辨识度更高的地图，为决策提供支撑。从实际应用情况来看，荷兰生态小区地图为制定解决特定区域内所有环境问题的区域环境政策奠定了良好的基础。

自 20 世纪 80 年代以来，美国、澳大利亚、新西兰和奥地利、德国等众多国家，以及世界自然基金会（World Wide Fund for Nature）、环境合作委员会（Commission for Environmental Cooperation）、联合国粮食及农业组织（Food and Agriculture Organization of the United Nations）等国际组织也开展了类似的工作。生态分区/区划广泛应用于生物多样性评价、野生动物生境累积威胁的等级划分、森林调查清单、土地利用、物种分布与生态区关系、水生态系统健康评价、资源管理等领域，对生态建设和环境保护具有积极的推动作用。

（二）水环境分区管控

欧盟水环境管理尊重水系流域边界，打破了国家行政边界的限制。2000 年，欧洲议会和欧盟理事会制定《欧盟水框架指令》，整合了欧盟原有零散的水资源水环境要求，涵盖了水资源（饮用水、地下水等）利用、水资源保护（城市污水处理、重大事故处理、环境影响评价、污染防治等）、防洪抗旱和栖息地保护的内容，明确了水资源及环境保护的目标，并规定了各项任务的完成期限，对各项措施的实施方法给出了基础性解释。《欧盟水框架指令》要求成员国按照自然流域边界进行水环境管理，针对每个流域制定相应的整体流域规划（部分流域跨越国界）。流域规划评估水体的现状和未来情景、制订管理目标和措施计划，必须明确指出政府为遵守指令所采取的实际措施，如控制点源和非点源、控制引水以维持水的可持续利用等，鼓励所有感兴趣的团体积极参与，并且自规划公布之日起，每 6 年进行一次复查和更新。《欧盟水框架指令》要求对河流、湖泊、河口、海岸等地表水体，按照生态状况进行评价，将水体状态划分为极好、良好、中等、较差、极差 5 个等级，并针对支持或维护生物生存环境的水文条件、物理和化学条件采取相应的治理措施;《欧盟水框架指令》对生态状况的评价指标、分类定义、监测模式等做出具体规定，以实现流域统筹管理。欧洲的实践证明，以流域为单元进行整体规划和管理是水环境管理的有效方法之一。

基于控制单元的流域水污染分区管理是国外流域治理经验的凝练，其中美国的最大日负荷总量（Total Maximum Daily Loads，TMDL）计划最具代表性。TMDL 计划由美国国家环境保护局于 1972 年在《清洁水法》中提出，主要是针对已经污染、尚未满足水质标准的水体制订管理计划，在特定时间内对特定污染物建立日最大污染负荷量，并分配到具体的污染源。TMDL 计划将污染物总量与质量进行了有机耦合，将污染物削减有效落实到具体污染源，对改善美国流域水质具有重要作用。

（三）大气环境分区管控

1990 年，美国《清洁空气法》要求国家环境保护局划定空气质量控制区，空气质量控制区的界线可与行政边界不一致。美国国家环境保护局在综合考虑地形、地貌、气象、空气流动等因素的基础上，将美国划分为 247 个空气质量控制区（每个控制区的最小单位为县），实施统一的大气环境管理。在此基础上，根据特定污染物是否达到国家环境空气质量标准，空气质量控制区可进一步分为达标区和未达标区，如对应 2006 年和 2012 年颗粒物标准未达标区域，以及对应 2008 年臭氧标准未达标区域等。对于未达标区域，要求所在州编制州一级的污染控制方案，进一步明确新排放源的排污许可发放和既有排放源的管理等要求。空气质量控制区、达标区、未达标区的划分有利于根据不同的污染状况对不同地区实行不同的管理措施，便于以最有效的方式、最快的速度达到国家环境空气质量标准的要求。美国大气污染防治工作的一个突出特点就是管理精细化，具有代表性的是建立了国家污染源排放清单，并在清单的基础上，利用空气质量模型，建立了总量减排-环境质量改善的响应关系。国家污染源排放清单已形成一个完备的体系，包含 309 种污染物的排放量及成分信息，污染源统计范围涵盖点源、面源、移动源、非道路移动源、生物成因源和地质成因源。

1997 年，为确保在相应期限内实现国家空气质量目标，英国开展了区域空气质量审查和评价工作，其工作的具体内容、目的与美国类似。该工作将无法达到空气质量目标的地区视为污染控制热点（pollution hot spots），并将其作为空气质量管理区域对待，该区域可以是一两条街道、整个城区或者更大。而该区域所属的地方政府，需制定一系列措施及对策，用于提高其环境质量。

（四）海岸带综合分区管控

海岸带是具有综合自然地质属性和社会经济属性的典型区域，是具有海陆过渡特征的独立环境体系，与人类的生存发展关系十分紧密。海岸带综合管理需要统筹考虑流域、陆地、近岸海域、近海和公海等，针对不同属性的生态系统制订差异化的管控方案，例如，根据水体环境承载力限定营养盐输入水平及海洋资源开发规模。除生态环保目的外，海岸带分区管控方法为农业、旅游业、城市建设等经济开发提供了单元依据。

20 世纪 60 年代前，美国针对海岸带的管理法规均为针对单一目标的部门性法规，随着环境问题越来越严重，依据部门的单项法规和分类管理已不适应形势的发展，美国开始探索海岸带综合管理立法。1972 年，美国颁布《海岸带管理法》，促进沿海各州制定海岸带综合管控规划，并由美国国家海洋和大气管理局（NOAA）、海洋和海岸资源管理局（OCRM）监督实施；1990 年，美国对该法案进行修订，加强了海岸带综合管理的调控能力。1992 年，联合国环境与发展大会（UNCED）正式提出了海岸带综合管理框架，标志着海岸带综合管理（integrated coastal zone management，ICZM）由分部门单目标管理跨入多部门统筹目标管理阶段，各部门的规划都按照海岸带综合管理的原则纳入整体规划。该框架通过地理空间适宜性分析对各种人类活动进行合理安排，对关键的生态区域实施保护以限制人类活动的类别和强度。

美国州一级政府对海岸带综合分区管控拥有较大权限，不同州的管控侧重点具有异质性。例如，新泽西州规定海岸带管控范围涵盖所有潮水域、海湾和大洋水域，管理的重点是海岸和大洋水质，佛罗里达州的海岸带涵盖全州的全部陆地和向外延伸 5～6 km 的海域范围，管理的重点是生物栖息地和国土利用规划。美国对海岸带地理空间的分类方法有按功能区划分和按海陆性质划分两种。按功能区划分的典型是加利福尼亚州沿海城市纽波特市，该市将海岸带内的城市区域依照功能划分为七大类（居住区、工业区、滨水混合区等），并根据利用类别实施不同的管理方案，例如，该市规定 I 类滨水混合区应保证一半以上的土地用于海洋商业发展，II 类滨水混合区不允许建设独栋住宅。海陆性质划分的典型是加利福尼亚州的圣塔芭芭拉市（Santa Barbara），陆域空间按照土地使用类型进行划分（如居住区、商业区等），海域空间分类进行了精减，增加了资源管理用地，并且该市在海岸带土地开发利用条例中使用土地兼容矩阵进行管理。矩阵表类似于准入清单，规定了每类地理空间开发可以进行的活动类型，所有的开发活动须在矩阵表准许下进行，例如，该市的部分海岸带区域禁止进行旅馆和风电建设、部分海岸带资源管理区的水产养殖行为受到严格限制。

美国海岸带综合管理和空间规划已形成一套完整规范的操作流程，在科学解决生态环境问题的同时还要协调好各方的利益和诉求。海岸带综合管理的评价内容多样，包括生物多样性评价、生态系统健康评价等，近年来欧美发达国家（地区）将战略环境评价纳入海岸带综合管理评价范畴，将环境及可持续发展原则整合进综合管理策略中，凸显管理策略潜在的风险并做出相应的调整。在技术运用方面，“3S”［遥感（RS）、全球定位系统（GPS）、地理信息系统（GIS）］构成了现代海岸带综合管理的基础性技术，应用遥感监测、数字化仿真和数据传输网络，可以实现大范围、高精度的海岸带生态资源和环境状态识别，以及对海岸带分区开发建设规划进行监测，获得的评价结果可清晰、直接为发现问题和制定决策提供支持。

其他发达国家和地区也对海岸带综合管理进行了长期探索和实践。荷兰以《空间规划法》等为依据对海陆国土进行统筹规划，并明确规定了海岸带管理区的范围，整合了与海岸带有关的管理内容（包括但不限于生态环境部门），要求欧洲北海附近的海岸带优先保护水上航道的顺畅，保护基岩，限制阻碍海洋视野的项目开发，严格规定风电、石油能源的开发范围等。澳大利亚在 2004 年颁布《大堡礁海洋公园分区计划》，制定了大堡礁海岸带空间分区管理方案，将大堡礁海岸带划分为 8 类管理区域，包括一般利用区、生物栖息地、河口区、缓冲区等，详细规定了各类区域的边界范围和管理目标，规定了每类管理区允许、限制和禁止的人类活动，该分区管理对海岸带资源环境保护、生物多样性保护和社会经济发展起到了重要作用。

（五）生态环境综合分区管控

荷兰在第一个国家环境政策规划的基础上，探索了综合环境分区（integrated environmental zoning）制度，以改善大型工业区周边地区的环境质量。1990 年，荷兰发布综合环境分区暂行规程，制定了噪声、恶臭、有毒物、致癌物以及危险物五类环境影响的分级标准，为评估工厂群可能对周边居民区的几种环境影响及如何减轻这些影响提供了方法。11 个开展综合环境分区示范性试验的项目均暴露了比预想更严重的问题，也表明了运用暂行规程过程中所采取相关分析的重要性。虽然荷兰环境部门并没有在后续的环境政策中明确规定综合环境分区的战略性地位，但是，综合环境分区的重要性毋庸置疑，因为它是讨论如何解决荷兰的环境/空间矛盾的基础。

借鉴荷兰综合环境分区暂行规程，美国纽约市环境保护部门编制了《合计环境承载底线概要》（BAEL），并将其发展为一种对环境条件提供概览的方法。这个概览并不直接产生规划结果，而是用来推动利益相关方进行交流。这一方法在纽约西南部工业区布鲁克林的一个街区得到了应用，并有望在全市范围内推广。

荷兰在探索综合环境分区制度的同一时期，也探索了“指定的空间规划和环境地区”［ROM（荷兰语）］项目，作为统筹空间规划和环境的一种综合的分地区探索。ROM 项目的资金由国家拨给各省、市。荷兰住房、规划与环境部设有 ROM 专项办公室，定期组织国家和省、市的 ROM 项目负责人（包括企业和政府议会等）开会交流以促进合作。ROM 并非环境标准政策与分区系统的替代，而是从更为广阔的视角审视环境冲突。维护环境质量不再是唯一目的，维护和提升包括空间、社会、经济在内的整体质量成为其主要目标。

1997 年 4 月，欧盟发布了《战略环境评价导则（草案）》（Draft Directive on SEA），要求其成员国在 1999 年年底以前执行。此后发布了《战略环境评价法案》（2001/42/EC），提出了综合环境评价（integrated environmental assessment）的理念，提倡在合适的时空尺度上，开展资源环境耦合评价。2019 年，联合国环境规划署发布综合环境评价导则，介绍评价流程和方法。英国以环境质量的定量本底为基础，对发展政策、规划、计划等产生的单一环境影响以及复合环境影响进行清晰、系统和反复的评价，相关规划与政策的落地实施均应符合可持续性评价的要求。德国对于相关规划、建设开发与人群、动植物、土壤、水体、空气、气候、景观、文化、其他特殊保护目标，以及上述保护目标之间的相互关系及其可能产生的巨大环境影响进行分析，作为区域规划与建设开发的基础。环境和可持续性评价逐渐从环境领域扩展到经济领域和社会领域，指引区域发展。

德国在 20 世纪 90 年代中期就开展了关于可持续空间发展的理论讨论，在 1998 年颁布的《空间规划法》中明确提出，空间规划的主要理念之一是使“社会和发展对空间的需要与国土空间的生态功能相协调，并达到长久的大范围内平衡空间发展秩序，从而保证空间的可持续发展”，将生态环境管控和可持续发展等作为重要内容，要求在德国全部空间内必须平衡发展建设空间及自由空间结构，必须在建成区和非建成区范围内保护自然资源和生态环境系统的功能性，每个空间必须努力实现基础设施、经济、社会、生态以及文化环境的均衡发展。英国将生态环境管控的相关原则纳入城市规划实践的行动框架，强调规划实施的监测及评估（包括可持续发展监测、绿色开敞空间等），成为城市规划与生态环境保护相互协调的典范。澳大利亚堪培拉在城市规划设计之初，充分体现对生态和自然环境的尊重，注重规划编制和绿色设计，将绿色、可持续发展的理念贯彻到新城新区建设的各个方面，并严格按照规划实施，市内保留了建市之初的大片天然森林，打造形成既有现代城市功能又有古朴田园风光的“花园之都”。生态环境管控要求在空间规划、城市规划中发挥基础性、引导性和约束性作用。

新西兰的地区规划强调对资源和环境问题的合理解决，加强对自然和生态环境的可持续管理。其纲领性文件的首要任务就是识别城市中存在的环境资源问题，针对市域范围内的自然资源以及主要景观区域和景观要素的数量、质量、位置等进行详细分析，提出资源环境管理目标、政策和落实方法。环境质量控制是荷兰空间规划最为核心的两个任务之一，提出红线控制与绿线控制的要求。其中，红线为城市建设的空间范围，要求所有省级空间规划必须划出红线；绿线为农村地区限制建设的空间区域范围，农村地区的建设活动禁止在绿线范围内进行。德国的空间规划在具体空间上实施空间管制，在具体空间的管制上提出要保护或者重建自由空间的土壤、水资源、动植物以及气候的功能，明确必须保护和发展自然、景观、资源等的要求。通过环境质量控制、生态功能维护等手段，将生态环境管控要求落实到区域、城市和乡村规划体系。

（六）经验总结

国际经验表明，生态环境分区管控是生态保护、环境污染治理和风险管控的有效管理手段。总体来看，欧盟及美国生态分区管控制度具有注重法律保障、考核评估与更新机制完善、强化跨区域流域统筹协调、突出精细化管理、加强信息公开等特点。需要注意的是，由于经济社会发展阶段和面临的问题不同，国外生态环境分区研究的目标和指标设置更多考虑生态环境要素的基础质量，侧重考虑自然要素对生态环境系统的影响，对人为要素对生态环境系统的影响考虑较少，对于污染问题区域、以环境质量改善为目标的分区研究关注较少，也缺少生态—环境—资源多要素综合的分区管控研究。

二、中国生态环境分区管控研究与实践

我国环境管控体系的发展历史大致可分为探索、起步、发展、深化和更新转型五个阶段。我国的环境管控逐步从末端治理走向源头防控，环境管控范围从点源治理发展到流域/区域的综合治理及联防联控。在这一过程中，我国不断强化生态环境分区管理的相关制度，无论在研究层面还是在实践层面，都取得了重要进展。

自 20 世纪 80 年代起国家环保部门陆续制定发布了大气环境功能区划、声环境功能区划、水环境功能区划、土壤环境功能区划等单项生态环境要素空间管控规划。相关成果在环境保护五年规划、生态省（市、县）建设规划、环境保护专项规划中得到了应用。这一阶段的工作以单要素环境功能区划为主，虽然对环境保护起到了一定的积极作用，但在区域层面上以协调区域环境保护与经济发展、提高环境管理能力为目的的综合性环境区划研究还较少。

2006 年，《中华人民共和国国民经济和社会发展第十一个五年规划纲要》将推进形成主体功能区作为促进区域协调发展的重要内容。2010 年，《全国主体功能区规划》印发实施。环境保护部和中国科学院于 2008 年发布了《全国生态功能区划》（公告 2018 年第 35 号）。2012 年发布的《环境功能区划编制技术指南（试行）》和 2015 年印发的《生态保护红线划定技术指南》，要求 2019 年完成全国生态保护红线划定工作。2019 年自然资源部、生态环境部联合发布《自然资源部办公厅 生态环境部办公厅关于开展生态保护红线评估工作的函》和《自然资源部国土空间规划司 生态环境部生态环保司关于印发生态保护红线评估有关材料的函》。目前各地正在按照要求对原生态保护红线划定结果进行评估和修订。

总体来看，党的十八大以来，国家发展改革委、自然资源部和生态环境部陆续启动了包括主体功能区划、三生空间（生产、生活和生态空间）划定和生态环境功能分区划定等国土空间分区管控的探索，初步构建了国土空间分区差异化的生态环境管控体系，但这些工作对于资源和生态环境的系统评估仍不足，分区精度和管控措施的落地性仍有待加强。

“十三五”时期以来，国内学者针对生态环境分区管控存在的问题及面临的挑战进行了探讨，主要内容集中在：生态环境分区科学性不足，以行政单元为基本单元的分类过于粗糙，分区缺乏统一规范，管控分级较为粗略；生态环境空间综合管理手段较为缺乏，统筹生态环境保护与经济社会发展的措施不足；生态环境分区管控原则、思路不清晰，效能不足，多元共治格局尚未形成；生态环境空间管控刚性不足、全域管控缺失、缺乏统一的管理平台、技术方法有待完善以及与其他部门空间规划难以融合等。

生态环境分区管控是环境保护的重要手段之一。我国生态环境问题复杂多样且具有显著的空间特征，在不同区域和空间尺度上的表现形式和成因机制差异较大，生态环境空间管控的对象和侧重点也有所不同。随着我国生态环境治理措施的不断深化，我国生态环境分区管控模式正由单要素管控向综合性管控转变，由战略导向性向精细化落地性转变。原有各类生态环境分区管控的要素条块分割明显，较少体现生态和环境、资源要素之间的协同管理，分区管控的综合性、系统性不足，很难建立污染物排放与环境质量之间的响应关系，难以满足新时期生态环境质量改善的需要。当前，我国正处于推动国土空间治理体系改革和治理能力现代化建设的关键时期，在生态文明建设的新时代背景下，亟须在现有生态环境分区管控制

度的基础上，综合生态保护、环境质量管理和资源利用等多要素管控要求，构建一套更加科学有效的国土空间差异化的生态环境分区管控体系。

第二节 “三线一单”生态环境分区管控的内涵与特征

一、基本概念

“三线一单”即生态保护红线、环境质量底线、资源利用上线和生态环境准入清单，是在客观评价区域生态环境保护目标和环境资源承载力的基础上建立的覆盖整个国土空间的差异化生态环境管控体系。

生态空间指具有自然属性、以提供生态服务或生态产品为主体功能的国土空间，包括森林、草原、湿地、河流、湖泊、滩涂、岸线、海洋、荒地、荒漠、戈壁、冰川、高山冻原、无居民海岛等区域，是保障区域生态系统稳定性、完整性，提供生态服务功能的主要区域。

生态保护红线指在生态空间范围内具有特殊重要生态功能、必须强制性严格保护的区域，是保障和维护国家生态安全的底线和生命线，通常包括具有重要水源涵养、生物多样性维护、水土保持、防风固沙、海岸生态稳定等功能的生态功能重要区域，以及水土流失、土地沙化、石漠化、盐渍化等生态环境敏感脆弱区域。这些区域需要按照“生态功能不降低、面积不减少、性质不改变”的基本要求，实施严格管控。

环境质量底线指按照水、大气、土壤环境质量不断优化的原则，结合环境质量现状和相关规划、功能区划要求，考虑环境质量改善潜力，确定的分区域分阶段环境质量目标及相应的环境管控、污染物排放控制等要求。

资源利用上线指按照自然资源资产“只能增值、不能贬值”的原则，以保障生态安全和改善环境质量为目的，利用自然资源资产负债表，结合自然资源开发管控，提出的分区域分阶段的资源开发利用总量、强度、效率等上线管控要求。

生态环境管控单元指集成生态保护红线及生态空间、环境质量底线、资源利用上线的管控区域，衔接行政边界，划定的环境综合管理单元。

生态环境准入清单指基于生态环境管控单元，统筹考虑生态保护红线、环境质量底线、资源利用上线的管控要求，提出的空间布局、污染物排放、环境风险、资源开发利用等方面禁止和限制的生态环境准入要求。

“三线一单”生态环境分区管控的基本概念见图 1-1。

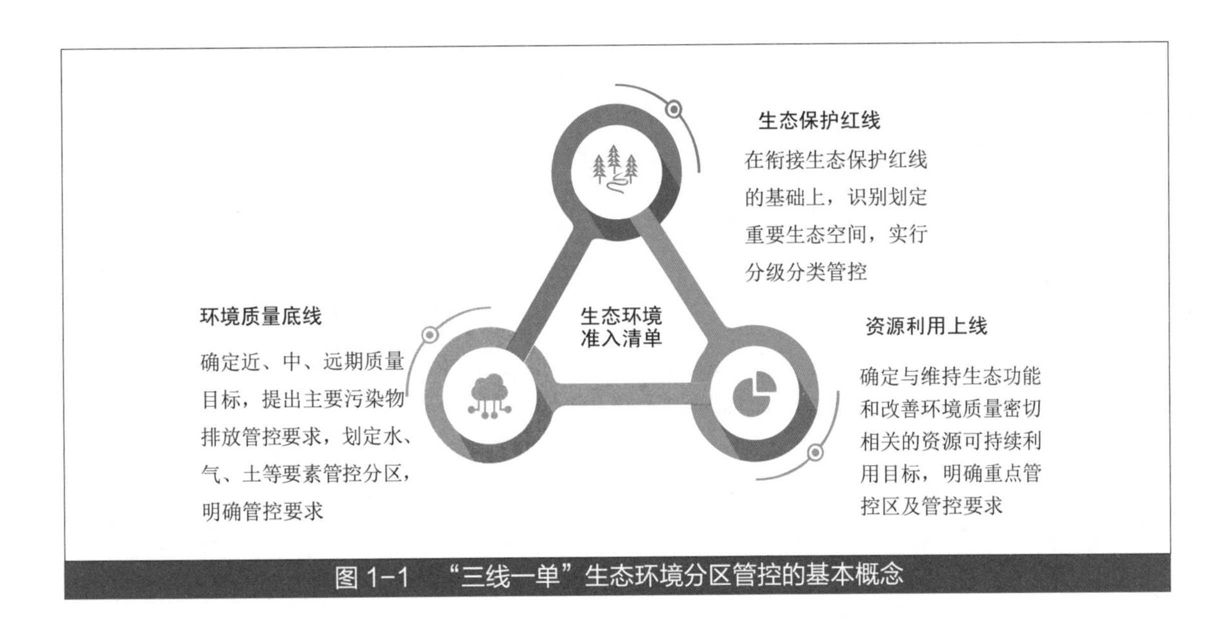

图 1-1 “三线一单”生态环境分区管控的基本概念

二、内涵与基本特征

衔接我国生态环境要素空间管控的方法和成果，在总结国土空间分区管控相关探索经验的基础上，“三线一单”生态环境精细化分区管控以改善生态环境质量为目标，采用区域经济社会—环境复杂系统分析和多维、多因子调控理论，以区域生态系统安全和资源环境承载力为基本约束，基于多尺度、中长期、多要素“系统诊断、预测评估和优化调控”总体思路，构建了自上而下空间分配和自下而上反馈调整的评估技术框架，提出了区域经济社会活动与资源环境承载力协同的共性调控思路与方法。通过预测评估经济社会发展作用下区域生态空间和资源环境系统的驱动—反馈效应，综合运用资源环境承载力定量核算与空间分配、综合分区与清单编制等技术，通过集成生态保护红线及生态空间、环境质量底线、资源利用上线的环境管控要求，形成以生态环境管控单元为基础的分区管控体系，明确生态环境系统性保护对于经济社会发展规模、布局和效率的先导性、底线性要求，构建了空间化、集成化、精细化的国土空间生态环境管控预防网络体系，可以直接促进精细化管理和精准化治理，建立总量控制、结构优化和布局调整资源环境的技术支撑体系，为高质量发展、生态环境精细化管理和治理能力提升提供支撑。

“三线一单”生态环境分区管控体系的基本内涵是构建“问题—目标—单元—清单”系统性管控体系。其中，战略问题是导向，决定管控方向，是分区管控的重要出发点；质量目标是前提，决定管控强度，是分区管控的基本依据；管控单元是基础，决定管控对象，是分区管控的关键核心；准入清单是措施，决定管控内容，是分区管控的重要抓手。“三线一单”生态环境分区管控通过构建系统性的分区管控体系，既要实现从宏观战略问题和目标到微观调控措施的分解落实，又要通过微观尺度的准入管控支撑宏观层面的结构优化和布局调整，进而实现重大战略问题的落实、质量目标的分解、管控单元的细化和准入清单的落地。

“三线一单”生态环境分区管控的核心是构建“要素管控—综合单元—准入清单”的生态环境分区管控体系，包括明确管控单元类别、数量/面积、空间分布、管控等级、准入要求等，管控单元一旦划定不能随意改变，必须保持一定周期的稳定性。“三线一单”生态环境分区管控体系的一般组成如图 1-2 所示，在实际工作中可结合地方生态环境特征和发展情况进行补充，未来也将根据新的发展和保护要求（如碳达峰碳中和目标）进行调整和完善。其中，生态保护红线涉及生态保护红线和一般生态空间，应确保一般生态空间应划尽划，维持生态系统整体性、系统性和完整性要求；特别注意协调与矿产、城镇、旅游等开发建设空间的关系，分类提出生态空间的管控要求。环境质量底线涉及水环境、大气环境、土壤环境、海洋环境等，应建立以质量目标和承载力为约束的分区管控体系，明确管控重点区域和关键对策；合理划定环境管控分区，综合考虑管控分区多重属性，不能简单以质量是否达标作为重点管控分区的唯一依据。资源利用上线涉及水资源、土地资源、能源、岸线资源等，以保障生态安全、改善环境质量为核心，明确资源能源利用的总量、效率控制要求，突出生态流量控制、煤炭等高污染燃料管控、岸线资源利用管控等重点。综合管控单元是在各要素分区基础上，综合叠加得到的覆盖全域国土空间范围的乡镇尺度环境管控的基本单元，分为优先保护单元、重点管控单元、一般管控单元三类。其中，优先保护单元以生态环境保护为主，依法禁止或限制大规模、高强度的工业和城镇建设；重点管控单元应优化空间布局，加强污染物排放控制和环境风险防控，不断提升资源利用效率；一般管控单元应落实生态环境保护的相关要求。

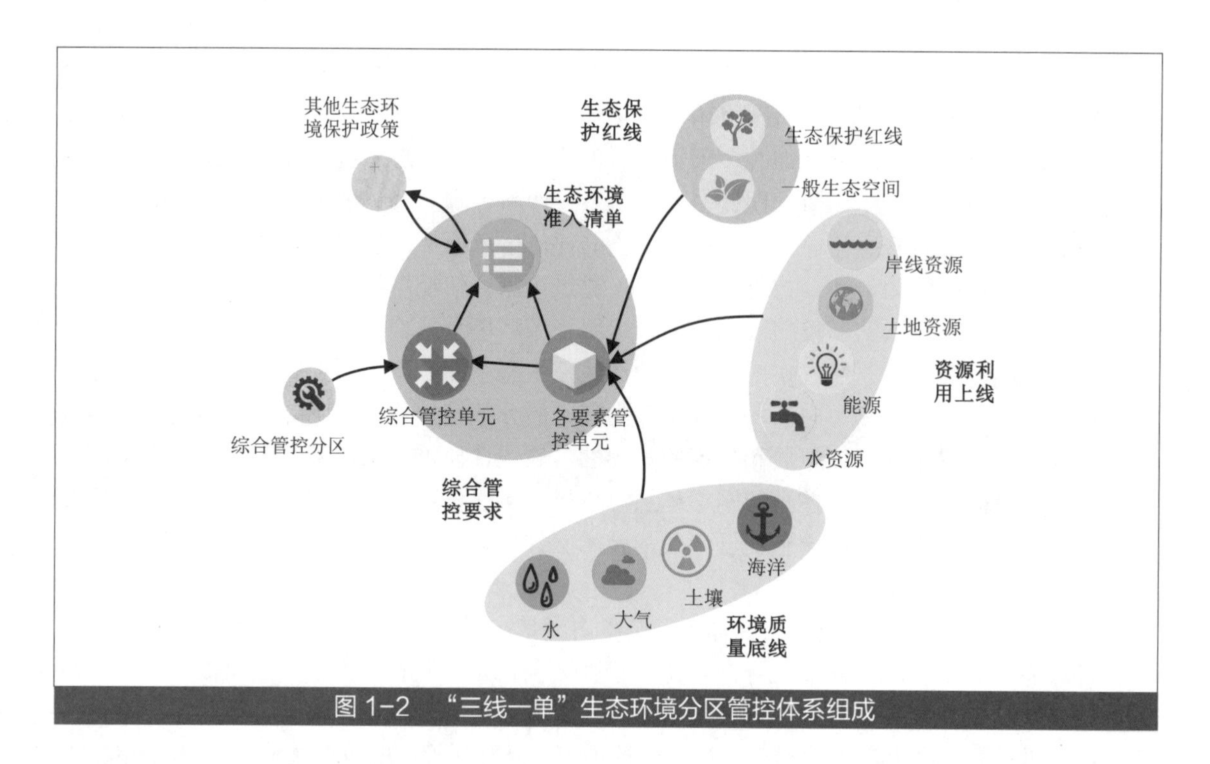

图 1-2 “三线一单”生态环境分区管控体系组成

总体来看，“三线一单”生态环境分区管控体系具有完整性、一致性、科学性等特征。

完整性：从维持生态系统功能不降低的角度，确保生态保护空间的完整性。包括水、大气、土壤和能源、水资源、土地资源、岸线资源等多要素，通过综合集成，实现生态环境的综合管控。生态环境分区的国土空间全覆盖，不留白，构建与区域发展和保护相协调、与实际环境管理需求相匹配的分区管控体系。

一致性：要建立统一的生态环境信息“一张图”和一套基础数据，其中全口径污染源清单是生态环境分区管控的重要基础。此外，环境质量底线及分区管控要体现“污染源—质量目标—排放控制—分区管控”的逻辑关系，加强与生态环境和资源要素管理的衔接，充分采纳和融合各部门现有的各项成果。

科学性：在气象、水文和环境质量模型的支撑下，在全口径污染源清单的基础上，构建“污染排放—监测站点/断面—环境质量”的系统响应关系，支撑环境质量改善的需要。统一各类生态环境分区划定方法体系，划定生态环境和资源管控分区，结合行政边界和管理需求，划定综合生态环境管控单元，落实污染物排放管控等要求，构建一套科学化的环境管控体系。

三、成果出口

“三线一单”生态环境分区管控相关技术规范明确，“三线一单”生态环境分区管控的成果包括文本、图集、生态环境准入清单、研究报告、信息平台等。各省（市）在“三线一单”生态环境分区管控编制工作实践中，普遍提出了生态环境质量底线目标，划分了生态环境管控分区，制定了生态环境准入清单，搭建了“三线一单”生态环境分区管控系统平台，构建了本地区的生态环境分区管控体系。

2019 年，生态环境部印发《关于加快实施长江经济带 11 省（市）及青海省“三线一单”生态环境分区管控的指导意见》（环环评〔2019〕99 号），提出了“三线一单”生态环境分区管控成果应用的主要领域，包括围绕促进高质量发展作好支撑、围绕改善生态环境质量作好保障、参与并支撑国土空间规划编制、围绕产业准入作好环保支撑、加强对规划和项目环评的指导、强化对生态环境监管的支撑等，为各省成果的实施应用指明了方向。

2021 年 11 月印发的《中共中央　国务院关于深入打好污染防治攻坚战的意见》提出要加强“三线一单”生态环境分区管控，强化“三线一单”生态环境分区管控成果在政策制定、环境准入、园区管理、执法监管等方面的应用。

2021 年 11 月，生态环境部印发《关于实施“三线一单”生态环境分区管控的指导意见（试行）》（环环评〔2021〕108 号），明确了在优化生态环境保护空间格局、服务高质量发展、推进高水平保护、协同推动减污降碳、强化“两高”行业源头管控等 5 个重点方向的实施应用要求。

第三节　“三线一单”生态环境分区管控工作进展

一、发展历程

“三线一单”生态环境分区管控技术体系的构建经历了探索试点、全国推广和实践应用过程，既是过去我国区域战略环境评价技术积累的延续深化，又是新时期生态环境管理的技术集成创新。2009 年，环境保护部启动了五大区域战略环境评价，以区域生态保护空间和资源环境承载能力为约束，建立了国土空间关键区域生态环境精细化管理的技术思路与应用路径，此后几轮大区域战略环评延续和深化了这一技术思路，并逐步明确了空间红线、总量红线、准入红线"三条铁线"管控要求。

2015 年 7 月 1 日，习近平总书记主持召开中央全面深化改革领导小组第十四次会议，提出要落实严守资源消耗上限、环境质量底线、生态保护红线的要求。2015 年 10 月，京津冀、长三角、珠三角三大地区战略环境评价项目启动会提出环境影响评价是环境保护参与国家经济运行决策的第一窗口，规划环评是推动绿色化转型的重要抓手，应严守空间红线、总量红线、准入红线的要求。2016 年 5 月，国家发展改革委、环境保护部等九部委联合印发《关于加强资源环境生态红线管控的指导意见》，要求严守资源环境生态红线，推动建立红线管控制度，加快建设生态文明。

2016 年 7 月，环境保护部印发了《"十三五"环境影响评价改革实施方案》，提出以改善环境质量为核心，以全面提高环境影响评价有效性为主线，以创新体制机制为动力，以"生态保护红线、环境质量底线、资源利用上线和环境准入负面清单"为手段，强化空间、总量、准入环境管理，推进环境影响评价管理体系改革，真正发挥环境影响评价在源头预防上的关键作用。2016 年 10 月，为了更好地发挥环境影响评价制度从源头防范环境污染和生态破坏的作用，加快推进改善环境质量，环境保护部发布了《关于以改善环境质量为核心加强环境影响评价管理的通知》，要求强化"三线一单"生态环境分区管控约束作用，建立"三挂钩"机制（项目环评审批与规划环评、现有项目环境管理、区域环境质量联动机制），三管齐下切实维护群众的环境权益。"三线一单"生态环境分区管控逐渐成为环境保护部门源头预防环境污染和生态破坏、宏观调控社会经济发展、加强环境管理等的重要抓手。

2017 年，为进一步推动"三条铁线"细化落地，环境保护部启动了城市"三线一单"生态环境分区管控试点研究工作，连云港、济南、鄂尔多斯、承德 4 个城市被列为第一批"三线一单"生态环境分区管控试点城市。2017 年 12 月长江经济带战略环评项目启动，长江经济带 11 个省（市）和青海省同步开始省级"三线一单"生态环境分区管控编制工作。2017 年 12 月，环境保护部印发《"生态保护红线、环境质量底线、资源利用上线和环境准入负面清单"编制技术指南（试行）》（以下简称《"三线一单"编制技术指南（试行）》），提出了建立生态保护红线、环境质量底线、资源利用上线和生态环境准入清单的一般性原则、内容、程序、方法和要求。

2018 年 5 月，全国生态环境保护大会召开，会上将编制实施"三线一单"生态环境分区管控列为重点任务。2018 年 6 月印发的《中共中央　国务院关于全面加强生态环境保护　坚决打好污染防治攻坚战的意见》（中发〔2018〕17 号），明确省级党委和政府加快确定生态保护红线、环境质量底线、资源利用上线，制定生态环境准入清单，在地方立法、政策制定、规划编制、执法监管中不得变通突破、降低标准，不符合、不衔接、不适应的于 2020 年年底前完成调整。

2018 年 8 月，生态环境部印发了《区域空间生态环境评价工作实施方案》，北京、天津等 19 个省（区、市）以及新疆生产建设兵团开始开展本行政区内相关地（州、市）区域空间生态环境评价，建立以"三线一单"生态环境分区管控为核心的生态环境分区管控体系，全面启动全国“三线一单”生态环境分区管控编制工作。

生态环境分区管控的基础地位不断提升。2021年11月11日党的十九届六中全会通过《中共中央关于党的百年奋斗重大成就和历史经验的决议》，提出要全方位、全地域、全过程加强生态环境保护，推动划定生态保护红线、环境质量底线、资源利用上线。2021年11月2日，《中共中央　国务院关于深入打好污染防治攻坚战的意见》明确，“加强生态环境分区管控，加强‘三线一单’成果在政策制定、环境准入、园区管理、执法监管等方面的应用”。

生态环境部于2021年1月印发《关于统筹和加强应对气候变化与生态环境保护相关工作的指导意见》，于2021年5月印发《关于加强高耗能、高排放建设项目生态环境源头防控的指导意见》，将应对气候变化要求纳入“三线一单”生态环境分区管控体系，表明将加快推进“三线一单”生态环境分区管控成果在“两高”行业产业布局、结构调整、重大项目选址中的应用。

《关于实施“三线一单”生态环境分区管控的指导意见（试行）》（环环评〔2021〕108号）提出：到2025年，“三线一单”生态环境分区管控技术体系、政策管理体系需较为完善，数据共享与应用系统服务效能应显著提升，不断拓展应用领域，使应用机制更加有效，促进生态环境持续改善。

2024年3月《中共中央办公厅　国务院办公厅关于加强生态环境分区管控的意见》提出，到2035年，全面建立体系健全、机制顺畅、运行高效的生态环境分区管控制度，为生态环境根本好转、美丽中国目标基本实现提供有力支撑。该意见明确了全面推进生态环境分区管控、助推经济社会高质量发展、实施生态环境高水平保护和加强监督考核等重点任务，提出了加强组织领导、强化部门联动、完善法规标准、强化能力建设和积极宣传引导等组织保障措施。

二、实践进展

环境保护部按照试点先行、示范带动、梯次推进、全域覆盖的工作思路，于2017年初率先在连云港等4个城市开展了“三线一单”生态环境分区管控编制试点，于2017年12月启动了长江流域12个省级试点。2018年8月，生态环境部全面启动全国“三线一单”生态环境分区管控编制工作。2021年3月，生态环境部举行例行新闻发布会，生态环境部新闻发言人通报，全国已有31个省（区、市）和新疆生产建设兵团发布生态环境分区管控方案，“三线一单”生态环境分区管控全面进入落地应用阶段。随着“三线一单”生态环境分区管控成果在全国各省（区、市）的发布，“三线一单”生态环境分区管控体系已经初步建立，各地均明确了省级党委和政府的主体责任，在促进高质量发展、支撑地方改善生态环境质量、参与并支撑国土空间规划、产业准入、指导规划和项目环评、支撑生态环境监管等方面开展了应用探索和实践。其中，浙江、重庆等省（市）下辖的地市、区县均已发布生态环境分区管控实施方案，为后续应用实施奠定了基础；湖南省发布了本省省级以上产业园区的生态环境准入清单，将全省144家省级以上产业园区划为独立的重点管控单元实施针对性管控。

据不完全统计，目前已有20多部地方法规先后明确了“三线一单”生态环境分区管控的法律地位，涉及天津、山东、江西、湖北等 17 个省（区、市）。为深入推动“三线一单”生态环境分区管控编制和成果应用实施提供了制度保障。其中，江西将“三线一单”生态环境分区管控纳入《江西省生态文明建设促进条例》；山东、天津、贵州、甘肃、湖南、河北 6 个省（市）陆续将“三线一单”生态环境分区管控相关要求纳入省级生态环境保护条例；陕西、吉林两省将“三线一单”生态环境分区管控相关要求纳入相关生态环境保护条例（水生态环境保护条例、煤炭石油天然气开发生态环境保护条例）；四川、山西两省将“三线一单”生态环境分区管控要求写入当地的环境影响评价法实施办法。在国家层面，2021 年 3 月开始实施的《中华人民共和国长江保护法》确立了省级人民政府制定生态环境分区管控方案和生态环境准入清单，报国务院生态环境主管部门备案后实施的要求。

三、技术方法体系

2017 年环境保护部印发《“三线一单”编制技术指南（试行）》，突出了“重大问题识别—质量目标—分区管控—清单落地”的逻辑关系，构建了从“三线”管控分区到综合生态环境管控单元和生态环境准入清单编制的主线，系统提出了“三线一单”生态环境分区管控编制的一般性原则、内容、程序、方法和要求。该指南确定了包括生态保护红线、生态空间、水环境、大气环境、水资源、土地资源、能源、自然资源资产在内的九大类分析对象，不再将自然资源资产负债表纳入“三线一单”生态环境分区管控，但在后续工作中保留了其他对象。在“三线一单”生态环境分区管控编制工作推进过程中，结合部分省（市）遇到的问题，生态环境部又相继印发了《“三线一单”编制技术要求（试行）》《“三线一单”成果数据规范（试行）》《生态环境准入清单编制要点（试行）》《“三线一单”岸线生态环境分类管控技术说明》《“三线一单”一问一答手册（第一辑）》《“三线一单”图件制图规范（试行修订版）》《近岸海域“三线一单”生态环境分区管控技术说明（试行）》等系列文件。“三线一单”生态环境分区管控以技术指南、技术要求、成果数据规范、制图规范、生态环境准入清单要点为核心的技术规范体系已基本建立，其与各环境要素技术规范自成体系又相互衔接，基本构成一个相对成熟完整的技术体系，为建立覆盖全国的“三线一单”生态环境分区管控体系提供了有力的技术支撑。

在工作过程中，生态环境部陆续印发了《长江经济带战略环境评价“三线一单”编制工作实施方案》《区域空间生态环境评价工作实施方案》《长江经济带 11 省（市）及青海省“三线一单”成果技术审核规程》《关于成立“三线一单”专家组的通知》《关于建立“三线一单”包保机制有关事项的通知》《黄河流域重大生态环境问题及对各省（区）“三线一单”工作的建议》等文件，结合各地实践经验逐步确立了“三线一单”生态环境分区管控的工作组织模式，明确“三线一单”生态环境分区管控成果编制与发布、成果应用、更新与调整、组织实施和技术保障的要求，基本构建了“三线一单”生态环境分区管控的组织管理制度框架。

四、小结

自 2017 年启动“三线一单”生态环境分区管控试点工作以来，“三线一单”生态环境分区管控在编制实践、技术体系、管理制度等方面均取得了积极进展，“三线一单”生态环境分区管控全国一张图的战略构想正在逐步实现。但“三线一单”生态环境分区管控工作仍存在一系列问题，需要进一步建立健全法律法规、技术规范和管理程序体系。首先，现行的法律法规没有提出编制“三线一单”生态环境分区管控的明确要求，“三线一单”生态环境分区管控相关工作依托国家和生态环境部门行政规章开展，在很大程度上影响了“三线一单”生态环境分区管控的编制和实施。其次，在生态保护空间、环境质量底线、资源利用上线、综合管控单元划定、生态环境准入清单编制等具体技术环节中，还存在逻辑不清楚、重点不突出、方法不统一等问题。建立环境承载力与环境质量目标的动态响应关系的技术方法有待完善，生态环境要素分区的技术路径需进一步明确，综合分区划定的技术方法及差异性、有效性、适用性等需进一步讨论，区域协调/流域统筹在生态环境要素分析中的科学性与合理性需要加强。此外，在现有技术方法体系中，“三线一单”生态环境分区管控分析对象、目标设定与管控要求的有效性尚不健全（见表 1-1）。亟须开展专项研究，探索关键技术方法，以应对生物多样性维持、温室气体、气候变化等全球性问题，降低生态退化、土壤地下水污染等累积性环境风险，进一步完善技术方法体系。最后，“三线一单”生态环境分区管控—规划环评—项目环评的制度衔接和联动管理尚未建立，“三线一单”生态环境分区管控与总量控制、污染防治、环境经济政策等联动配合也缺少管理制度的支撑。

表 1-1 “三线一单”生态环境分区管控现有技术方法体系涉及要素梳理

生态资源环境要素	支撑文件/备注说明	印发时间
生态保护红线	《“三线一单”编制技术指南（试行）》	2017 年 12 月
生态空间		
水环境		
大气环境		
土壤环境		
水资源		
土地资源		
能源		
岸线资源	《“三线一单”岸线生态环境分类管控技术说明》	2019 年 2 月
近岸海域水环境、生态	《近岸海域“三线一单”生态环境分区管控技术说明（试行）》	2020 年 4 月
地下水环境、资源	《“三线一单”编制技术指南（试行）》要求有地下水超标超载问题的地区，还需考虑地下水管控要求，但未出台技术说明，部分省（市）开展了编制实践	

第二章

“三线一单”生态环境分区管控技术体系

第一节　总体技术框架

“三线一单”生态环境分区管控是在客观评价区域生态环境保护目标和环境资源承载力的基础上，提出的国土空间差异化的生态环境管控体系。该体系围绕“划边界、定规模、严准入”等重点任务，推动空间布局优化，调整规模结构，提升效率水平。该体系有三个重点：一是划定合理的生态空间边界，强化区域发展的空间布局管控，规避城镇开发建设和重大生产力布局的不利选址，维持区域生态空间的完整性；二是以生态环境质量目标为基础，确定合理的污染物排放和资源利用总量控制要求，明确发展规模的管控约束，支撑环境质量改善的总体要求；三是构建以生态环境管控单元为基础的准入清单管控体系，明确资源环境效率和污染物排放管控要求等内容，促进发展转型和环境管理水平提升。

生态环境部以“生态保护红线、环境质量底线、资源利用上线”相关资源环境要素管控为基本任务，突出“问题识别—质量目标—分区管控—清单落地”的逻辑关系，初步构建了从“三线”管控分区到综合生态环境管控单元和生态环境准入清单编制的主线（见图 2-1）。

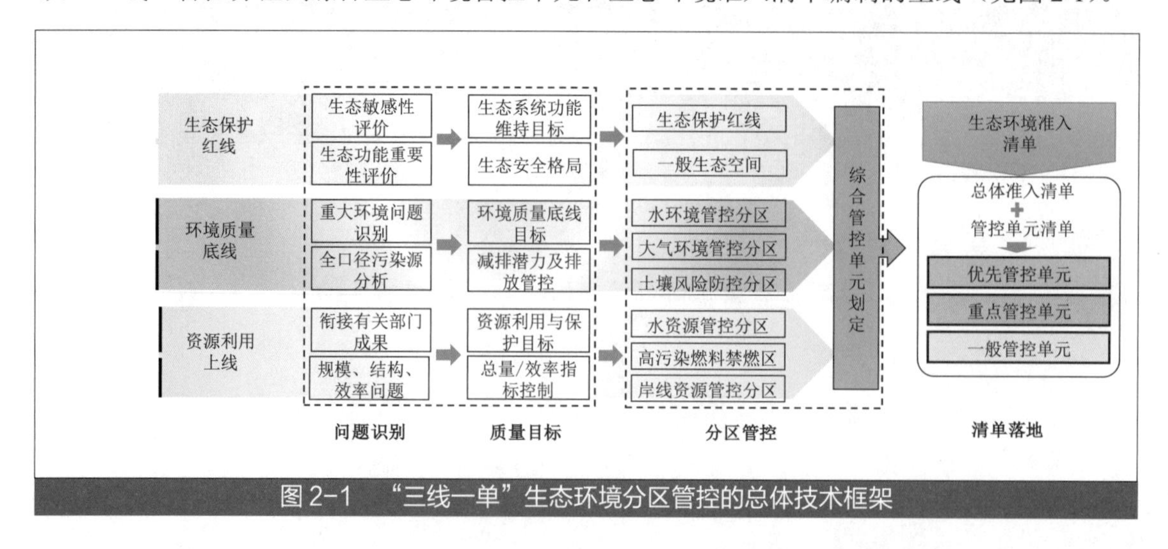

图 2-1　“三线一单”生态环境分区管控的总体技术框架

“三线一单”生态环境分区管控应用资源环境承载力分析、空间分析和优化调控等关键技术方法，实现了生态环境管控措施的科学决策、空间落地和综合调控，支撑精细化的生态环境分区管控。

第二节　关键技术方法

一、资源环境承载力分析

“承载力”概念起源于力学领域，本意是物体在不被破坏时所能承受的最大负荷，现已演变为对发展的限制程度进行描述的常用指标，在多个学科均有具体含义。生态学最早将此概念转引到本学科领域，指某一特定环境条件（主要指生存空间、营养物质、阳光等生态因子的组合）下某种个体存在数量的最高极限，形成种群承载力概念。随着社会经济的发展，资源环境问题日益突出，人们对环境问题认识的逐渐深入，相继出现了资源承载力、环境承载力和资源环境综合承载力等概念。

资源环境承载力分析是构建“三线一单”生态环境分区管控体系的重要基础，也是协调发展与保护关系、促进生态环境质量改善的重要支撑。资源环境承载力分析是环境要素管控的基础，也是综合生态环境管控单元划定和生态环境准入清单编制的重要依据。在“三线一单”生态环境分区管控工作中，资源环境承载力分析的核心是建立污染源排放与环境质量的响应关系，通过质量模拟和调控反馈等技术路径，实现对区域发展和生态环境保护的综合调控（见图 2-2）。资源环境承载力分析的常用模型包括 WRF-CMAQ 或 WRF-CAMx、流域水文水质模型等。

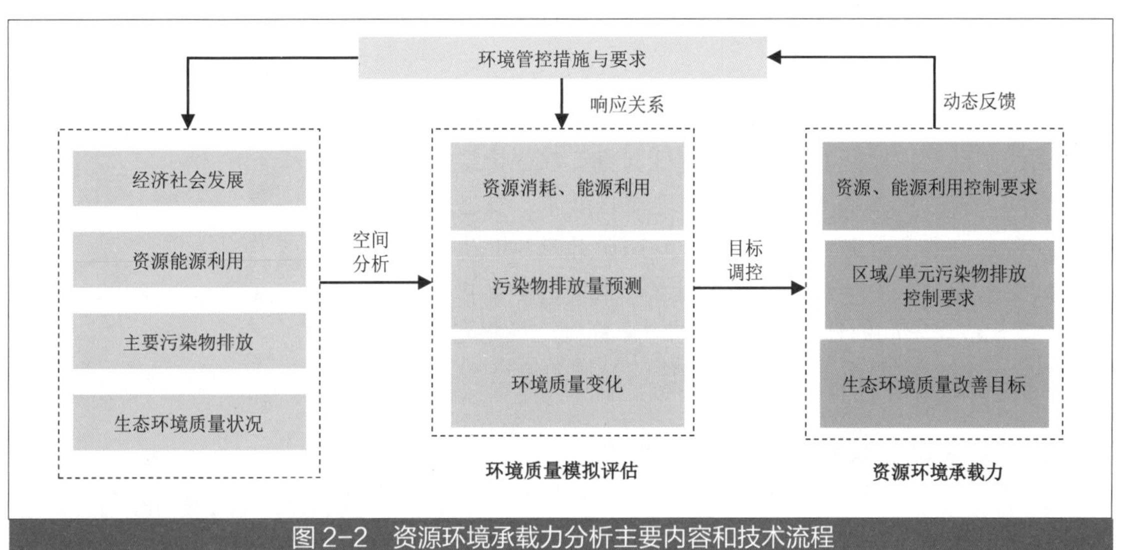

图 2-2　资源环境承载力分析主要内容和技术流程

二、空间分析与分区划定

成果和数据的空间化是“三线一单”生态环境分区管控成果体系的基本要求。“三线一单”生态环境分区管控生态空间评价（如敏感性、脆弱性空间评价等）与划定，重大环境问题识别，环境质量目标的空间化，水、大气、土壤要素管控分区划定等工作均需应用空间分析方法。通过空间分析和评估，可以识别重点区域，实现基于行政区/生态环境管控单元的环境质量目标分解和落地，实施基于生态环境管控分区的差异化、精细化管理要求。“三线一单”生态环境分区管控中常用的空间分析方法有缓冲区分析、叠置分析、空间插值、空间运算、拓扑分析等。

三、系统优化调控与反馈

“三线一单”生态环境分区管控通过构建发展和保护的复杂系统优化调控方法，从发展规模、发展布局和发展强度入手，系统评估和诊断重大生态环境问题，提出区域发展的总量控制、空间优化和效率提升等措施，以改善区域生态环境质量。优化调控应抓住三大关键矛盾，突出三大调控主线，体现三个关键出口。三大关键矛盾分别是发展规模与资源环境承载、空间布局与生态安全格局、效率强度与质量功能之间的矛盾。三大调控主线分别是环境影响评估、关键问题诊断、系统优化调控。三个关键出口分别是总量控规模（利用环境质量底线、资源利用上线）、空间优布局（利用生态保护红线）、效率促转型（利用生态环境准入清单）。

第三节　主要任务与技术要求

一、生态保护红线划定及生态空间管控

生态保护红线及一般生态空间划定的主要任务是在充分衔接和采纳各地现有生态保护红线成果的基础上，根据生态系统敏感性和重要性评价结果，在红线之外划定一定比例的重要生态空间，维持生态系统功能和落实完整性要求。生态空间的划定应确保一般生态空间应划尽划，合理协调生态保护空间与矿产、旅游开发和城镇建设空间的关系，明确生态系统保护存在的主要冲突区域及相应的管控要求，基于生态空间的类型、主导功能和面临的主要问题差异，提出生态空间的分类分级管控要求。原则上应将生态空间作为优先保护单元进行管控，不应纳入一般管控单元，以确保生态空间管控的等级不降低。

二、环境质量底线划定及分区管控

环境质量底线及管控分区划定的主要任务是在重大问题识别及污染源分析的基础上，以环境承载力为依据，确定不同单元/分区的环境质量目标，划定合理的环境管控分区，落实

污染物排放控制及管控要求等（见图 2-3）。环境质量目标的确定应体现不断改善的原则：基于全口径污染源清单分析，明确主要污染物削减比例要求；构建“污染源—监测断面/站—控制单元/分区”响应关系，支撑分区精细化环境管控。环境质量底线及管控分区的划定要与水、大气、土壤要素管理全面对接，包括质量目标的确定、管控分区划定思路和结果范围的对接、重点管控措施的衔接等方面。在确定环境管控分区等级时，应综合考虑污染物排放强度、环境质量状况、功能区属性和管控对象的敏感性等。同时还应该统筹考虑区域污染物输送、流域上下游协调等因素，重点管控区域污染输送通道地区，流域水污染风险较高、敏感性较强地区。以环境问题为导向，以环境质量改善为目标，明确各管控分区的差异化管理要求。

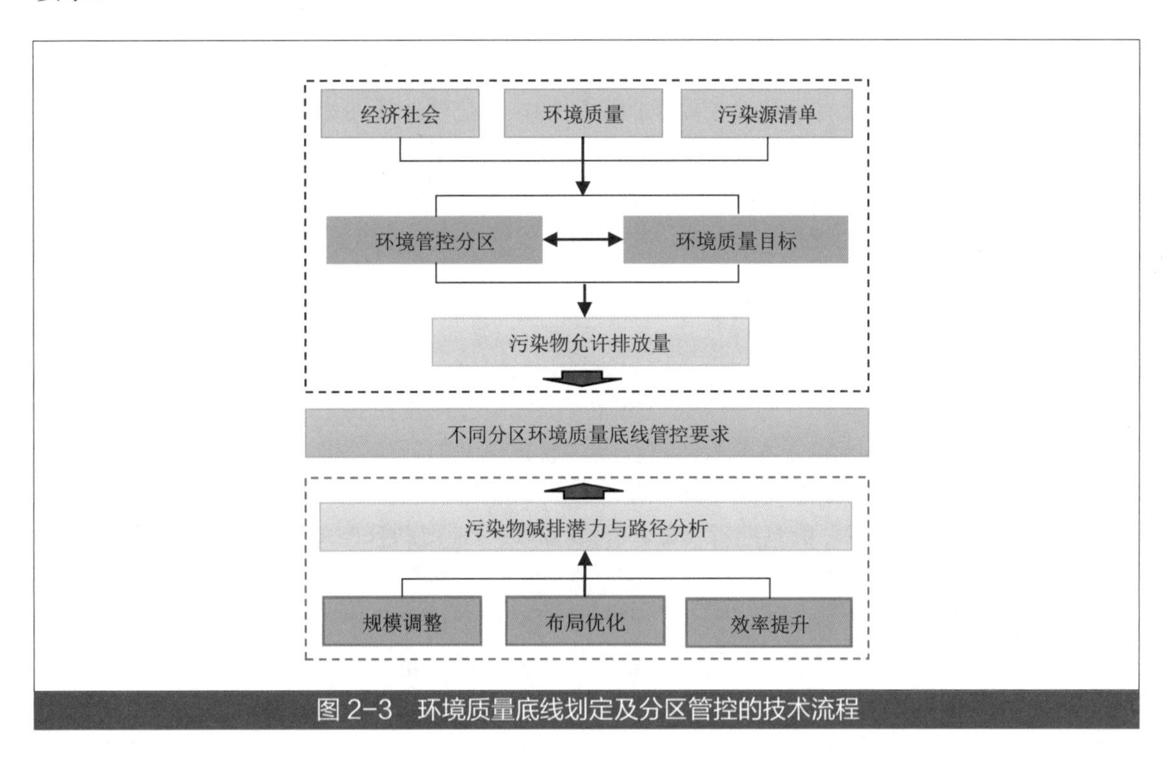

图 2-3　环境质量底线划定及分区管控的技术流程

三、资源利用上线划定及分区管控

资源利用上线及管控分区划定的主要任务是充分衔接资源、能源相关部门现有成果，以保障区域生态安全、改善环境质量为核心，综合考虑水资源-水环境、能源-大气环境、土地-土壤污染防控、岸线-水生态的协同管控，识别资源承载能力超载区域、资源-环境-生态耦合关键区域，划定资源、能源利用的重点管控区。资源利用管控分区的划定结果应与生态空间、大气环境、水环境和土壤污染防控分区划定的结果保持较好的协调性，体现资源、环境和生态综合管控的要求。在此基础上，衔接资源能源管理部门空间管控要求，明确资源利用的总量、结构和效率管控指标，突出生态流量控制、煤炭等高污染燃料管控、岸线资源利用管控等重点。

四、生态环境管控单元划定

生态环境管控单元是在“三线”分区基础上，综合叠加得到的覆盖全部国土空间范围的乡镇尺度精细化环境管控的基本单元，分为优先、重点、一般三类进行分级管控。优先保护单元一般为严格保护、限制开发区域；重点管控单元主要包括重点开发建设区域、资源环境问题突出区域，应强化对空间布局约束、污染物排放、环境风险和资源环境效率的管控；一般管控单元指上述两类单元以外的其他区域，应按照对应的相关要素管控要求。

要素综合叠加时应注意以下原则和要求。一是要素综合叠加采用取并集的基本方法，尽量不采用面积比例阈值方法，尽可能保留要素管控分区的空间、功能、管控要求等属性。二是突出重点管控单元的划定，建议要素分区综合叠加后，逐一核实综合管控单元的属性、管控等级与功能定位、质量目标和管控要求的匹配性。三是要确保各类生态环境管控分区的管控等级不降低，确保合理的管控单元面积比例，重点管控区均应纳入重点管控单元进行管控，不将生态保护空间、要素优先管控区和重点管控区纳入一般管控单元；根据实际管理需要，可将要素优先保护区与重点管控区重叠、相邻的部分统一纳入重点管控单元进行管控。

五、生态环境准入清单编制

生态环境准入清单编制的主要任务是衔接“三线”分区管控要求，以解决区域重大生态环境问题为导向，编制区域总体准入清单和不同管控单元的针对性准入清单管控要求。生态环境准入清单的编制应突出层次性与综合性，一般省级清单包括 4 个空间尺度和 4 个维度的内容，生态环境准入清单一般包括省（市）、片区/流域、地市和管控单元 4 个空间尺度，以及空间布局约束、污染物排放管控、环境风险防控和资源环境效率控制 4 个维度的内容。不同层级的清单管控内容应有所侧重，如省（市）层面清单应重点管控省域重大资源环境问题和跨省界协调的生态环境问题。清单管控内容应以资源环境问题为导向，特别是在生态环境管控单元层面要突出清单管控的针对性，要充分衔接要素分区管控要求，结合第三次全国国土调查和第二次全国污染源普查、排污许可等各类基础数据，提高清单管控的针对性和落地性。

第三章

“三线一单”生态环境分区管控与生态环境管理技术衔接

第一节　生态保护红线与既有管理制度的衔接

一、陆域生态保护红线及一般生态空间

2015 年 5 月，环境保护部印发《生态保护红线划定技术指南》，规定了生态保护红线的概念、生态保护红线划定的原则与技术方法，为生态系统服务功能重要性评估、生态敏感型评价推荐了评估方法和模型，从技术层面上明确了生态保护红线划定工作应如何进行。2017 年 7 月，环境保护部办公厅和发展改革委办公厅印发《生态保护红线划定指南》，从工作流程上进一步明确了生态保护红线划定工作，除了在技术层面提出要求外，还从划定工作程序、命名编码、成果等方面对生态保护红线划定工作作出规范。2019 年 8 月，生态环境部和自然资源部制定《生态保护红线勘界定标技术规程》，明确生态保护红线勘界定标的内业处理、现场勘界、成果检查与汇总等工作。

2017 年 2 月，中共中央办公厅、国务院办公厅印发《关于划定并严守生态保护红线的若干意见》，明确了“科学划定，切实落地”“坚守底线，严格保护”“确保生态功能不降低、面积不减少、性质不改变”的原则和总体要求，提出了“2017 年年底前，京津冀区域、长江经济带沿线各省（直辖市）划定生态保护红线；2018 年年底前，其他省（自治区、直辖市）划定生态保护红线；2020 年年底前，全面完成全国生态保护红线划定，勘界定标，基本建立生态保护红线制度”等目标。意见要求生态保护红线应明确划定范围，明确水源涵养、生物多样性维护、水土保持、防风固沙等生态功能重要区域，识别生态功能重要区域和生态环境敏感脆弱区域的空间分布；落实生态保护红线边界，结合林线、雪线、流域分界线等自然边界，自然保护区、风景名胜区等各类保护地边界，江河、湖库，以及海岸等向陆域（或向海）延伸一定距离的边界，全国土地调查、地理国情普查等明确的地块边界。31 个省（区、市）共划 294 万 km^2 陆域生态保护红线，占国土面积 31%，主要为生态功能极重要和生态环境极敏

感脆弱地区，涵盖了国家级和省级自然保护区、风景名胜区、森林公园、地质公园、湿地公园等各类保护地，基本实现了应划尽划。

2019 年发布的《自然资源部办公厅 生态环境部办公厅关于开展生态保护红线评估工作的函》（自然资办函〔2019〕125 号）和《自然资源部国土空间规划司 生态环境部生态环保司关于印发生态保护红线评估有关材料的函》，要求科学评估生态保护红线划定情况，合理有序进行调整，确保红线权威、科学、可执行。目前，各省正在两部委的指导下推进评估工作，评估优化后的红线划定方案将更符合管控要求。

2019 年 5 月发布的《中共中央 国务院关于建立国土空间规划体系并监督实施的若干意见》，明确了科学布局生产空间、生活空间、生态空间，2035 年基本形成生产空间集约高效、生活空间宜居适度、生态空间山清水秀，安全和谐、富有竞争力和可持续发展的国土空间格局等目标。该意见还指出：需要在资源环境承载能力和国土空间开发适宜性评价的基础上，科学有序统筹布局生态空间，划定生态保护红线等空间管控边界，保护生态屏障，构建生态廊道和生态网络，推进生态系统保护和修复。2019 年 5 月发布的《自然资源部关于全面开展国土空间规划工作的通知》，要求建立“多规合一”的国土空间规划体系，启动编制全国、省级、市县和乡镇国土空间规划（规划期至 2035 年，展望至 2050 年），做好过渡期内现有空间规划的衔接协同。2019 年 11 月，中共中央办公厅、国务院办公厅印发《关于在国土空间规划中统筹划定落实三条控制线的指导意见》，要求科学有序划定，按照生态功能划定生态保护红线。2020 年 1 月，自然资源部办公厅印发《省级国土空间规划编制指南（试行）》，明确国土空间规划中的生态空间，为以提供生态系统服务或生态产品为主的功能空间，应保障生态系统、陆域水系的系统性、整体性和连通性；明确生态屏障、生态廊道和生态系统保护格局；确定生态保护和修复区域，构建生物多样性保护网络，合理预留基础设施廊道。生态保护红线为在生态空间内具有特殊重要生态功能，必须强制性严格保护的陆域、水域、海域等区域。

2019 年 6 月，中共中央办公厅、国务院办公厅印发《关于建立以国家公园为主体的自然保护地体系的指导意见》，要求建成中国特色的以国家公园为主体的自然保护地体系。并给出了具体发展目标：到 2020 年，提出国家公园及各类自然保护地总体布局和发展规划，完成国家公园体制试点，设立一批国家公园，完成自然保护地勘界立标并与生态保护红线衔接，制定自然保护地内建设项目负面清单，构建统一的自然保护地分类分级管理体制；到 2025 年，健全国家公园体制，完成自然保护地整合归并优化，完善自然保护地体系的法律法规、管理和监督制度，提升自然生态空间承载力，初步建成以国家公园为主体的自然保护地体系；到 2035 年，显著提高自然保护地管理效能和生态产品供给能力，自然保护地规模和管理达到世界先进水平，全面建成中国特色自然保护地体系。自然保护地占陆域国土面积 18%以上。

2020 年 3 月印发的《自然资源部 国家林业和草原局关于做好自然保护区范围及功能分区优化调整前期有关工作的函》，规定了自然保护区范围调整所遵循的原则，指出自然保护区内不同区域的功能划分，对自然保护区内可以开展的、禁止开展的工作作出规定。文件对自然保护区内的永久基本农田、镇村、矿业权、成片集体人工商品林、经济开发区等区域的调出或保留做出了规定，对各类自然保护地与自然保护区、国家公园和自然公园的调整优化关系做出规定，此外，对自然保护区、国家公园和自然公园的功能分区和管控要求也做出了规定。

“三线一单”生态环境分区管控按照《“三线一单”编制技术指南（试行）》要求，遵循“生态功能不降低、面积不减少，性质不改变”的原则，根据《关于划定并严守生态保护红线的若干意见》《生态保护红线划定指南》等，识别并明确生态空间，划定生态保护红线。已经划定生态保护红线的省份应严格落实生态保护红线方案和管控要求；尚未划定生态保护红线的，则需按照《生态保护红线划定指南》进行划定。

生态保护红线原则上按照禁止开发区域的要求进行管理，严禁不符合主体功能定位的各类开发活动，严禁任意改变用途。对于有明确的管理法规、条例及办法等的自然保护区、风景名胜区、饮用水水源保护地等区域，则参照其相应管理办法进行管理保护。生态保护红线中有自然保护地核心保护区，该区域原则上禁止人为活动。除国家重大战略项目外，其他区域在符合现行法律法规的前提下，仅允许对生态功能不造成破坏的以下几种有限人为活动：零星原住民在不扩大现有建设用地和耕地规模的前提下，可以修缮生产生活设施，进行维持生活必需的少量种植、放牧、捕捞、养殖活动；因国家重大能源资源安全需要开展的战略性能源资源勘查、公益性自然资源调查和地质勘查活动；自然资源、生态环境监测和执法，灾害防治和应急抢险活动；经依法批准进行的非破坏性科学研究观测、标本采集；经依法批准进行的考古调查发掘和文物保护活动；不破坏生态功能的适度参观旅游和自然公园内必要的公共设施建设；必须且无法避让、符合县级以上国土空间规划的线性基础设施建设、防洪堤防和供水设施建设；重要生态修复工程。

一般生态空间原则上按限制开发区域管理，损害其生态功能或生态敏感性的人类开发活动受到严格禁止。可以进行必要的基建、科研等活动，也可以适度开展矿产资源开发、旅游开发等活动，但应明确其相应的生态修复与保护的管理要求。

“三线一单”生态环境分区管控中的生态空间与生态保护红线应与国土空间规划中的生态空间、生态保护红线相衔接，在生态保护格局、重要的生态功能区及生态敏感区域不存在冲突，管理要求应一致。虽然目前生态保护红线“三线一单”生态环境分区管控与自然资源部门、生态环境部门的要求一致，但有待自然资源部门重新评估后进行更新。需要注意的是，生态空间中对农业农村、矿产资源开发等问题的处理仍存在差异。

二、海洋生态保护红线及一般生态空间

2016年4月，国家海洋局印发《海洋生态红线划定技术指南》。该文件规定：海洋生态保护红线应保住底线、兼顾发展，分区划定、分类管理，生态保护、整治修复，有效衔接、突出重点；收集海洋相关生态环境、社会经济、规划及图件资料，分析现状问题，识别重要海洋生态功能区、重要海洋生态脆弱区、重要海洋生态敏感区，初步确定海洋生态红线区，包含限制类和禁止类区域；在与海洋功能区划及相关规划衔接后，确定海洋生态保护红线范围，制定相关管控措施及保障实施要求。

2014年，环渤海三省一市划定了海洋生态保护红线。2017年，全国11个沿海省（区、市）全部划定了海洋生态保护红线。由于海洋生态环境、海洋岸线等自然环境不断变化，以及未来沿海地区发展面临新的挑战，我国也正在积极评估并调整海洋生态保护红线。国家海洋信息中心制定了海洋生态保护红线评估技术方案，并联合国家海洋局北海环境监测中心、自然资源部第三海洋研究所、国家海洋局南海规划与环境研究院等单位，对天津、广东、河北等沿海省（区、市）的海洋生态保护红线开展了试评估。目前，各沿海省（区、市）正依据该技术方案对现有海洋生态保护红线划定成果进行自查评估。

我国现有的“三线一单”生态环境分区管控相关技术规范尚未明确规定海洋生态保护红线划定方法和管控要求。上海市、江苏省、浙江省、河北省等地衔接现有海洋各类保护地和海洋生态保护红线成果，在“三线一单”生态环境分区管控编制工作中划定了海洋生态保护红线。

第二节 环境质量底线与既有管理制度的衔接

一、大气环境质量底线及分区管控

（一）大气环境分析

我国当前大气环境污染源测算的主要依据包括大气污染源排放清单、环境统计数据和污染普查数据等。其中，环境统计数据由国家统计局和生态环境部及其他有关部委共同编辑完成，是反映我国环境各领域基本情况的年度综合统计资料，为生态环境领域提供了重要的基础数据。该资料整合了全国各省、自治区、直辖市环境各领域的基本数据，并收录了主要年份的全国主要环境统计数据。环境统计数据的主要统计对象是规模以上污染源。污染物排放统计指标体系包括污染物排放统计指标和排放管理指标。污染物排放统计指标体系分为大气污染物排放统计指标体系、水污染物排放统计指标体系和固体废物排放统计指标体系三部分。

为贯彻落实科学发展观，加强环境监督管理，了解各类企事业单位与环境有关的基本信息，建立健全各类重点污染源档案和各级污染源信息数据库，为制定经济社会政策提供依据，国务院在 2010 年 2 月 6 日决定开展第一次全国污染源普查。普查的标准时点为 2007 年 12 月 31 日，时期为 2007 年度。普查对象是我国境内排放污染物的工业污染源、农业污染源、生活污染源和集中式污染治理设施。普查内容包括各类污染源的基本情况、主要污染物的产生和排放量、污染治理情况等。根据《全国污染源普查条例》规定，我国将每 10 年开展一次全国污染源普查工作。国务院于 2016 年 10 月 26 日印发《国务院关于开展第二次全国污染源普查的通知》，决定于 2017 年开展第二次全国污染源普查。普查标准时点为 2017 年 12 月 31 日，时期为 2017 年度。与第一次全国污染源普查相比，第二次全国污染源普查着重调查了农村面源、非道路移动源以及挥发性有机物等污染物。

自 20 世纪 80 年代以来，我国经济飞速发展，煤炭、石油等能源消耗日趋增加，大气污染物排放量迅速增长。我国政府也对大气污染越来越重视，环保工作者和环境科研工作者逐步开展了城市、区域以及全国层面的大气污染源排放清单编制工作。2014 年，环境保护部发布了一系列大气污染源排放清单编制技术指南，极大地推动了我国大气污染源排放清单的制作工作。30 多年来，基本制定了结合我国实际情况的大气污染源分类、大气污染物排放系数、大气污染物排放量确定方法等大气污染源排放清单相关技术方法。但目前我国尚未建立排放清单编制的规范化工作程序，国家、省级和城市级生态环境部门在大气污染源排放清单工作中的分工尚不明晰。

2017 年 4 月，环境保护部印发《关于开展京津冀大气污染传输通道污染源排放清单编制工作的通知》，要求源排放清单编制充分利用现有工作成果，加强与排污许可、环境统计、第二次全国污染源普查等工作的衔接，确保数据一致。2019 年 3 月，国家大气污染防治攻关联合中心公布了首次采用统一的标准编制的“2+26”城市排放清单，提出了京津冀及周边地区非电行业重点排放源及重点污染物的强化管控措施。我国多省（区、市）开始编制大气污染源排放清单，除安徽、江西、湖北、吉林、甘肃、宁夏、内蒙古、青海、西藏和新疆等地外，其他省（区、市）均编制了大气污染源排放清单，基准年由 2015 年到 2018 年不等。中国多尺度排放清单模型（multi-resolution emission inventory for China，MEIC）是一套基于云计算平台开发的中国大气污染物和温室气体人为源排放清单模型，旨在为科学研究、政策评估和空气质量管理等工作提供规范、准确、更新及时的高分辨率动态排放清单数据产品。该模型由清华大学开发维护，涵盖 10 种主要大气污染物和温室气体（SO_2、NO_x、CO、NMVOC[①]、NH_3、CO_2、$PM_{2.5}$、PM_{10}、BC 和 OC）及 700 多种人为排放源。排放数据包括电力、工业、民用、交通和农业等 5 个部门，提供 0.25°、0.5°和 1.0° 3 种空间分辨率的逐月网格化排放清单。

在“三线一单”生态环境分区管控方案编制过程中，需要分析大气环境质量现状和近年的变化趋势，识别主要污染因子、特征污染因子及影响大气环境质量改善的关键制约因素。这要求各地依据城市大气环境特点选择合适的技术方法，定量估算不同排放源和污染物排放在城市环境空气主要污染物中的占比，确定大气污染物主要来源，筛选重点排放行业和排放源。污染源数据也有以下基本要求：利用现有环境统计、环境监测、污染源普查、公开源清单等工作和研究的基础，形成一套相对全口径的污染源排放数据，确保涵盖工业点源、生活点源，以及面源、移动源等各类排放源。在实际工作中，环境工作者结合本地源清单、清华 MEIC 清单、环境统计数据、排污许可数据、相关统计数据，还利用环保督查、群众信访等相关资料，在现场勘查后进行污染源清单分析。

（二）环境质量目标确定

2013 年 9 月国务院印发《大气污染防治行动计划》，这是继 2012 年年底环境保护部等三部委联合发布《重点区域大气污染防治“十二五”规划》后，我国出台的第二个大气污染防治规划。《大气污染防治行动计划》为 2017 年前大气污染治理给出了详细的治理蓝图，并对各省（区、市）降低 $PM_{2.5}$ 浓度提出了具体要求。其中，对大气污染严重的京津冀地区提出的降低污染目标最为严格。《“十三五”生态环境保护规划》提出到 2020 年，要总体改善我国生态环境质量，提高生产和生活方式绿色、低碳水平，大幅减少主要污染物排放总量，保证地级及以上城市的空气质量优良天数比例大于 80%，细颗粒物未达标地级及以上城市的污染浓度降低 18%，地级及以上城市重度及以上污染天数比例降低 25%。各省（区、市）根据《中华人民共和国国民经济和社会发展第十三个五年规划纲要》和《“十三五”生态环境保护规划》，明确“十三五”的总体目标和主要任务。

《国务院关于印发打赢蓝天保卫战三年行动计划的通知》提出了以下要求：到 2020 年，$PM_{2.5}$ 未达标地级及以上城市的污染浓度至少比 2015 年下降 18%，地级及以上城市空气质量优良天数比例达到 80%，重度及以上污染天数比率比 2015 年至少下降 25%；提前完成“十三

① NMVOC 为非甲烷挥发性有机物。

五”目标的省（区、市）要保持和巩固改善成果；尚未完成任务的省（区、市）要确保全面实现“十三五”约束性目标。《中共中央　国务院关于全面加强生态环境保护　坚决打好污染防治攻坚战的意见》提出，到 2035 年生态环境质量实现根本好转，美丽中国目标基本实现，到 21 世纪中叶，生态文明全面提升，实现生态环境领域国家治理体系和治理能力现代化。

“三线一单”生态环境分区管控中大气环境质量目标主要衔接各省（区、市）“蓝天保卫战”的目标和要求。其中，2020 年环境质量目标主要依据各省（区、市）“十三五”生态环境保护规划、蓝天保卫战三年行动计划、污染防治攻坚战、大气环境质量达标规划等资料综合确定，涉及指标包括 $PM_{2.5}$、PM_{10}、空气质量优良率以及对 O_3 的要求。2025 年大气环境质量目标结合各省（区、市）总体发展规划、各地的大气环境质量改善进度和达标时限要求等因素确定。2035 年大气环境质量目标以大气环境质量根本好转为约束，衔接《中共中央　国务院关于全面加强生态环境保护　坚决打好污染防治攻坚战的意见》《中共中央　国务院关于深入打好污染防治攻坚战的意见》中的要求。

（三）允许排放量测算

《中华人民共和国大气污染防治法》提出国家对重点大气污染物排放实行总量控制，并指出重点大气污染物排放总量控制目标由国务院生态环境主管部门在征求国务院有关部门和各省、自治区、直辖市人民政府意见后，会同国务院经济综合主管部门报国务院批准并下达实施；省、自治区、直辖市人民政府应当按照国务院下达的总量控制目标，控制或削减本行政区域的重点大气污染物排放总量。《国务院关于印发打赢蓝天保卫战三年行动计划的通知》提出，相较于 2015 年，到 2020 年我国的二氧化硫、氮氧化物排放总量均下降 15%以上。

“三线一单”生态环境分区管控中大气污染物允许排放量测算的基础是全口径源清单，并以环境空气质量目标为约束。基于大气污染源排放清单，利用大气环境质量模型，考虑经济社会发展、产业结构调整、污染控制水平、环境管理水平等因素，以环境质量目标为约束，构建不同措施组合的控制情景，分析测算工业、生活、交通、港口船舶等存量源污染减排潜力和新增源污染排放量，评估不同控制情景下大气环境质量改善潜力，测算二氧化硫、氮氧化物、颗粒物、挥发性有机物、氨等主要污染物允许排放量。相较于国家污染物总量控制，“三线一单”生态环境分区管控中大气污染物允许排放量指标种类更齐全，统计口径更全面。

“三线一单”生态环境分区管控中大气污染物允许排放量测算不应高于上级政府下达的同口径污染物排放总量指标要求。各地可根据实际情况，结合排污许可证管理要求，进一步核算主要行业大气污染物允许排放量。根据大气环境质量现状数据与目标的差异，结合现状污染物排放情况，对允许排放量进行校核。

（四）大气环境管控分区

我国主要根据主体功能区划、区域大气环境质量状况、大气污染传输扩散规律等因素，划定国家大气污染防治重点区域。其划定的结果以地市范围为主。《国务院关于印发大气污染防治行动计划的通知》提出了针对京津冀、长三角、珠三角区域，以及辽宁中部、山东、武汉及其周边、长株潭、成渝、海峡西岸、山西中北部、陕西关中、甘宁、乌鲁木齐城市群等“三区十群”的更高管控要求。《国务院关于印发打赢蓝天保卫战三年行动计划的通知》中提到的重点区域范围为：京津冀及周边地区，包含北京，天津，河北省石家庄、唐山、邯郸、邢台、保定、沧州、廊坊、衡水以及雄安新区，山西省太原、阳泉、长治、晋城，山东省济南、淄博、济宁、德州、聊城、滨州、菏泽，河南省郑州、开封、安阳、鹤壁、新乡、焦作、濮阳等；长三角地区，包含上海、江苏省、浙江省、安徽省；汾渭平原，包含山西省晋中、运城、临汾、吕梁，河南省洛阳、三门峡，陕西省西安、铜川、宝鸡、咸阳、渭南以及杨凌示范区等地。为确保完成大气污染防治行动计划制订的各项目标任务，2017 年《京津冀及周边地区 2017 年大气污染防治工作方案》发布。该工作方案的实施范围为京津冀大气污染传输通道，包括北京，天津，河北省石家庄、唐山、廊坊、保定、沧州、衡水、邢台、邯郸，山西省太原、阳泉、长治、晋城，山东省济南、淄博、济宁、德州、聊城、滨州、菏泽，河南省郑州、开封、安阳、鹤壁、新乡、焦作、濮阳（“2+26”城市）。

“三线一单”生态环境分区管控中大气环境管控分区是以问题为导向，根据区域气象特征、污染源分布和空气质量状况等划定的。在实际工作中，衔接了环境空气功能区的划分结果，将环境空气一类功能区划为大气环境优先保护区，二类功能区被进一步细分为重点管控区与一般管控区。大气环境重点管控区包括的具体区域为：工业集聚区等高排放区域，上风向、扩散通道、环流通道等影响空气质量的布局敏感区域，静风或风速较小的弱扩散区域，城镇中心及集中居住、医疗、教育等受体敏感区域等。环境空气二类功能区中的其余区域则被设置为一般管控区。从空间范围上来看，大气环境管控分区是在大气污染防治重点区域框架下的细化，进一步明确了管控分区的分类差异化管控要求。需要注意的是，由于划定思路和原则方法存在一定的差异，各地大气环境重点管控分区划定结果可能明显小于大气污染防治重点区域范围，在具体的管控要求上还需要进一步对接，强化重点区域大气污染防治措施的整体性和系统性。

（五）环境管控要求

国家大气环境管控主要从产业、能源、交通、面源等方面进行推进。一是调整优化产业结构，推进产业绿色发展。要求各地优化产业布局，严控“两高”行业产能，强化“散乱污”企业综合整治，深化工业污染治理，大力培育绿色环保产业。二是加快调整能源结构，构建清洁低碳高效的能源体系。我国强调有效推进北方地区清洁取暖，重点区域继续控制煤炭消费总量，综合整治燃煤锅炉，提高能源利用效率，加快发展清洁能源和新能源。三是积极调整运输结构，发展绿色交通体系。要求优化货物运输结构，加快车船结构升级，推动油品质量升级，强化移动源污染防治。四是优化调整用地结构，推进面源污染治理。主要着眼于实施防风固沙绿化工程、综合整治露天矿山、综合治理扬尘、提高秸秆利用率、控制氨排放等方面。五是实施重大专项行动，大幅降低污染物排放。着力开展重点区域秋冬季攻坚行动，打好柴油货车污染治理攻坚战，开展工业炉窑治理专项行动，实施 VOCs 专项整治方案。

“三线一单”生态环境分区管控衔接国家及各省（区、市）管控要求、规划环评结论及审查意见等，并以问题为导向，实施不同分区差异化管控。大气优先保护区应满足“一类区”的功能区划要求，因此管控最为严格，以禁止、限制开发为主。大气环境高排放重点管控区以控制污染为目标。产业园区以治理工业污染为主，具体要求包括产业布局控制、产业准入、结构调整、污染减排、风险防控及资源利用效率等；港区及船舶控制区以移动源为主，其管控要求以非道路移动机械、船舶污染治理为主。大气环境受体敏感区以保障居住环境为目标，并将工业逐步清除，其管控要求以产业准入和产业转型为主。大气一般管控区以城镇生活空间、农业空间为主，其管控要求以产业转型、准入、污染减排为主。

二、水环境质量底线及分区管控

（一）水环境控制单元划分

2015 年，《水污染防治行动计划》（简称“水十条”）印发实施，我国的水污染治理实现了历史性转变。为落实“水十条”关于七大重点流域和浙闽片河流、西南诸河、西北诸河等水质保护的要求，2017 年 10 月，环境保护部、国家发展和改革委员会、水利部联合印发《重点流域水污染防治规划（2016—2020 年）》。该防治规划是我国当前划定水环境控制单元的基础。其划定水环境控制单元的基本原则是：加强流域分区，划定控制单元并实施分级分类管理，强化水功能区水质目标管理。主要的划定思路是依据主体功能区规划和行政区划，划定陆域控制单元，实施流域、水生态控制区、水环境控制单元三级分区管理。该规划将全国划分为 341 个水生态控制区和 1 784 个控制单元。综合考虑控制单元水环境问题严重性、水生态环境重要性、水资源禀赋、人口和工业聚集度等因素，全国共划分了 580 个优先控制单元和 1 204 个一般控制单元，结合地方水环境管理需求，将优先控制单元进一步细分为 283 个水质改善型单元和 297 个防止退化型单元。

“三线一单”生态环境分区管控中水环境控制单元在国家划分的控制单元基础上，与水（环境）功能区及其陆上排污口、污染源衔接，以乡镇为最小行政单位细化确定。

（二）水环境分析

当前，我国测算水环境污染源时主要依据环境统计数据和污染源普查数据。其中，环境统计数据中水环境部分包括农村环境、污染物排放、城市环境、污染源等多项数据。

在“三线一单”生态环境分区管控编制过程中，水环境现状分析时的具体要求如下：分析近 5～10 年地表水、地下水、近岸海域（沿海城市）等水环境质量现状和变化趋势，识别主要污染因子、特征污染因子以及水质维护关键制约因素与主要问题。根据水文水质及污染特征，以及以全口径污染源排放清单为基础，建立“控制断面—控制河段—对应陆域”污染物排放与水质响应的关系，分析工业源、生活源、面源等不同源对水环境质量的影响，确定各控制单元、流域、行政区的主要污染源。在实际工作中，由于获取全口径污染源数据存在一定困难，主要结合环境统计数据、排污许可数据、相关统计数据、现场勘查活动等，进行污染源清单分析。在识别现状问题时，除分析环境质量现状和污染源排放的关系外，还可参照环保督查、群众信访等相关资料。

（三）环境质量目标确定

我国已经公布了一系列关于水环境质量目标确定的相关规划，主要有国家级层面、省级层面以及市级层面公布的生态环境保护规划和“水十条”实施方案等。这些规划明确了我国近期的工作目标和指标要求。《中共中央　国务院关于全面加强生态环境保护　坚决打好污染防治攻坚战的意见》提出要着力打好碧水保卫战，并明确了 2020 年水污染防治指标要求。此外，部分区域、省、市也根据自己的实际情况，制定了相关规划，确定了水环境质量目标。如长江经济带各省（市）联合印发《长江经济带生态环境保护规划》，明确了 2020 年和 2030

年长江流域保护的目标和指标。

国家发布的“水十条”为我国水环境污染防治工作制定的目标为：到2020年，全国水环境质量得到阶段性改善，污染严重的水体大幅减少，饮用水安全保障水平持续提升，地下水超采得到严格控制，地下水污染加剧趋势得到初步遏制，近岸海域环境质量稳中趋好，京津冀、长三角、珠三角等区域水生态环境状况有所好转。到2030年，全国水环境质量总体改善，水生态系统功能初步恢复。到21世纪中叶，生态环境质量得到全面改善，生态系统实现良性循环。

“水十条”为各地区及各流域制定的主要指标为：到2020年，长江、黄河、珠江、松花江、淮河、海河、辽河等七大重点流域水质优良（达到或优于III类）比例达到70%及以上，地级及以上城市建成区黑臭水体均控制在10%以内，地级及以上城市集中式饮用水水源水质达到或优于III类比例总体高于93%，全国地下水质量极差的比例控制在15%左右，近岸海域水质优良（一类、二类）比例达到70%左右。京津冀区域丧失使用功能（劣于V类）的水体断面比例下降15个百分点左右，长三角、珠三角区域力争消除丧失使用功能的水体。到2030年，全国七大重点流域水质优良比例总体达到75%及以上，城市建成区黑臭水体总体得到消除，城市集中式饮用水水源水质达到或优于III类比例总体为95%左右。

“三线一单”生态环境分区管控中近期（2020年）水环境质量目标主要衔接国家“水十条”、各省（区、市）的实施方案及已有的相关规划确定，2025年和2035年目标需根据水环境质量持续改善的原则，结合水环境质量现状和功能要求确定。衔接相关规划要求，“三线一单”生态环境分区管控主要指标包括水质优良（达到或优于III类）比例、丧失使用功能（劣于V类）的水体断面比例、地级及以上城市集中式饮用水水源水质达到或优于III类比例等。

（四）允许排放量测算

“三线一单”生态环境分区管控工作启动之前，国家已对重点水污染物排放实施总量控制。重点水污染物排放总量控制指标由国务院生态环境主管部门在征求国务院有关部门和各省、自治区、直辖市人民政府意见后，会同国务院经济综合宏观调控部门报国务院批准并下达实施。省、自治区、直辖市人民政府按照国务院的规定削减和控制本行政区域的重点水污染物排放总量。重点水污染物指标主要包括化学需氧量（COD）、氨氮，在沿海地区还增加了总氮、总磷。

“三线一单”生态环境分区管控中允许排放量的核算以各控制单元水环境质量目标为约束，选择合适的模型方法，测算COD、氨氮等主要污染物允许排放量。重点湖库汇水区、总磷超标流域控制单元和沿海地区要求将总氮、总磷纳入，地方可结合实际特征增加特征污染物。断流河段还需考虑生态用水保障需求，入海河流应考虑近岸海域水质改善目标约束。以水环境质量目标为约束，基于全口径水污染源排放清单，考虑经济社会发展、产业结构调整、污染控制水平、环境管理水平等因素，构建不同的控制情景，测算存量源污染减排潜力和新增源污染排放量，分析分区域、分阶段水环境质量改善潜力。基于水环境改善潜力，考虑经济技术可行性等因素，将允许排放量分解落实到各级行政区、流域和控制单元。各地可根据实际需求，进一步核算主要行业水污染物排放总量限值。

（五）水环境管控分区

“三线一单”生态环境分区管控水环境管控分区和《重点流域水污染防治规划（2016—

2020年）》中水生态环境管控单元划分的逻辑基本一致，但后者划定时主要依托主体功能区和行政区划，单元划定精度较粗，与流域边界没有完全对应。“三线一单”生态环境分区管控在划定水环境管控分区时，结合流域汇水分区和省（区、市）控制断面设置、行政边界等，进一步细化了国家水环境控制单元，保留了行政边界（乡镇）的相对完整性。

（六）环境管控要求

我国当前对水环境的主要管控方向是深入实施《水污染防治行动计划》，扎实推进河长制、湖长制，坚持污染减排和生态扩容两手发力，加快工业、农业、生活污染源和水生态系统整治，保障饮用水安全，消除城市黑臭水体，减少污染严重水体和不达标水体。具体方面有打好水源地保护攻坚战、打好城市黑臭水体治理攻坚战、打好长江保护修复攻坚战、打好渤海综合治理攻坚战、打好农业农村污染治理攻坚战等。

“三线一单”生态环境分区管控衔接国家及各省（区、市）管控要求、规划环评结论及审查意见等，结合各省（区、市）生态环境质量现状和关键问题，结合现状分别从空间布局约束（水环境优先保护单元）、污染物排放管控（水环境工业污染重点管控区、水环境城镇生活污染重点管控区、水环境农业污染重点管控区）、环境风险防控（优先保护单元、工业污染、城镇生活污染）和资源开发效率要求（生态用水补给区）4个方面提出管控要求，详见表3-1。

表3-1 水环境管控分区主要管控要求梳理

分区类别	管控类型	管控要求
水环境优先保护单元	空间布局约束	①避免开发建设活动对水资源、水环境、水生态造成损害； ②保证河湖滨岸的连通性，不得建设破坏植被缓冲带的项目； ③已经损害保护功能的，从建立退出机制、制订治理方案及时间表等三个方面提出管控要求
水环境工业污染重点管控区、水环境城镇生活污染重点管控区	污染物排放管控	①应明确区域及重点行业的水污染物允许排放量； ②对于水环境质量不达标的管控单元应提出现有源水污染物排放削减计划和水环境容量增容方案；应对涉及水污染物排放的新建、改扩建项目提出倍量削减要求；应基于水质目标，提出废水循环利用和加严的水污染物排放控制要求； ③对于未完成区域环境质量改善目标要求的管控单元应提出暂停审批涉水污染物排放的建设项目等环境管理特别措施
水环境农业污染重点管控区		①应科学划定畜禽、水产养殖禁养区的范围，明确禁养区内畜禽、水产养殖退出机制； ②应对新建、改扩建规模化畜禽养殖场（小区）提出雨污分流、粪便污水资源化利用等限制性准入条件； ③对于水环境质量不达标的管控区，应提出农业面源整治要求
优先保护单元、工业污染、城镇生活污染	环境风险防控	针对涉及易导致环境风险的有毒有害和易燃易爆物质的生产、使用、排放、贮运等新建、改扩建项目，应明确提出禁止准入要求或限制性准入条件以及环境风险防控措施
生态用水补给区	资源开发效率	①应明确管控区生态用水量（或水位、水面）； ②对于新增取水的建设项目，应提出单位产品或单位产值的水耗、用水效率、再生水利用率等限制性准入条件； ③对于取水总量已超过控制指标的地区应提出禁止高耗水产业准入的要求

三、土壤环境风险管控底线

（一）土壤环境分析

2005 年 4 月至 2013 年 12 月，环境保护部会同国土资源部开展了首次全国土壤污染状况调查，初步掌握了全国土壤环境状况。

2016 年，《土壤污染防治行动计划》提出：①深入开展土壤环境质量调查。在现有相关调查基础上，以农用地和重点行业企业用地为重点，开展土壤污染状况详查，2018 年年底前查明农用地土壤污染的面积、分布及其对农产品质量的影响；2020 年年底前掌握重点行业企业用地中的污染地块分布及其环境风险情况。制定详查总体方案和技术规定，开展技术指导、监督检查和成果审核。建立土壤环境质量状况定期调查制度，每 10 年开展 1 次。②建设土壤环境质量监测网络。统一规划、整合优化土壤环境质量监测点位，2017 年年底前，完成土壤环境质量国控监测点位设置，建成国家土壤环境质量监测网络，充分发挥行业监测网作用，基本形成土壤环境监测能力。各省（区、市）每年至少开展 1 次土壤环境监测技术人员培训。各地可根据工作需要，补充设置监测点位，增加特征污染物监测项目，提高监测频次。2020 年年底前，实现土壤环境质量监测点位所有县（市、区）全覆盖。

2018 年，《中共中央　国务院关于全面加强生态环境保护　坚决打好污染防治攻坚战的意见》提出要扎实推进净土保卫战，并提出了具体的完成时间线。在 2018 年年底前完成农用地土壤污染状况详查。在 2020 年年底前编制完成耕地土壤环境质量分类清单，建立建设用地土壤污染风险管控和修复名录，列入名录且未完成治理修复的地块不得作为住宅、公共管理与公共服务用地，建立污染地块联动监管机制，将建设用地土壤环境管理要求纳入用地规划和供地管理，严格控制用地准入，强化暂不开发污染地块的风险管控，完成重点行业企业用地土壤污染状况调查。

2019 年开始实施的《中华人民共和国土壤污染防治法》规定：“国务院统一领导全国土壤污染状况普查。国务院生态环境主管部门会同国务院农业农村、自然资源、住房和城乡建设、林业和草原等主管部门，每十年至少组织开展一次全国土壤污染状况普查”，“国务院生态环境主管部门制定土壤环境监测规范，会同国务院农业农村、自然资源、住房和城乡建设、水利、卫生健康、林业和草原等主管部门组织监测网络，统一规划国家土壤环境监测站（点）的设置。”

在此之前，土壤环境监测的主要监管主体为环境保护部（现生态环境部）、农业部（现农业农村部）、国土资源部（现自然资源部）和水利部。根据监管主体的职能权限，对土壤环境监测整体上呈现碎片化监管特点，环境保护部掌管全国土壤污染监测情况，农业部、国土资源部和水利部分别负责相应土壤功能区的土壤环境质量监测。

目前由于土壤详查工作正在推进过程中，尚无法支撑“三线一单”生态环境分区管控中的土壤环境分析工作，因此，“三线一单”生态环境分区管控在进行土壤环境分析时主要基于自然资源、农业农村、生态环境等领域土壤环境污染物含量、土壤本底值（或背景值）等土壤监测数据，参照《土壤环境质量评价技术规范（征求意见稿）》，对农用地进行土壤污染物超标及累积性评价，对建设用地进行土壤污染物超标评价，对未利用地进行累积性评价，划分土壤环境质量等级。

（二）土壤环境风险管控目标

《土壤污染防治行动计划》提出：“到 2020 年，全国土壤污染加重趋势得到初步遏制，土壤环境质量总体保持稳定，农用地和建设用地土壤环境安全得到基本保障，土壤环境风险得到基本管控。到 2030 年，全国土壤环境质量稳中向好，农用地和建设用地土壤环境安全得到有效保障，土壤环境风险得到全面管控。到 21 世纪中叶，土壤环境质量全面改善，生态系统实现良性循环”“到 2020 年，受污染耕地安全利用率达到 90%左右，污染地块安全利用率达到 90%以上。到 2030 年，受污染耕地安全利用率达到 95%以上，污染地块安全利用率达到 95%以上”。各省（区、市）在土壤污染防治计划行动方案中进一步明确细化了自身的工作目标和主要指标。

“三线一单”生态环境分区管控衔接各级《土壤污染防治行动计划》等相关规划、计划要求，按照保障农产品安全与人群健康的原则，以受污染耕地及污染地块安全利用为重点，确定了土壤环境质量安全目标，但远期目标存在不确定性。

（三）土壤污染风险管控分区

《土壤污染防治行动计划》规定：“按污染程度将农用地划为三个类别，将未污染农用地和轻微污染农用地划为优先保护类，将轻中度污染的农用地划为安全利用类，将重度污染的划为严格管控类，以耕地为重点，分别采取相应管理措施，保障农产品质量安全”；对于建设用地，“结合土壤污染状况详查情况，根据建设用地土壤环境调查评估结果，逐步建立污染地块名录及其开发利用的负面清单，合理确定土地用途”。

“三线一单”生态环境分区管控中土壤污染风险管控分区依据土壤环境分析结果，农用地划分为优先保护类、安全利用类和严格管控类，将严格管控类作为农用地污染风险重点防控区。参照《污染地块土壤环境管理办法（试行）》，筛选涉及有色金属冶炼、石油加工、化工、焦化、电镀、制革等行业生产经营活动和危险废物贮存、利用、处置活动的地块，识别疑似污染地块。参照《建设用地土壤污染风险评估技术导则》（HJ 25.3—2019），将高风险区作为建设用地污染风险重点防控区。其余区域则纳入一般管控区。

（四）环境管控要求

《中共中央　国务院关于全面加强生态环境保护　坚决打好污染防治攻坚战的意见》提出扎实推进净土保卫战，全面实施土壤污染防治行动计划，突出重点区域、行业和污染物，有效管控农用地和城市建设用地土壤环境风险。重点任务包括：强化土壤污染管控和修复，加快推进垃圾分类处理，提高固体废物污染防治水平。

“三线一单”生态环境分区管控中土壤污染风险防控措施与土壤要素管理中有关重点任务与区域和关键措施要求进行了衔接，目前初步明确了农用地优先保护区的环境准入要求，以及重点区域农用地风险防控、土壤重金属污染风险防控的要求。但是土壤污染修复、污染地块开发利用、固体废物污染防治等方面的措施要求体现不足。

第三节 资源利用上线与既有管理制度的衔接

一、水资源利用上线

（一）水资源利用上线

2012 年 1 月，《国务院关于实行最严格水资源管理制度的意见》发布。这是继 2011 年中央 1 号文件和中央水利工作会议明确要求实行最严格水资源管理制度以来，国务院对实行该制度作出的全面部署和具体安排，是指导当前和今后我国水资源工作的纲领性文件。该意见确立了三条红线和四项制度，其中三条红线分别为水资源开发利用控制红线、用水效率控制红线、水功能区限制纳污红线；四项制度分别为用水总量控制制度、用水效率控制制度、水功能区限制纳污制度、水资源管理责任和考核制度。

“三线一单”生态环境分区管控中水资源利用上线的确定衔接既有的水资源管理制度，梳理用水总量、地下水开采总量和最低水位线、万元 GDP 用水量、万元工业增加值用水量、灌溉水有效利用系数等水资源开发利用管理要求，将其作为水资源利用上线管控要求。

（二）生态需水量测算

国家现有的水功能区限制纳污制度中明确要推进水生态系统保护与修复，开发利用水资源应维持河流合理流量和湖泊、水库以及地下水的合理水位，充分考虑基本生态用水需求，维护河湖健康生态。

“三线一单”生态环境分区管控充分衔接这一制度，基于水生态功能保障和水环境质量改善要求，对涉及重要功能（如饮用水水源）、断流、严重污染、水利水电梯级开发等河段，测算生态需水量，纳入水资源利用上线。

（三）水资源管控分区及管控要求

“三线一单”生态环境分区管控编制中根据生态需水量测算结果，将相关河段作为生态用水补给区，实施重点管控。根据地下水超采、地下水漏斗、海水入侵等状况，衔接各部门地下水开采相关空间管控要求，将地下水严重超采区、已发生严重地面沉降、海（咸）水入侵等地质环境问题的区域，以及泉水涵养区等需要特殊保护的区域划为地下水开采重点管控区。

生态用水补给区：明确管控区生态用水量。将单位产品或单位产值的水耗、用水效率、再生水利用率等指标纳入管控区环境准入负面清单。对明确禁止的高耗水产业清单和取水总量已超过控制指标的地区，禁止新增取水的建设项目。

地下水开采重点管控区：划定地下水禁止开采或限制开采区，禁止工农业生产及服务业新增取用地下水。对电力、钢铁、纺织、造纸、石油化工、化工、食品发酵等高耗水行业提出单位产值耗水限值或禁止准入要求。新建、改扩建项目用水效率要达到国际先进水平。

二、能源利用上线

（一）能源利用上线

根据《能源发展“十三五”规划》，推动能源消费革命的主要任务有：坚持节约优先，强化引导和约束机制，抑制不合理能源消费，提升能源消费清洁化水平，逐步构建节约高效、清洁低碳的社会用能模式。一是实施能源消费总量和强度“双控”，把能源消费总量和能源消费强度作为经济社会发展重要约束性指标。二是开展煤炭消费减量行动，严控煤炭消费总量。三是拓展天然气消费市场，积极推进天然气价格改革，推动天然气市场建设。四是实施电能替代工程，积极推进居民生活、工业与农业生产、交通运输等领域的电能替代。五是开展成品油质量升级专项行动，加快推进普通柴油、船用燃料油质量升级。

根据《能源发展“十三五”规划》，我国要在2020年将能源消费总量控制在50亿t标准煤以内，将煤炭消费总量控制在41亿t以内，将全社会用电量预期控制在6.8万亿～7.2万亿kW，将非化石能源消费比重提高到15%以上，将天然气消费比重提高到10%，将煤炭消费比重降低到58%以下，将发电用煤占煤炭消费的比重提高到55%以上，使单位国内生产总值能耗比2015年下降15%，使煤电平均供电煤耗下降到310 g标准煤/（kW·h）以下，将电网线损率控制在6.5%以内。

“三线一单”生态环境分区管控中能源利用上线衔接国家、省（区、市）能源利用相关要求。能源利用上线的确定主要依据各省（区、市）能源发展“十三五”规划、“十三五”节能减排综合工作方案、煤炭消费减量替代工作方案等文件。对于煤炭消费总量的确定，已经下达或制定煤炭消费总量控制目标的城市，按照相关要求确定煤炭消费总量；尚未下达或制定煤炭消费总量控制目标的城市，以大气环境质量改善目标为约束，测算未来能源供需状况，采用污染排放贡献系数等方法，确定煤炭消费总量。

（二）能源重点管控区及管控要求

《中华人民共和国大气污染防治法》明确指出：城市人民政府可以划定并公布高污染燃料禁燃区，并根据大气环境质量改善要求，逐步扩大高污染燃料禁燃区范围。高污染燃料的目录由生态环境主管部门确定。在禁燃区内，禁止销售、燃用高污染燃料；禁止新建、扩建燃用高污染燃料的设施，已建成的，应当在城市人民政府规定的期限内改用天然气、页岩气、液化石油气、电或者其他清洁能源。以此为依据，2017年，环境保护部印发了《高污染燃料目录》，细化了高污染燃料组合分类，实施分类管控。《高污染燃料目录》明确，按照控制严格程度，将禁燃区内禁止燃用的燃料组合分为Ⅰ类（一般）、Ⅱ类（较严）和Ⅲ类（严格）。城市人民政府根据大气环境质量改善要求、能源消费结构、经济承受能力，在禁燃区管理中，因地制宜选择其中一类。对于石油焦、油页岩、原油、重油、渣油、煤焦油，由于其直接燃烧后对城市大气环境污染比较严重，目录中的Ⅰ类、Ⅱ类和Ⅲ类均将其纳入管控范围。对于煤炭及其制品，考虑目前我国城市能源消耗仍然以煤炭为主，将煤炭及其制品划分为严格程度不同的三类进行管控。对于生物质成型燃料，仅在第Ⅲ类最严格的管控要求下，对生物质成型燃料的燃用方式进行了规范，即要求必须在配置袋式除尘器等高效除尘设施的生物质成型燃料专用锅炉中燃烧。

“三线一单”生态环境分区管控中能源重点管控区衔接各省（区、市）划定的高污染燃料禁燃区。考虑大气环境质量改善要求，在人口密集、污染排放强度高的区域优先划定高污染燃料禁燃区，作为重点管控区。高污染燃料禁燃区边界，遵从各省（区、市）划定的高污染燃料禁燃区边界；未发布高污染燃料禁燃区范围的地市，结合人口密集分布情况和人口相关规划提出高污染燃料禁燃区划分的建议，待地方政府发布高污染燃料禁燃区范围后动态更新。高污染燃料禁燃区内不再审批新增燃烧高污染燃料设施，在相应期限内淘汰已建成的使用该污染燃料的设施，改用天然气、电等清洁能源或实行城市集中供热。

三、土地资源利用上线

（一）土地资源利用上线

2016 年 6 月，国土资源部印发了《全国土地利用总体规划纲要（2006—2020 年）调整方案》。该方案将 2020 年全国耕地保有量调整为 18.65 亿亩[①]，将全国建设用地总规模调整为 4 071.93 万 hm^2。2016 年 12 月，国土资源部和国家发展改革委联合发布了《全国土地整治规划（2016—2020 年）》，对耕地补充、高标准农田建设、城镇低效率用地再开发规模作出了要求，指出我国应在 2020 年补充耕地 2 000 万亩，建成高标准农田 4 亿～6 亿亩，改造开发 600 万亩城镇低效用地再开发规模。2017 年 1 月，国务院印发《全国国土规划纲要（2016—2030 年）》，部署了全面统筹推进国土集聚开发、分类保护、综合整治和区域联动发展的主要任务。该纲要作出了如下部署：到 2020 年，全国主体功能区布局基本形成，国土空间布局得到优化；人居环境逐步改善，生态系统稳定性不断增强，生物多样性得到切实保护；空间规划体系不断完善，最严格的土地管理制度得到落实，生态保护红线全面划定。到 2030 年，国土开发强度不超过 4.62%，城镇空间控制在 11.67 万 km^2 以内；生态环境得到有效保护，资源节约集约利用水平显著提高，国土综合整治全面推进，耕地保有量保持在 18.25 亿亩以上，建成高标准农田 12 亿亩；国土空间开发保护制度更加完善，由空间规划、用途管制、差异化绩效考核构成的空间治理体系更加健全，基本实现国土空间治理能力现代化。

《省级国土空间规划编制指南（试行）》要求，落实全国国土空间规划纲要确定的耕地和永久基本农田保护任务；按照城镇人口规模分级分别确定城镇空间发展策略，将建设用地规模分解至各市（地、州、盟）。确定省域“永久基本农田”和“城镇开发边界”的总体格局与重点区域，明确市县划定任务，将三条控制线的成果在市县乡级国土空间规划中落地。自然资源部要求在 2019 年完成省级国土空间规划编制并同步建设国土空间规划监测评估预警管理系统，在 2020 年年底前完成市、县、镇各级国土空间规划编制工作，形成完整的国土空间规划体系。

“三线一单”生态环境分区管控中土地资源利用上线要求通过对土地利用情况历史趋势进行分析、横向对比，分析城镇、工业等土地利用现状和规划，评估土地资源供需形势。衔接自然资源、发展规划、住房和城乡建设等部门发布的政策文件，如土地资源节约利用规划、

---

① 1 亩≈666.7 m^2。

土地利用总体规划、单位生产总值用地指标的意见等，作为土地资源利用总量及强度的目标指标，即土地资源利用上线的目标。

（二）土地资源重点管控区及管控要求

考虑生态环境安全，将生态保护红线集中、重度污染农用地或污染地块集中的区域确定为土地资源重点管控区。土地资源重点管控区要求衔接生态保护红线、农用地土壤污染重点地块及建设用地土壤污染重点地块的管控要求。

四、岸线资源利用上线

（一）江河湖库岸线

2019 年 3 月，水利部印发《河湖岸线保护与利用规划编制指南（试行）》，要求各地方管理部门编制河湖岸线保护与利用规划，划定岸线功能区，加强岸线空间管控，推动岸线有效保护和合理利用。将岸线功能区分为岸线保护区、岸线保留区、岸线控制利用区和岸线开发利用区。

岸线保护区包括全国重要饮用水水源地、各省（区、市）集中式饮用水水源地一级保护区、位于国家级和省级自然保护区核心区和缓冲区、风景名胜区核心景区等生态敏感区、位于生态保护红线范围的河湖岸线等；岸线保留区包括位于国家级和省级自然保护区的实验区、水产种质资源保护区、国际重要湿地、国家重要湿地，以及国家湿地公园、森林公园生态保育区和核心景区、地质公园地质遗迹保护区、世界自然遗产核心区和缓冲区等生态敏感区，但未纳入生态保护红线范围内的河湖岸线等；岸线控制利用区包括位于风景名胜区的一般景区、地方重要湿地和地方一般湿地、湿地公园以及饮用水水源地二级保护区、准保护区等生态敏感区未纳入生态红线范围，但需控制开发利用方式的部分岸段等；岸线开发利用区为河势基本稳定、岸线利用条件较好，岸线开发利用对防洪安全、河势稳定、供水安全以及生态环境影响较小的岸段。

《河湖岸线保护与利用规划编制指南（试行）》要求根据相关法规政策要求，结合岸线功能分区定位，从强化岸线保护、规范岸线利用等方面分别提出各岸线功能分区的保护要求或开发利用制约条件、禁止或限制进入项目类型等。

在“三线一单”生态环境分区管控江河湖库岸线的分类管控中，优先保护岸线包括自然岸线、饮用水水源保护区、自然保护区、重要湿地、江河源头、珍稀濒危水生生物及重要水产种质资源的产卵场、索饵场、越冬场、洄游通道、河湖缓冲带及功能目标为Ⅰ类、Ⅱ类的水体对应的岸线和其他生态保护红线中的重要岸线。重点管控岸线包括现状及规划的各类港区及工业开发等人工化程度较高、生态环境压力较大的岸线。将其他岸线设定为一般管控岸线。从分类逻辑来看，优先保护岸线与岸线保护区、岸线保留区、岸线控制利用区相近，重点管控岸线与岸线开发利用区相近则各有侧重，前者关注生态环境压力较大的人工岸线，后者则侧重于生态环境影响较小的人工岸线。

“三线一单”生态环境分区管控岸线分类管控要求应充分衔接相关法律、法规、规划、计划及其他政策文件要求，依据岸线管控属性，结合对应水域和陆域生态环境保护要求、开发利用现状、存在的问题等特征综合确定。优先保护岸线参照对应水域和陆域的管控要求，原则上按照生态保护红线和一般生态空间制定生态环境管控要求。重点管控岸线以优化开发利用为导向，结合岸线用途、存在的环境问题等实际情况，制定生态环境管控要求。

（二）海岸线

2017 年颁布实施的《海岸线保护与利用管理办法》是关于海洋岸线保护与利用的纲领性文件。该办法要求对海岸线实施分类保护与利用。根据海岸线自然资源条件和开发程度，分为严格保护、限制开发和优化利用等三个类别。严格保护岸线为自然形态保持完好、生态功能与资源价值显著的自然岸线，主要包括优质沙滩、典型地质地貌景观、重要滨海湿地、红树林、珊瑚礁等所在海岸线。限制开发岸线包括自然形态保持基本完整、生态功能与资源价值较好、开发利用程度较低的海岸线。优化利用岸线为人工化程度较高、海岸防护与开发利用条件较好的海岸线，主要包括工业与城镇、港口航运设施等所在岸线。

《海岸线保护与利用管理办法》要求严格保护岸线按生态保护红线，由省级人民政府发布本行政区域内严格保护岸段名录，明确保护边界，设立保护标识。除国防安全需要外，禁止在严格保护岸线的保护范围内开展构建永久性建筑物、围填海、开采海砂、设置排污口等损害海岸地形地貌和生态环境的活动。限制开发岸线严格控制改变海岸自然形态和影响海岸生态功能的开发利用活动，预留未来发展空间，严格海域使用审批。优化利用岸线应集中布局确需占用海岸线的建设项目，严格控制占用岸线长度，提高投资强度和利用效率，优化海岸线开发利用格局。

“三线一单”生态环境分区管控中海岸线的分类管控，优先保护岸线包括各类自然形态保持较好、生态功能重要与资源价值显著的自然岸线，自然形态保持基本完好、生态功能与资源价值较高、开发利用程度较低的岸线。重点管控岸线包括人工化程度较高、规划开发利用的海岸线，主要是工业与城镇、港口航运设施等所在的岸线。其他岸线为一般管控岸线。从分类逻辑来看，优先保护区与严格保护岸线、限制开发岸线相近，重点管控区与优化利用岸线相近。

“三线一单”生态环境分区管控中海岸线分类管控要求充分衔接相关法律、法规、规划、计划及其他政策文件要求，依据岸线管控属性，结合对应海域和陆域生态环境保护要求、开发利用现状、存在的问题等特征综合确定。

综合来看，“三线一单”生态环境分区管控有关工作与既有生态环境管理工作的思路基本一致，总体衔接状况较好。生态保护红线全面衔接现有生态红线划定成果，并从生态完整性的角度划分了生态保护空间；水环境质量底线从污染源—排放控制—分区管控的逻辑关系与现有管理工作的思路基本一致；大气环境质量底线管控的思路是源头管控，主要通过存量减排要求和增量管控，将目标和要求落实到空间上，与现有管理工作的思路基本一致。土壤环境风险管控底线初步构建了基于土壤污染风险状况［基于各省（区、市）当前数据］的土壤污染风险防控分区体系。资源利用以各资源管理部门规章和现行制度为基础，以环境质量改善目标为约束，确立资源利用上线。

“三线一单”生态环境分区管控在原有相关工作的基础上进行了细化和补充。在国家水环境控制单元基础上，结合汇水分区、断面设置情况，细化了控制单元划分。在国家大气污染防治重点区域的基础上，基于区域气象特征、污染排放及质量状况、环境功能特征等，细化了优先保护区、重点管控区（弱扩散区、布局敏感区、高排放区和受体敏感区）和一般管控区，衔接各地大气污染防治任务和措施，明确了不同管控分区的差异化环境管控要求。增加了中远期环境质量目标、污染排放及管控要求等。在生态系统功能和环境质量改善的基础上，提出了生态补水、煤炭利用等管控要求。

总体而言，“三线一单”生态环境分区管控工作系统性、战略性、落地性较强，但也存在部分需要优化的地方，如“三线一单”生态环境分区管控没有明确规定海洋生态保护红线的衔接，尚未建立与自然资源部门最新土地资源管控衔接机制。

第四章

“三线一单”生态环境分区管控与国土空间规划制度衔接

第一节　制度内涵定位对比分析

一、制度内涵对比分析

（一）国土空间规划内涵

国土空间规划，基于资源环境承载能力评价和国土空间开发适宜性评价，以主体功能区划为基础，以空间各类要素的功能发展为主导，科学划定生态保护红线、永久基本农田、城镇开发边界，为各类开发、保护、建设活动提供基本依据，是国家空间发展的指南、可持续发展的空间蓝图，各类开发保护建设活动的基本依据。

在管理理念上，国土空间规划，坚持新时期生态文明思想，围绕统筹推进“五位一体”总体布局和协调推进“四个全面”战略布局，贯彻落实新发展理念、推动高质量发展，坚持以人民为中心，完善国土空间规划顶层设计，为国家发展规划落地实施提供空间保障。党的十八大报告将优化国土空间开发格局列为生态文明建设的任务之一。《生态文明体制改革总体方案》明确，建立国土空间开发保护制度、健全国土空间用途管制制度。《中共中央　国务院关于建立国土空间规划体系并监督实施的若干意见》提出，国土空间规划坚持新发展理念，坚持以人民为中心，坚持一切从实际出发，按照高质量发展要求，作好国土空间规划顶层设计。

在管控思路上，国土空间规划基于土地斑块的空间用途管控，通过利用许可、用途变更审批和开发利用监管等环节，对耕地、林地、草原、河流、海域等所有国土空间统一进行分区分类用途管制。2019 年修正的《土地管理法》将落实国土空间开发保护要求写入其中，进一步要求严格土地用途管制制度，对中央和省级政府的土地审批权限进行合理划分并改革土地征收制度。自然资源部《信息化建设总体方案》要求，建立国土空间用途管制实施监测评估系统，提出建立完善土地利用计划、增减挂钩、规划"一书三证"等备案机制，强化用途转用监测、监督考核机制等建设内容。

在管理目标上，国土空间规划以用途管制为手段，优化国土空间布局，科学谋划国土空间开发保护格局，推动内涵式、集约型、绿色化高质量发展，打造有竞争力且协调的城乡发展格局，塑造幸福且包容共享的人居环境。《中共中央　国务院关于建立国土空间规划体系并监督实施的若干意见》提出，国土空间规划科学布局生产空间、生活空间、生态空间，是实现高质量发展和高品质生活、建设美好家园的重要手段。

（二）生态环境分区管控内涵

生态环境分区管控制度，基于特定生态环境功能和目标下的污染物输入—环境质量响应关系，将生态保护红线、环境质量底线、资源利用上线的硬约束落实到环境管控单元，建立差别化的生态环境准入清单，开展科学治污、精准治污、依法治污，是新时代贯彻落实习近平生态文明思想、提升生态环境治理体系和治理能力现代化水平的重要举措。

在管理理念上，生态环境分区管控贯彻落实新时期生态文明思想，坚持绿水青山就是金山银山，坚持人与自然和谐共生理念，深入打好污染防治攻坚战，坚持系统性治理、综合性保护的理念，加强生态环境综合性保护与源头污染防控。习近平总书记在《推动我国生态文明建设迈上新台阶》讲话中明确提出，要坚持绿水青山就是金山银山，加快划定并严守生态保护红线、环境质量底线和资源利用上线三条红线。《中共中央关于党的百年奋斗重大成就和历史经验的决议》，将推动划定生态保护红线、环境质量底线、资源利用上线作为生态文明建设的重大成就。

在管控思路上，生态环境分区管控以生态环境管控单元为载体，主要通过空间布局约束、污染排放控制、环境风险防范、资源利用效率 4 个维度的生态环境准入清单实施管控。生态环境部《关于实施"三线一单"生态环境分区管控的指导意见（试行）》，提出"系统管控，分类指导"原则，以环境管控单元为载体，系统集成空间布局约束、污染物排放管控、环境风险防控、资源利用效率等各项生态环境管控要求，对优先、重点、一般三类管控单元实施分区分类管理，提高生态环境管理系统化水平和精细化水平。

在管理目标上，生态环境分区管控通过实施分区分类的精细化管控，开展生态环境质量管理，加快现代化治理体系构建，推动生态环境质量持续改善，促进经济社会高质量发展与生态环境高水平保护。《中共中央　国务院关于全面加强生态环境保护　坚决打好污染防治攻坚战的意见》强调，落实生态保护红线、环境质量底线、资源利用上线硬约束，全面加强生态环境保护，完善生态环境治理体系。《关于新时代推动中部地区高质量发展的意见》提出，建立全覆盖的生态环境分区管控体系，强化全民共治、源头防治，构筑生态安全屏障，推动经济社会高质量发展。

（三）制度内涵关系对比

两项制度在管理理念上存在一致之处，均坚持生态文明思想、落实新发展理念，坚持底线思维，衔接主体功能区战略，强调空间分区管理。但在具体管控思路与管理目标上，侧重点各有不同，国土空间规划侧重空间布局安排和用途管制，生态环境分区管控则侧重生态环境质量分区管理和生态环境准入管理。

二、制度定位对比分析

（一）国土空间规划定位

国土空间规划定位是生态文明建设的重要任务：绿色是生态文明建设的底色，国土是生态文明建设的空间载体，国土空间规划通过优化国土空间布局，科学谋划国土空间开发保护格局，加快形成生产、生活方式绿色转型，是推进生态文明建设、建设美丽中国的重要任务。

国土空间规划定位是可持续发展的空间蓝图：国土空间规划基于资源环境承载能力和国土空间开发适宜性评价（以下简称“双评价”），统筹划定“三区三线”，综合考虑人口分布、经济布局、土地利用、生态环境保护等因素，绘制国土空间规划蓝图，引领经济、社会、资源和环境保护可持续发展，促进人与自然和谐共生。

国土空间规划定位是推动高质量发展的战略基础：国土空间规划以空间各类要素的功能发展为主导，整合各类空间数据，利用信息化手段构建全国统一的空间基础信息平台，统筹规划国土空间布局，对行政辖区内国土空间保护开发利用修复进行总体部署和统筹安排，是国家推动高质量发展的战略基础。

国土空间规划定位是促进高水平保护的参考依据：国土空间规划将“山水林田湖草沙冰”是一个生命共同体的理念贯穿国土空间用途管制工作中，严守生态保护、基本农田、城镇开发等空间用途管制，减少人类活动对自然空间的占用，是服务高水平保护的重要依据。

（二）生态环境分区管控定位

生态环境分区管控定位是生态文明制度体系的组成和延伸：生态环境分区管控涉及生态文明体系中多项制度，将体系中有关资源和生态环境保护的管理边界和制度要求通过衔接融合，形成一套坐标系统一、位置准确、边界清晰的空间底图和“整装成套”的管控要求，可作为生态文明制度协同落实的政策工具包，是生态文明制度建设的重要实践创新。

生态环境分区管控定位是实现可持续发展的源头预防保障：生态环境分区管控通过“划框子、定规则”，将生态保护、环境质量、资源利用等方面的要求立在前面，将生态环境源头预防关口前移，强化空间、总量、准入环境管理，为战略和规划环评落地、项目环评审批等提供硬约束，延长了源头预防体系的链条，提升了生态环境源头预防体系系统性和全面性。

生态环境分区管控定位是促进高质量发展的重要支撑：生态环境分区管控以生态环境管控单元为基础，生态环境准入清单为抓手、信息管理平台为支撑，实现科学管控，推动产业结构、能源结构、交通运输结构等调整，优化开发保护建设活动，促进经济社会绿色低碳高质量发展。

生态环境分区管控定位是促进高水平保护的重要手段：生态环境分区管控根据区域生态环境功能和目标，确定分区域分阶段环境质量目标及相应的污染物排放控制等要求，并将生态环境保护要求落实到生态环境分区管控单元，开展科学治污、精准治污、依法治污，是提升生态环境治理能力现代化水平的重大举措。

（三）制度定位关系对比

“三线一单”生态环境分区管控与国土空间规划制度内涵定位对比见图 4-1。生态环境分区管控与国土空间规划制度均是新时期加快生态文明建设、实现可持续发展，促进高质量发展和高水平保护的重要任务和举措。同时，两项制度定位侧重点各有不同，国土空间规划作为生态文明建设的重要任务，为实现可持续发展提供空间蓝图，而生态环境分区管控作为生态文明建设的重要组成和延伸，是实现可持续发展的源头预防保障。国土空间规划侧重为高质量发展提供战略基础，生态环境分区管控侧重为促进高水平保护提供重要手段。

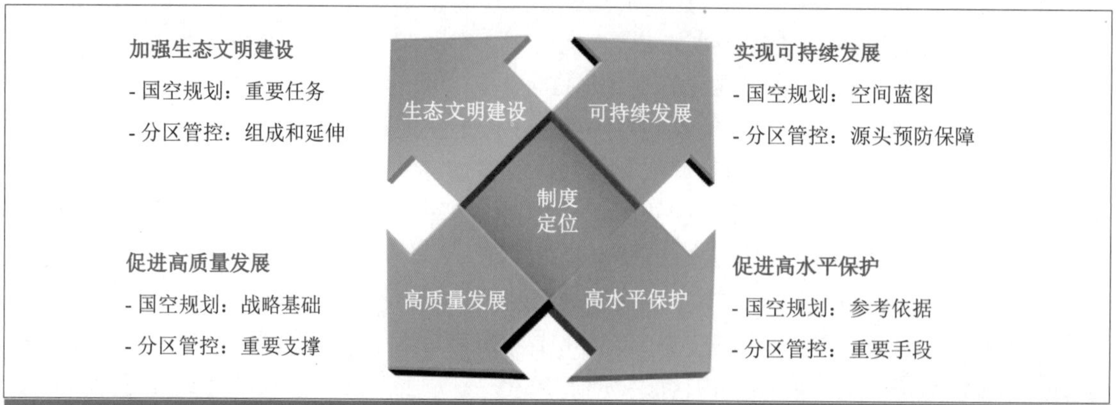

图 4-1 “三线一单”生态环境分区管控与国土空间规划制度内涵定位对比

第二节 制度技术体系对比分析

一、层级体系对比

《中共中央 国务院关于建立国土空间规划体系并监督实施的若干意见》明确，国土空间规划从层级上包括国家、省、市、县、乡镇五级规划，从类别上包括总体规划、详细规划和相关专项规划。其中，国家、省、市、县负责编制国土空间总体规划，各地结合实际情况编制乡镇国土空间规划。“三线一单”生态环境分区管控试点工作始于地市一级，普遍实施则在省级行政单元。目前，全国已有31个省（区、市）完成“三线一单”生态环境分区管控编制与发布，地市/区县“三线一单”生态环境分区管控相关工作也在推进中。虽然“三线一单”生态环境分区管控目前并无明确的层级体系，无法直接与国土空间规划明确层级对应关系，但由于省级“三线一单”生态环境分区管控分区精度以区县/乡镇为主，针对各环境要素和资源要素的管控分区精度更高，可以为编制省级、市县级国土空间规划以及特定区域（流域）、特定领域的专项规划提供资源环境方面的支撑。

二、技术方法对比

（一）工作框架对比

以《省级国土空间规划编制指南（试行）》为基础，对比省级国土空间规划和“三线一单”

生态环境分区管控的工作框架和主要内容（见表 4-1）。国土空间规划体系建设的初衷是实现“多规合一”，以形成全国国土空间开发保护“一张图”，以空间各类要素的功能发展为主导；“三线一单”生态环境分区管控偏重各生态环境要素的管控，以建立生态环境分区管控体系。国土空间规划通过资源环境承载能力评价和国土空间开发适宜性评价确定特定区域是适合生态保护、农业开发还是城镇建设，所用指标涉及多个领域，属于综合性评价。“三线一单”生态环境分区管控则偏重生态、大气、地表水、土壤等环境要素和水、土、能源等自然资源的空间差异性，只涉及资源、生态、环境等领域，属于专项评价。国土空间规划的编制原则中强调了生态优先，这是与“三线一单”生态环境分区管控一致的。总体来看，“三线一单”生态环境分区管控与国土空间规划的工作基础和工作内容具有高度相关性。“三线一单”生态环境分区管控和国土空间规划均以行政区划、土地利用、河流水系、地貌高程等基础地理信息为工作底图，二者均涉及空间分区和承载规模的内容；此外，两项工作的成果中均涉及信息平台建设。

表 4-1　省级国土空间规划与“三线一单”生态环境分区管控主要内容梳理

名称	省级国土空间规划	“三线一单”生态环境分区管控
工作目的	将主体功能区规划、土地利用规划、城乡规划等空间规划融合为统一的国土空间规划，实现“多规合一”，强化国土空间规划对各专项规划的指导约束作用	坚持底线思维和系统思维，形成以“三线一单”生态环境分区管控为核心的生态环境分区管控体系；为规划和项目环评以及相关生态环境保护管理工作提供支撑，提高生态环境参与综合决策、促进高质量发展的能力
总体要求	省级国土空间规划：是对全国国土空间规划纲要的细化和落实，指导市县国土空间规划编制，侧重协调性。 编制原则：生态优先、绿色发展，以人民为中心，高质量发展，区域协调、融合发展，因地制宜、特色发展，数据驱动、创新发展，共建共治、共享发展	坚持“绿色发展，生态优先”，以改善环境质量为核心，通过开展区域生态环境评价，以生态保护红线、环境质量底线、资源利用上线的约束落实到生态环境管控单元，建立全覆盖的生态环境分区管控体系，并根据生态环境管控单元的特征提出针对性的生态环境准入清单 基本原则：尊重科学，系统评估；坚守底线，空间管控；全域覆盖，逐步完善；共建共享，动态管理
主要内容及工作流程	基础准备：数据基础，梳理重大战略，双评价，专题研究。 重点管控内容：目标与战略，开发保护格局，资源要素保护与利用，基础支撑体系，生态修复和国土综合整治，区域协调与规划传导。 指导性要求：可结合地方实际，深化相关工作。 规划实施保障：配套政策机制，信息平台建设，监测评估预警，近期安排	开展基础分析，建立工作底图； 明确生态保护红线，识别生态空间； 确立环境质量底线，测算污染物允许排放量； 确定资源利用上线，明确管控要求； 综合各类分区，确定生态环境管控单元； 统筹分区管控要求，建立环境准入负面清单； 集成“三线一单”生态环境分区管控成果，建设信息管理平台
成果形式	规划文本、附表、图件、说明和专题研究报告，以及基于国土空间基础信息平台的国土空间规划“一张图”	“三线一单”生态环境分区管控文本、图集、研究报告、信息平台及数据库

（二）空间分区对比

国土空间规划是以空间各类要素的功能发展为主导，是行政辖区内国土空间保护开发利用修复的总体部署和统筹安排，是各类开发保护建设活动的基本依据。“三线一单”生态环境分区管控是以各生态环境要素的管控为主导，是推进生态环境保护精细化管理、强化国土空间环境管控、推进绿色高质量发展的一项重要工作。本节以《省级国土空间规划编制指南（试行)》和《资源环境承载能力和国土空间开发适宜性评价技术指南（试行)》为基础，梳理国土空间规划中生态空间和生态保护红线、农业空间和永久基本农田、城镇空间和城镇开发边界的内涵及划定方法，并分析其与"三线一单"生态环境分区管控中相关空间分区的区别和联系。

1．生态空间和生态保护红线

在国土空间规划中，生态空间是以提供生态系统服务或生态产品为主的功能空间，生态保护红线是在生态空间范围内具有特殊重要生态功能，必须强制性严格保护的陆域、水域、海域等范围。国土空间规划使用《资源环境承载能力和国土空间开发适宜性评价技术指南（试行)》识别生态空间和生态保护红线。其优先将具有生态功能极重要的生物多样性维护、水土保持、水源涵养等区域、水土流失、沙漠化、海岸侵蚀等生态极敏感脆弱区域划入生态保护红线范围，将具有潜在重要生态价值区域和自然保护地纳入生态保护红线的保护范围。"三线一单"生态环境分区管控中的生态保护红线，其概念和内涵与中共中央办公厅、国务院办公厅印发的《关于划定并严守生态保护红线的若干意见》完全一致，衔接了各地生态保护红线划定成果；此外，基于区域生态安全格局体系在生态保护红线之外划定一定范围的一般生态空间，强化生态空间的系统性和整体性保护。总体来看，"三线一单"生态环境分区管控与国土空间规划对于生态保护红线的内涵基本一致，但对于生态空间内涵不同，"三线一单"生态环境分区管控中划定的生态空间为国土空间规划提供重要参考。此外，"三线一单"生态环境分区管控相关技术规范中目前尚未明确海洋生态保护红线划定要求，部分沿海省（区、市）在"三线一单"生态环境分区管控编制实践中将海洋生态保护红线纳入了生态保护红线范围。

二者在技术路线和指标等方面存在一定差异。例如，国土空间规划不使用盐渍化指标来评价生态敏感性，但增加了沙源流失和海岸侵蚀指标；国土空间规划的生态重要性和敏感性评价没有明确分级，而"三线一单"生态环境分区管控中将生态重要性和敏感性明确分为 3 级。2019 年，自然资源部、生态环境部联合印发《自然资源部办公厅 生态环境部办公厅关于开展生态保护红线评估工作的函》(自然资办函〔2019〕125 号）和《自然资源部国土空间规划司 生态环境部生态环保司关于印发生态保护红线评估有关材料的函》。此后，各地按照要求对原生态保护红线划定结果进行评估和修订，更新后的生态保护红线将统一应用于"三线一单"生态环境分区管控和国土空间规划中，也将随之动态更新相应的管控要求。

2．农业空间和永久基本农田

在国土空间规划中，农业空间是以农业生产和农村生活为主的功能空间，永久基本农田是按照一定时期人口和经济社会发展对农产品的需求，依据国土空间规划的不得擅自占用或改变用途的耕地。《资源环境承载能力和国土空间开发适宜性评价技术指南（试行)》明确指出，要在生态保护极重要区以外的区域开展种植业、畜牧业、渔业等农业生产适宜性评价，识别农业生产适宜区。其中种植业生产适宜性以水、土、光、热组合条件为基础，结合土壤环境质量、气象灾害等因素评价确定。在划定种植业生产不适宜区的原则中，土壤污染物含量大于风险管控是重要的一条。该指南附录中的耕地承载规模重点明确了水资源、空间约束作为主要约束的相关要求和测算指标，没有展开环境容量作为耕地承载规模约束的相关要求。在"三线一单"生态环境分区管控环境质量底线中，环境质量目标、污染物允许排放量及分区管控要求可作为耕地承载规模测算的基础，土壤污染风险管控分区中划定的优先保护农用地集中区和农用地污染风险重点管控区可为农业生产适宜区和农业空间的划定提供支撑。

在种植业生产适宜区中，针对现阶段的永久基本农田布局，识别耕地划定不实、违法占用、污染严重等问题区域，保证总体面积不减少，耕地质量有提升，整体布局稳定，对其进行相应的补划，确定永久基本农田范围。永久基本农田划定或调整后，“三线一单”生态环境分区管控相关空间分区也需作相应调整。

3．城镇空间和城镇开发边界

在国土空间规划中，城镇空间是以承载城镇经济、社会、政治、文化、生态等要素为主的功能空间，城镇开发边界是在一定时期内因城镇发展需要，可以集中进行城镇开发建设，重点完善城镇功能的区域边界，涉及城市、建制镇以及各类开发区等。《资源环境承载能力和国土空间开发适宜性评价技术指南（试行）》明确在生态保护极重要区以外的区域开展适宜性评价，着重识别不适宜城镇建设的区域。我国一般将水资源短缺，地形坡度大于25°，海拔过高，地质灾害、海洋灾害危险性极高的区域确定为城镇建设不适宜区。由于海洋开发利用主要考虑港口、矿产能源等功能，我国将海洋资源条件差以及生态风险高的区域定为海洋开发利用不适宜区。城镇建设承载规模的计算方法为：从水资源的角度来看，通过区域城镇可用水量除以城镇人均需水量，确定可承载的城镇人口规模，通过可承载的城镇人口规模乘以人均城镇建设用地面积，确定可承载的建设用地规模；从空间约束的角度来看，将生态保护极重要区和城镇建设不适宜区以外区域的规模作为空间约束下城镇建设的最大规模；按照短板原理，取上述约束条件下的最小值作为可承载的最大合理规模。城镇建设承载规模测算中没有展开环境容量作为约束的相关要求，“三线一单”生态环境分区管控环境质量底线中环境质量目标、污染物允许排放量及分区管控要求可进行补充。此外，从空间范围来看，“三线一单”生态环境分区管控中一般生态空间、环境质量底线和资源利用上线中的重点管控区多处于城镇开发边界内，可为城镇空间进一步明确生态环境管控要求提供重要支撑。

三、数据要求对比

通过对比“三线一单”生态环境分区管控和国土空间规划对基础数据和评价成果的要求，可以发现二者存在明显差别。具体而言，一是评价底图和比例尺不同。《“三线一单”编制技术指南》中明确，采用法定基础地理信息数据作为工作基础底图（优先采用1∶10 000比例尺，无1∶10 000比例尺的区域，可采用1∶50 000或其他适当比例尺），实际工作中一般使用生态保护红线划定时使用的底图；而本次国土空间规划统一采用了第三次全国国土调查数据作为底图基础，其中省级国土空间规划基本比例尺为1∶500 000、1∶1 000 000，市（地）级一般为1∶250 000，县级一般为1∶50 000。二是最小行政单元不同。“三线一单”生态环境分区管控中的各类要素管控单元通常会拟合到乡镇边界，而在省级国土空间规划中，很多要素的评价单元只到区县一级，是以县级行政区为单元来综合确定生态保护、农业生产、城镇建设评价结果。三是所用数据的精度不同。例如，“三线一单”生态环境分区管控工作中使用的栅格数据精度一般为30 m×30 m，在大气模拟时往往使用3 km×3 km网格，而省级国土空间规划将50 m×50 m栅格作为基本评价单元，并在大气模拟时采用5 km×5 km网格。虽然从总体来看，“三线一单”生态环境分区管控的数据精度高于国土空间规划，但这一点可能造成二者对同一指标的评价结果在空间上难以叠合。如果数据来源不同，这一问题会更加突出。

第三节 制度衔接模式建议

根据《生态文明体制改革总体方案》，国土开发与保护制度包括完善主体功能区制度、健全国土空间用途管制制度、建立国家公园体制和完善自然资源监管体制 4 个方面的内容。国土空间规划体系建设的初衷是实现“多规合一”，形成全国国土空间开发保护“一张图”。通过规划体制改革和国务院机构改革，我国已经可以整合主体功能区规划、土地利用规划、城乡规划等主要空间规划。在此背景下，生态环境部门应充分发挥“三线一单”生态环境分区管控的作用，深度参与国土空间规划编制，并成为生态环境保护领域与国土空间规划协调、对接、整合的重要平台。生态环境部门需要和自然资源部门通力合作，在各层面做好工作对接，共同推进生态文明体制建设。省级“三线一单”生态环境分区管控和国土空间规划的编制主体都是省级政府，两项工作的具体内容有很强的相关性，甚至有些内容基本一致，这一点既给实际工作带来便利，也会造成一定程度的决策困难，严重时甚至会影响工作进度。本研究依据两项工作的具体编制要求，结合实际工作遇到的问题，提出“三线一单”生态环境分区管控和国土空间规划有效衔接的基本模式、技术要点和管理机制等建议。

一、制度衔接关系研究

（一）两项制度不可替代关系研究

两项制度在指导思想和核心理念存在一致之处，从根本上不矛盾、不冲突。但是，在内涵定位、管控手段、管控目标等方面各有不同，完全基于国土空间规划成果开展生态环境分区管控存在技术不适用及管理难落地等问题，难以实现生态环境系统性治理和整体性保护。因此，两项制度不矛盾、不冲突、不能相互替代。

一方面，从技术逻辑与出发点来看，国土空间规划基于“双评价”结果，划定“三区三线”，实施基于功能分区的用途管制，科学统筹分配建设用地指标；而生态环境分区管控的生态环境要素管控边界划定标准，是基于生态环境功能和目标下的污染物输入—环境质量响应关系开展生态环境质量管理，例如，大气环境管控分区是根据区域大气环境质量状况、大气污染传输扩散规律、区域污染物排放特征等综合划定，实施大气污染物空间差异化管控。另一方面，从分区分类管理体系来看，国土空间规划分区以空间各类要素的功能发展为主导，基于“双评价”结果，将生态空间分为极重要区、重要区和一般重要区，农业空间分为农业生产适宜区和不适宜区，城镇建设空间分为适宜区和不适宜区，部分地区进一步细化为建设开发最适宜、基本适宜、不适宜和特别不适宜四类。而生态环境分区管控根据生态环境功能和环境管理要求，采用多要素集成的生态环境管控单元划定技术，将各要素分区的生态环境管控要求集成并落实到三类不同生态环境管控单元（优先保护单元、重点管控单元及一般管控单元），确定差异化生态环境准入清单。

（二）两项制度协同发力关系研究

新时期生态文明建设背景下，两项制度理念内涵上互通互补，目标定位各有侧重，未来可通过加强两项制度在基础数据、技术方法、成果应用等方面的充分衔接，实现制度协同发力，支撑高质量发展与高水平保护。

两项制度内涵互补。两项制度战略背景相同，都是新时期加快生态文明建设、实现可持续发展，促进高质量发展和高水平保护的重要任务与举措。同时，国土空间规划旨在明确区域的国土空间用途分区和管制要求，生态环境分区管控旨在明确区域的生态环境管理要求，二者互通互补。

两项制度各有侧重。国土空间规划立足于对国土空间分区分类实施用途管制，旨在确定“适合干什么”。生态环境分区管控立足于解决突出环境问题，改善环境质量，旨在确定“怎么干生态环境可承载”，核心是空间上的生态环境质量分区管理。

两项制度充分衔接。两项制度均利用全国统一的国土空间基础信息底图，均全面落实主体功能区战略；生态保护红线划定成果完全统一；生态环境分区管控的“三类单元”格局与国土空间规划的“三区”基本衔接；且最终成果可通过信息平台互联互通。

两项制度协同发力。未来，通过加强制度内涵互补，促进基础数据共享，打通技术衔接路径，建立健全制度衔接管理机制，推进信息共享，将不同的两套成果相互叠加在“一张图”上，既可以明确每一个区域的国土空间用途分区和管制要求，也可以清晰呈现该区域的环境管理要求，为投资开发等综合决策提供依据。

（三）两项制度衔接实践基础研究

各省（区、市）在推进“三线一单”生态环境分区管控和国土空间规划编制的过程中，普遍较为重视两项工作的互动衔接。各省（区、市）在编制“三线一单”生态环境分区管控的过程中不同程度衔接了国土空间规划中自然保护地、城镇开发边界、永久基本农田等空间边界及相应管控要求，也将“三线一单”生态环境分区管控的成果反馈给国土空间规划。

受编制进度等因素影响，在实践中两项工作的衔接主要采用了以下两种方式。

一是国土空间规划和“三线一单”生态环境分区管控全过程融合，同步推进两项工作，“三线一单”生态环境分区管控和国土空间规划在不同阶段进行互动和反馈。例如，重庆市同步编制国土空间规划与“三线一单”生态环境分区管控，使两项工作对接自然保护地数据、城镇最大开发边界数据等基础数据，最终保留一套一致的矢量图。此外，重庆市将“三线一单”生态环境分区管控的管控要求和生态环境管控单元要求等成果纳入国土空间编制规划，共同为优化国土空间开发格局提供支撑。吉林省生态环境厅和自然资源厅建立了从工作部署、资料收集、要素分析、指标体系、空间布局、管控措施、信息互通的“七协调”和“七统筹”工作机制，工作过程保持高度互动，推动“三线一单”生态环境分区管控与国土空间规划充分衔接。

二是将“三线一单”生态环境分区管控前置，作为独立工作先行开展，其主要内容作为国土空间规划编制的前提和基础，成为国土空间规划的重要组成。四川省的国土空间规划就晚于“三线一单”生态环境分区管控编制，在进行省级国土空间规划的“双评价”工作时吸纳了“三线一单”生态环境分区管控的要素容量和要素分区等成果，使两者单要素评价结果协调一致。

二、制度衔接模式与路径

从2020年4月起，全国各省（区、市）陆续发布了“三线一单”生态环境分区管控方案。“三线一单”生态环境分区管控成果发布文件普遍提出了“三线一单”生态环境分区管控与国土空间规划互动衔接的原则性要求：一方面，将落实到具体空间的生态、水、大气、土壤、资源利用等红线、底线和上线要求，作为国土空间规划编制的基础，确保“三线一单”生态环境分区管控要求与国土空间用途管制相衔接；另一方面，如国土空间规划编制已经完成或者只是部分内容修编，则根据国土空间规划的相关变动更新调整“三线一单”生态环境分区管控。

按照“预防为主”的原则，应尽早将生态环境保护要求纳入决策过程，以从决策源头保护环境，避免因决策失误而造成不可逆转的生态环境破坏。因此，建议推动生态环境分区管控与国土空间规划全过程动态衔接模式，将生态环境分区管控与国土空间规划在工作基础、成果编制、管理和应用等环节进行全过程动态反馈，切实支撑生态文明建设战略目标。在前期研究阶段，推动基础数据共用共享，特别是空间数据和工作底图的统一，协同推进基础性分析；在成果编制阶段，推动生态环境分区管控与国土空间规划目标指标衔接；在成果应用及更新阶段，促进信息系统及应用平台互通。

三、关键衔接内容与技术要求

（一）前期研究阶段

在前期研究阶段，推动生态环境分区管控与国土空间规划基础数据共用共享，特别是空间数据和工作底图的统一。建议协同推进相关基础性分析，在土地、水资源、林草等自然资源和空间要素方面，优先采用“双评价”结果，同时考虑资源能源与生态环境的关联性，借鉴生态环境分区管控中对资源能源的相关要求。在水、大气、土壤等环境要素，特别是环境容量和承载力计算等方面，应优先采用生态环境分区管控结果，逐步推动两项制度基础性研究结论一致。

（二）成果编制阶段

在成果编制阶段，“三线一单”生态环境分区管控应与国土空间规划目标指标衔接，坚持质量目标是基础依据，统筹资源利用。首先，推动国土空间规划中生态环境相关的目标指标与“三线一单”生态环境分区管控中明确的环境质量底线和资源利用上线目标协调。其次，应以“三线一单”生态环境分区管控工作为基础，进一步细化不同区域生态环境管控的目标要求，对国土空间规划生态空间中的重点生态功能区、城镇空间中的城镇规划区、工业园区、重点矿区等提出阶段性生态环境保护目标。最后，应进一步强化环境承载力的先导作用，加强国土空间规划中生态环境目标与社会经济指标（规模性指标，如人口、经济）的响应反馈研究，推动国土空间规划制定与承载力和生态环境目标相协调的人口、产业、城镇化的发展战略和整体空间发展战略，优化经济社会发展。

建议生态保护空间与生态控制区衔接上，坚持生态格局一致，生态优先，取最大公约数。

生态环境管控分区与国土空间功能分区衔接上，坚持尊重现状、衔接规划，既有区别也有联系（见图 4-2）。国土空间规划中城市开发边界、永久性基本农田、生态保护红线等三条控制线是“三线一单”生态环境分区管控分区的重要依据，“三线一单”生态环境分区管控中要素环境管控分区、生态环境管控单元以及相应的生态环境准入要求可为完善国土空间规划分区和用途管制提供支撑。在实际工作中，应结合二者的关注点，协调要素分区与空间布局。首先，应按照部门职能，统一生态保护红线的划定，协调生态空间内涵和划定。国土空间规划中生态空间的划定和管理应充分考虑“三线一单”生态环境分区管控优先保护单元的相关成果，特别关注矿区、零星分布的居民点等区域；无法达成一致的，须在“三线一单”生态环境分区管控生态空间管控要求或国土空间规划用途管制中明确相应区域的生态环境保护要求及限定的发展方向。其次，将“三线一单”生态环境分区管控中大气、水、土壤、资源等重点管控单元及相应的生态环境准入清单作为国土空间规划编制的基础支撑，支撑在国土空间规划中城镇空间和农业空间进一步明确特定空间单元（如工业园区、环境污染治理区）的约束性指标和刚性管控要求，提出生态建设和污染物排放控制方案或路径，并为各空间尺度不同层级国土空间规划和相关专项规划编制提供约束引导。最后，生态环境准入清单与国土空间用途管制衔接上，坚持区域/片区层面统筹衔接，准入清单落地。

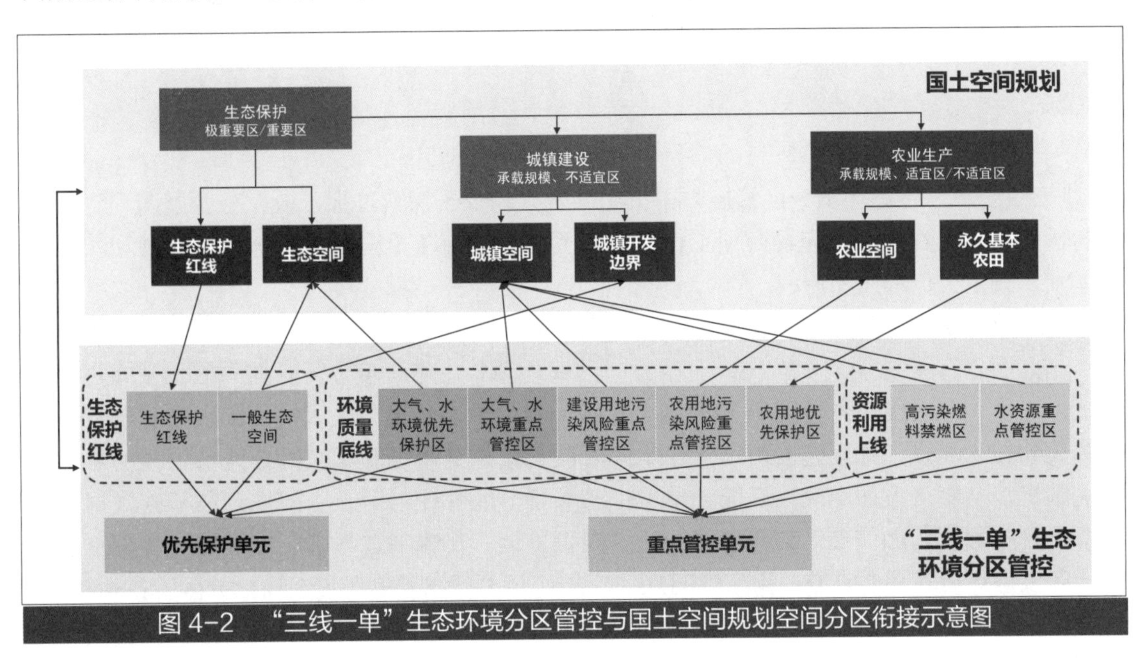

图 4-2 “三线一单”生态环境分区管控与国土空间规划空间分区衔接示意图

（三）成果应用及更新阶段

在成果应用及更新阶段，要推动成果共享互通。生态环境分区管控信息系统平台及应用平台基于生态环境底图数据，分析整理相关基础数据库，建设过程数据库和成果数据库，以支撑生态环境分区管控基础分析和辅助应用，其内容可作为国土空间规划的支撑。建议推动建立智慧平台，各地区推进生态环境分区管控信息系统、应用平台与国土空间信息平台的互通，在系统平台设计时预留接口，在工作时及时比对，推动基础数据、过程数据及相关成果相互衔接、相互支撑（见图 4-3）。

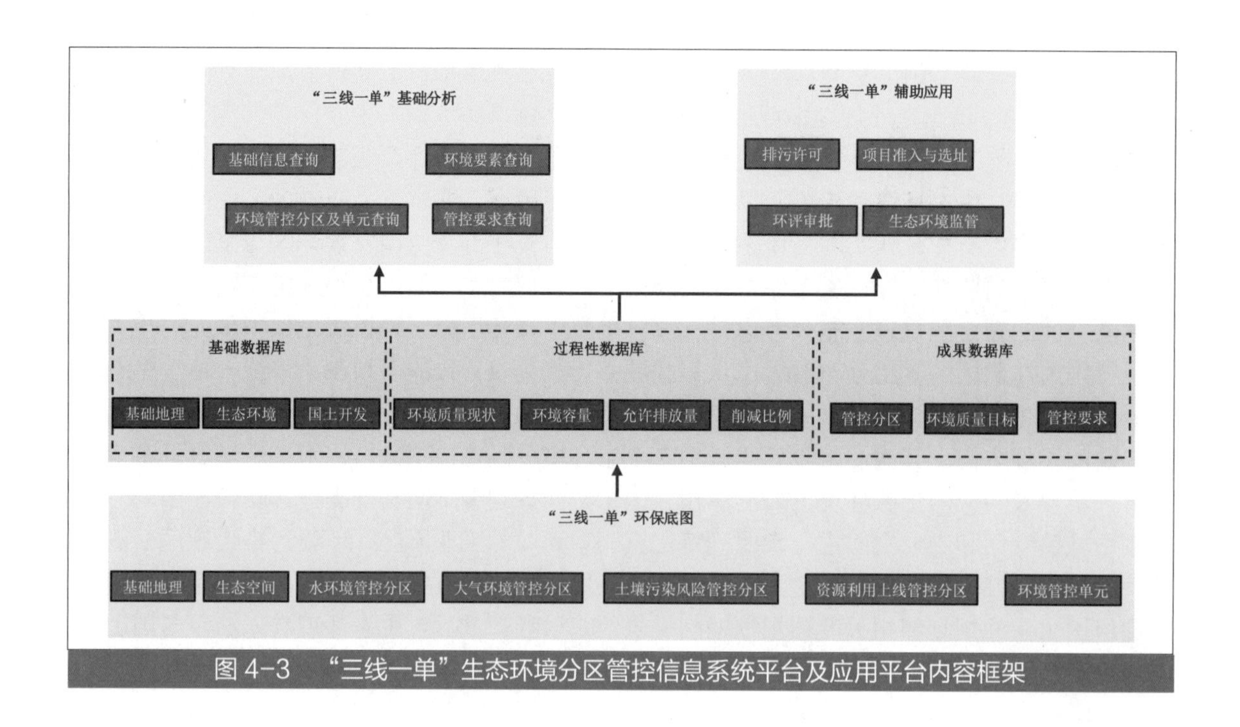

图 4-3 “三线一单”生态环境分区管控信息系统平台及应用平台内容框架

四、管理机制建议

“三线一单”生态环境分区管控与国土空间规划均处于探索过程，应积极开展两项工作衔接的试点工作，在实践中完善两项工作衔接的要求，进而在全国层面健全政策法规和相关机制体制，规范工作程序和流程。

笔者建议从以下两方面推进相关工作：

一方面，选取典型省（区、市），启动“三线一单”生态环境分区管控与国土空间规划衔接试点工作，分层级、分类别/问题探索“三线一单”生态环境分区管控与国土空间规划衔接的模式和技术要求，探索建立两项工作不同阶段的信息交流机制和空间分区与管控的协商协调机制等。从制度方面明确“三线一单”生态环境分区管控与国土空间规划在基础数据方面应衔接哪些数据，如何推动共同内容的技术规范协调，在编制过程中应协调统一哪些空间类别，在生态环境管控要求方面国土空间规划应如何与“三线一单”生态环境分区管控衔接。

《中共中央 国务院关于建立国土空间规划体系并监督实施的若干意见》确立了国土空间规划地位，同时也提出要加强生态环境分区管治，依法开展环境影响评价。国土空间规划的环境影响评价工作，应以能否实现“三线一单”生态环境分区管控确定的红线、底线和上线目标，与“三线一单”生态环境分区管控的符合性等为重点开展工作。国土空间规划与“三线一单”生态环境分区管控衔接良好的地区，可适当简化国土空间规划环境影响评价工作。

另一方面，推动建立“三线一单”生态环境分区管控与国土空间规划衔接的管理规范，明确相关政策和条例中的管理制度与技术规程，明确衔接目标、工作主体、介入时机、内容和要点要求、评估调整机制、监督考核方式等。

第五章

省级“三线一单”生态环境分区管控编制技术要点

第一节　数据处理和工作底图制作

收集处理数据、制作工作底图是省级“三线一单”生态环境分区管控编制的工作基础，在此工作中应完成以下6个任务。

（1）基础资料收集

根据《“三线一单”编制技术指南（试行）》及相关技术规范要求，梳理省“三线一单”生态环境分区管控资料清单，完成全省各市直部门和地市资料收集工作，及时下发已有的资料清单。

（2）基础数据处理

按照“三线一单”生态环境分区管控相关技术要求，统一空间坐标系为2000国家大地坐标系，使用地理信息系统软件工具（如ArcGIS）对收集的数据统一进行空间化、矢量化、专题化处理。在实际工作中，省级“三线一单”生态环境分区管控基础数据处理应满足以下要求：①结合生态保护红线工作底图、自然资源厅提供的行政边界、民政厅提供的最新行政区划图，明确省界、地市界、乡镇街道界、乡镇街道名称和地市名称。其中政府驻点应涵盖区县政府以上驻点；城镇开发边界应参照省级和地市级国土空间规划、城市总体规划、空间发展战略等成果，采用投影转换、矢量化等手段综合确定。②数字高程精度根据资料收集情况确定，精度不应低于30 m。③河流水系图应结合土地利用图和水利厅提供的水系图综合确定，线面结合，河流水系涵盖3级以上支流，明确3级以上支流、重点湖泊、大型水库的名称。④道路交通图应包含铁路、国道、省道、高速公路等信息。⑤梳理全省产业园区基本情况，包括名称、定位、现状发展结构、规模、设施配套、排污口、排水去向，环评批复及环境准入要求等。在省级“三线一单”生态环境分区管控的编制过程中，应将省级以上产业园区全部纳入研究范围，建议重点地区将县市级产业园区也纳入研究范围。产业园区、港区边界应参照相关规划和规划环评，采用投影转换、矢量化等手段综合确定。

（3）战略情景研究

基于全省及各地区经济社会发展现状，衔接地区战略分析，合理制定全省及各地区经济社会发展方案，包括GDP、产业结构、重点行业产值/产能、人口及城镇化率等。

（4）工作底图建立

利用地理信息系统软件工具，集成行政区内基础地理信息数据，形成坐标统一、数据规范的基础工作底图，辅助各专题制作基础数据和分析数据。在省级“三线一单”生态环境分区管控工作底图中，基础地理信息数据应包括行政区划、政府驻点、数字高程、河流水系、道路交通、土地利用、城镇开发边界、产业园区、港区等。

（5）专题图件制作

省级“三线一单”生态环境分区管控专题图件包括生态保护红线与一般红线、大气环境质量底线与分区管控、水环境质量底线与分区管控、近岸海域环境质量底线与分区管控、土壤环境污染风险底线与分区管控、资源利用上线与分区管控、生态环境管控单元、生态环境准入清单等。要素责任单位负责制作专题基础图件和规范化成果数据文件，测绘院辅助，开展各专题图件的审核矫正等工作。

（6）成果图集制作

根据《“三线一单”图件制图规范（试行）》及相关规范要求，在专题研究的基础上，完成行政区划、数字高程、水系、土地利用、“三线”及生态环境管控单元等成果图件制作。

第二节　区域环境评价

“三线一单”生态环境分区管控编制工作应在研究经济社会发展与资源环境耦合关系，以及分析区域开发布局与生态安全格局、结构规模与资源环境承载两大矛盾演变态势的基础上进行。在此工作中应完成以下4个任务。

（1）战略定位分析

分析国家、区域、省级层面发展战略和生态环境保护战略，梳理区域经济社会发展规划、资源能源规划、重点产业发展规划、生态环境保护规划等，明确区域发展战略定位及生态环境功能定位。

（2）现状问题分析

开展区域生态环境现状分析与评价，解析经济与环境协调发展水平以及存在的主要矛盾，辨识重点行业、重点区域、重点流域资源环境关键性制约因素，分析经济发展规模与资源环境承载、产业空间布局与生态安全格局、资源环境效率强度与生态环境质量功能之间的冲突矛盾。现状问题分析应至少包括以下内容：

①分析区域经济社会发展现状、发展阶段和发展态势，判定区域产业发展和城镇开发建设的规模、结构、布局等特征。

②分析区域生态系统和大气、水、土壤、地下水、噪声等环境质量现状及历史变化趋势；结合污染物排放分析，识别影响区域生态环境质量的主要污染物及其时空分布特征和变化趋势。

③分析区域水资源、能源利用和岸线利用禀赋、结构特征及开发利用水平。

④分析区域温室气体排放现状及历史变化趋势，包括排放总量与结构、行业分布状况、重点排放源和排放水平等，识别温室气体排放重点区域和关键领域。

（3）未来趋势研判

结合区域资源环境禀赋、生态环境功能维护和环境质量改善需求，设置多种情景分析区域经济社会中长期发展趋势，研判区域资源开发利用与生态环境保护面临的压力与挑战及其阶段性、结构性特征，评估重点区域经济社会发展对关键生态功能单元和环境敏感目标的中长期生态风险。

（4）重大问题识别

系统诊断与评估区域资源环境、生态系统演变、社会经济发展等的耦合关系和特征，研究生态环境演变的驱动力和作用机制；以行政区、主要流域和自然地理区为空间分析单元，识别区域（流域、海域）发展须关注的重大生态环境问题、重点区域/空间单元及应对战略，须关注跨区域（省域、市域）、流域上下游和左右岸的统筹协调，聚焦水资源—水环境、能源—大气环境、土地—土壤污染防控、岸线—水生态等跨介质、跨部门目标协同。

第三节　生态保护红线及一般生态空间

一、陆域生态保护红线及一般生态空间

按照“生态功能不降低、面积不减少、性质不改变”的原则，根据《生态保护红线划定指南》和《“三线一单”编制技术指南（试行）》，从维护生态系统完整性和安全性的角度开展生态评价，划定生态保护红线和一般生态空间，明确主导功能、主要问题和管控要求，构建生态空间分级分类管控体系。陆域生态保护红线及一般生态空间划定技术路线见图 5-1，各任务技术要点总结如下。

（1）系统开展生态评价

生态评价是生态空间划定的基础。各省（区、市）应根据自身生态环境特点，选择适宜的生态系统服务功能和生态环境敏感类型，根据《“三线一单”编制技术指南（试行）》要求，开展区域生态系统服务功能重要性评估和生态环境敏感性评估。已划定生态保护红线的省（区、市），则应衔接生态保护红线划定过程中的生态系统功能和生态敏感性评价结果，核定水源涵养、水土保持、防风固沙、生物多样性保护等生态功能极重要、重要区域，以及水土流失、土地沙化、石漠化、盐渍化、地质灾害等生态环境极敏感、敏感区域，校核边界。

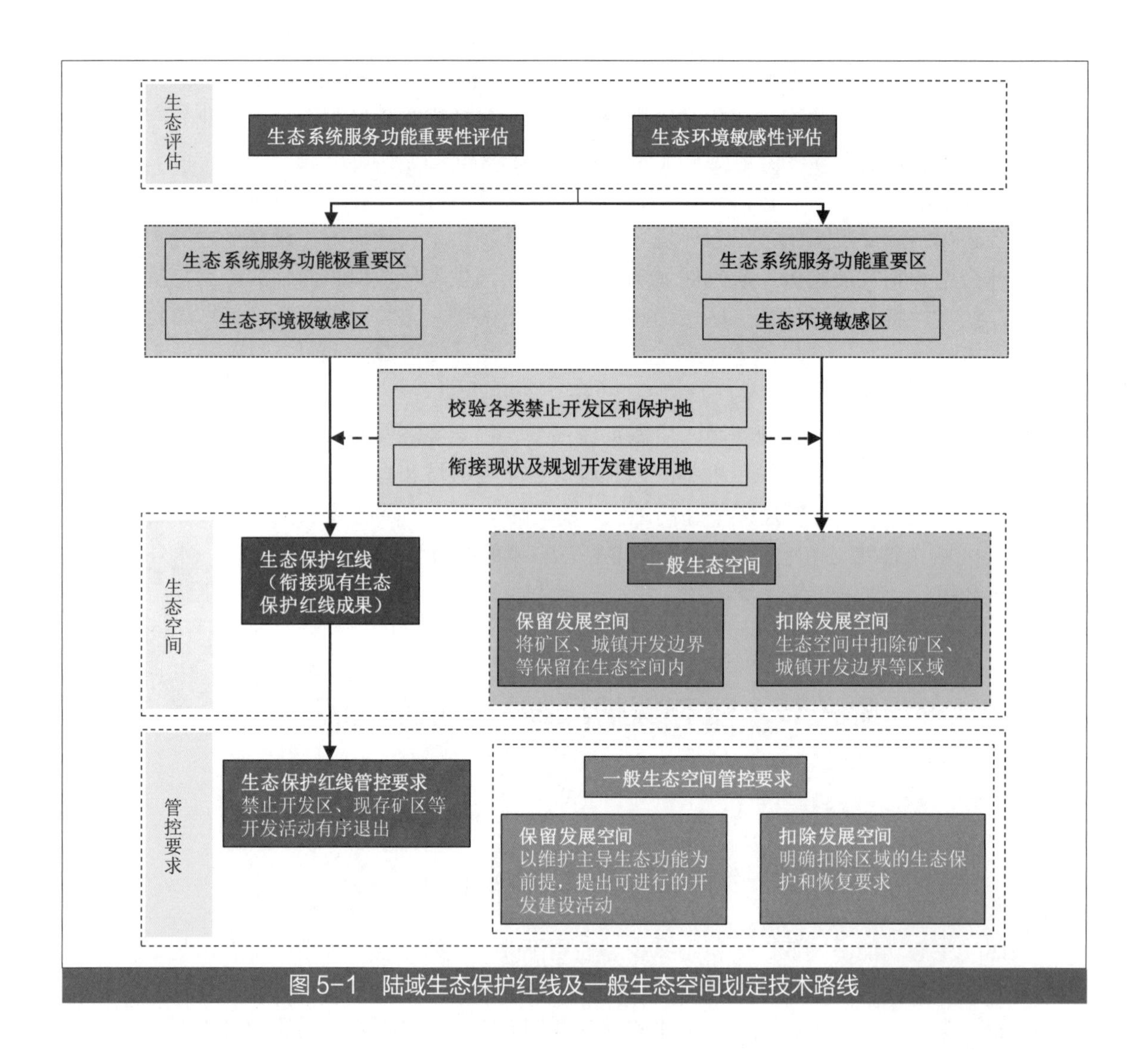

图 5-1　陆域生态保护红线及一般生态空间划定技术路线

（2）生态空间识别

综合考虑维护区域生态系统完整性、稳定性的要求，结合本省（区、市）生态环境特点和构建区域生态安全格局的需要，确定重要生态功能区、保护区和其他有必要实施保护的陆域、水域和海域；将生态评价结果与各类禁止开发区和保护地边界进行校核，衔接现状及规划开发建设用地要求，识别并明确生态空间。在省（区、市）“三线一单”生态环境分区管控的编制工作中，禁止开发区包括国家公园、自然保护区、森林公园的生态保育区和核心景观区、风景名胜区的核心景区、地质公园的地质遗迹保护区、世界自然遗产的核心区和缓冲区、湿地公园的湿地保育区和恢复重建区、饮用水水源地的一级保护区、水产种质资源保护区的核心区、其他类型禁止开发区的核心保护区等区域；各类保护地涵盖了极小种群物种分布的栖息地、国家一级公益林、重要湿地（含滨海湿地）、国家级水土流失重点预防区、沙化土地封禁保护区、野生植物集中分布地、自然岸线、雪山冰川、高原冻土等重要生态保护地等（见表 5-1）。生态空间原则上按限制开发区域管理。

表 5-1 部分省（市）“三线一单”生态环境分区管控实践中生态空间衔接的保护地类型汇总

省（市）	各类保护地
上海市	自然保护区、森林公园、地质公园、湿地公园、饮用水水源地、水产种质资源保护区、自然岸线、重要湿地、重要林地、重要水体、极小种群物种分布栖息地
江苏省	风景名胜区、森林公园、地质遗迹保护区、湿地公园、饮用水水源保护区、水产种质资源保护区、重要湿地、重要渔业水域、洪水调蓄区、重要水源涵养区、清水通道维护区、生态公益林、太湖重要保护区、特殊物种保护区
浙江省	自然保护区、饮用水水源保护区、湿地生物多样性保护重要区、湿地公园、风景名胜区、森林公园、海岛
江西省	自然保护区、森林公园、风景名胜区、地质公园、自然遗产地、湿地公园、水产种质资源保护区，县级以上集中式饮用水水源地保护区、城市公园、重要湿地、生态公益林、极小种群物种分布栖息地、野生植物集中分布地
湖北省	森林公园、风景名胜区、地质公园、世界自然遗产、湿地公园、饮用水水源地、水产种质资源保护区、极小种群物种分布的栖息地、国家级公益林、重要湿地、国家级水土流失重点预防区、野生植物集中分布地、自然岸线等重要生态保护地
湖南省	国家公园、自然保护区、世界自然遗产地、森林公园、风景名胜区、湿地公园、地质公园、水产种质资源保护区、饮用水水源保护区、长株潭生态绿心、省级以上公益林及天然林、生物多样性保护优先区、自然岸线、河湖生态缓冲带、重要湖库、重要湿地、珍稀濒危野生动植物天然集中分布区、极小种群物种分布栖息地
重庆市	饮用水水源地、自然保护区、世界自然遗产地、湿地公园、森林公园、风景名胜区、国家地质公园、四山禁建区
四川省	自然保护区、风景名胜区、湿地公园、地质公园、世界自然遗产地、森林公园、饮用水水源保护区、水产种质资源保护区
贵州省	自然保护区、森林公园、风景名胜区、地质公园、自然文化遗产地、湿地公园、饮用水水源地、水产种质资源保护区、河湖滨岸缓冲带、天然林、生态公益林、极小种群与濒危物种栖息地、重要湿地、骨干水源、重要水库
云南省	国家公园、自然保护区、森林公园、风景名胜区、地质公园、国家湿地公园、水产种质资源保护区、集中式饮用水水源保护区、九大高原湖泊的一级保护区、极小种群物种分布的栖息地、国家级生态公益林、自然岸线、原始林区、海拔 3 800 m 树线以上区域
青海省	国家公园、自然保护区、风景名胜区、水产种质资源保护区、地质公园、森林公园、湿地公园、国家和国际重要湿地、自然遗产地、饮用水水源保护区

（3）划定生态保护红线

已划定生态保护红线的省份继承其生态保护红线，未划定生态保护红线的省份按照《生态保护红线划定技术指南》划定。

（4）合理划定一般生态空间

原则上应将生态保护红线以外的生态空间确定为一般生态空间。在保障生态系统完整性和生态系统服务功能的前提下，协调好生态空间与城镇开发边界、城镇规划区、产业园区和矿区边界等人类开发活动范围的关系，部分省（市）“三线一单”生态环境分区管控实践中生态空间衔接的开发活动区域类型汇总如表 5-2 所示。如将发展空间从生态空间评估区中扣除，则应对相应开发活动进行严格限制；如将发展空间保留在生态空间内，则应明确正面清单，以及相应生态保护和恢复的要求。

表 5-2 部分省（市）“三线一单”生态环境分区管控实践中生态空间衔接的开发活动区域类型汇总

省（市）	现状各类建设用地、农用地	城市开发边界	工业园区	矿产资源开发区	其他重点区域
安徽省	√	√	√	√（矿业权及战略资源矿产地）	—
江西省	√	√	√	√（采矿区、探矿权）	—
湖北省	√	√	—	—	—
湖南省	√	√	√	√（重点矿区、重要矿产地、重要砂石调查区块、矿业权）	—
重庆市	√	—	—	√（不影响生态系统完整性的矿山）	旅游项目用地、能源建设项目用地
四川省	√	√	√	—	—
贵州省	√	√（允许建设区、有条件建设区、审批建设用地、城镇规划区等）	√	—	人工商品林
云南省	√	√（城乡规划区）	√	√（矿产资源开采区）	交通、水利规划用地

（5）提出分区分类的生态管控要求

生态空间中的各类禁止开发区和保护地管理遵从其相关法律法规。生态保护红线区按照禁止开发区（除允许的 8 项人类活动外）管控，现有开发建设项目后续应有序退出，未来不再新增开发建设项目。功能属性单一、管控要求明确的一般生态空间，按照生态功能属性的既有规定管理；具有多重功能属性且均有既有管理要求的一般生态空间，按照“就高不就低”原则从严管理；尚未明确管理要求的一般生态空间，限制有损主导生态服务功能的开发建设活动。

二、海洋生态保护红线及一般生态空间

“三线一单”生态环境分区管控相关技术规范中尚未明确海洋生态保护红线的划定要求，建议参照陆域生态空间划定思路，首先分析辖区内海域的主要生态环境问题，做出生态服务功能重要性评估、生态环境敏感性评估，将生态功能重要和生态环境较敏感区域，衔接各类保护地、人类开发活动区域后作为海洋生态空间。衔接各省海洋生态红线划定结果，将禁止类区域划为海洋生态保护红线。海洋生态空间扣除海洋生态保护红线的区域，作为海洋一般生态空间。海洋生态保护红线管控要求可结合相应海洋生态功能区管控要求，同时应考虑海洋开发、通航等人类开发活动对海洋的影响，在维持相应生态功能的前提下明确对人类开发活动的限制与要求。

上海市、江苏省、浙江省 3 个沿海省（市）在“三线一单”生态环境分区管控编制工作

中将海洋生态保护红线纳入了生态保护红线的编制。3个省（市）根据自身实际情况，将海域的自然保护区、特别保护区、重要河口、重要滨海湿地、重要渔业海域、特殊保护海岛、重要滨海旅游区等区域划入了海域生态保护红线（见表5-3），未划定海域为一般生态空间。

表5-3　部分省（市）“三线一单”生态环境分区管控实践中海洋生态保护红线划定情况

省（市）	海洋生态保护红线区类别
上海市	特别保护海岛红线、重要滨海湿地红线、重要渔业资源红线、自然岸线
江苏省	自然保护区、海洋特别保护区、重要河口生态系统、重要滨海湿地、重要渔业海域、特殊保护海岛、重要滨海旅游区、重要砂质岸线及邻近海域
浙江省	海洋自然保护区、海洋特别保护区、特别保护海岛、海洋自然保护区、重要河口生态系统、重要滨海湿地、重要渔业海域、特别保护海岛、沙源保护海域、重要滨海旅游区

第四节　环境质量底线划定与分区管控

一、大气环境质量底线及分区管控

根据《“三线一单”编制技术指南（试行）》，大气环境质量底线的确定，要按照分阶段改善和限期达标要求，根据区域大气环境和污染排放特点，考虑区域间污染传输影响，对大气环境质量改善潜力进行分析，对大气环境质量目标、允许排放量控制和空间管控提出明确要求。大气环境质量底线以“污染排放清单—环境质量目标—允许排放量核算—分区管控要求”为划定思路，技术路线如图5-2所示。各任务技术要点总结如下。

（一）大气环境现状及关键问题分析

以省级监测数据和现状模拟结果为基础，分析全省（区、市）及各地级市大气环境质量现状、空间特征、变化趋势。以各地区大气污染源排放清单为基础，充分衔接第二次全国污染源普查、排污许可证及重污染应急企业名录等数据，核查清单数据的可靠性并进行补充完善，构建一套全口径大气污染源清单。选择合适的技术方法，分析全省（区、市）及各地级市大气污染物排放现状、行业构成、空间分布，定量估算不同排放源和污染物排放对城市环境空气中主要污染物浓度的贡献，筛选重点排放行业和排放源。分析中需识别重点问题、关键因子和重点区域，关注省域、地市间跨域传输影响。各省（区、市）在编制“三线一单”生态环境分区管控的实践过程中采用了不同的大气污染源清单，安徽、湖北等地采用了清华大学开发的中国多尺度排放清单（MEIC），江西、青海等地则在采用MEIC的情况下结合当地生态环境统计数据，湖南、重庆等地则采用了当地编制的污染源清单。

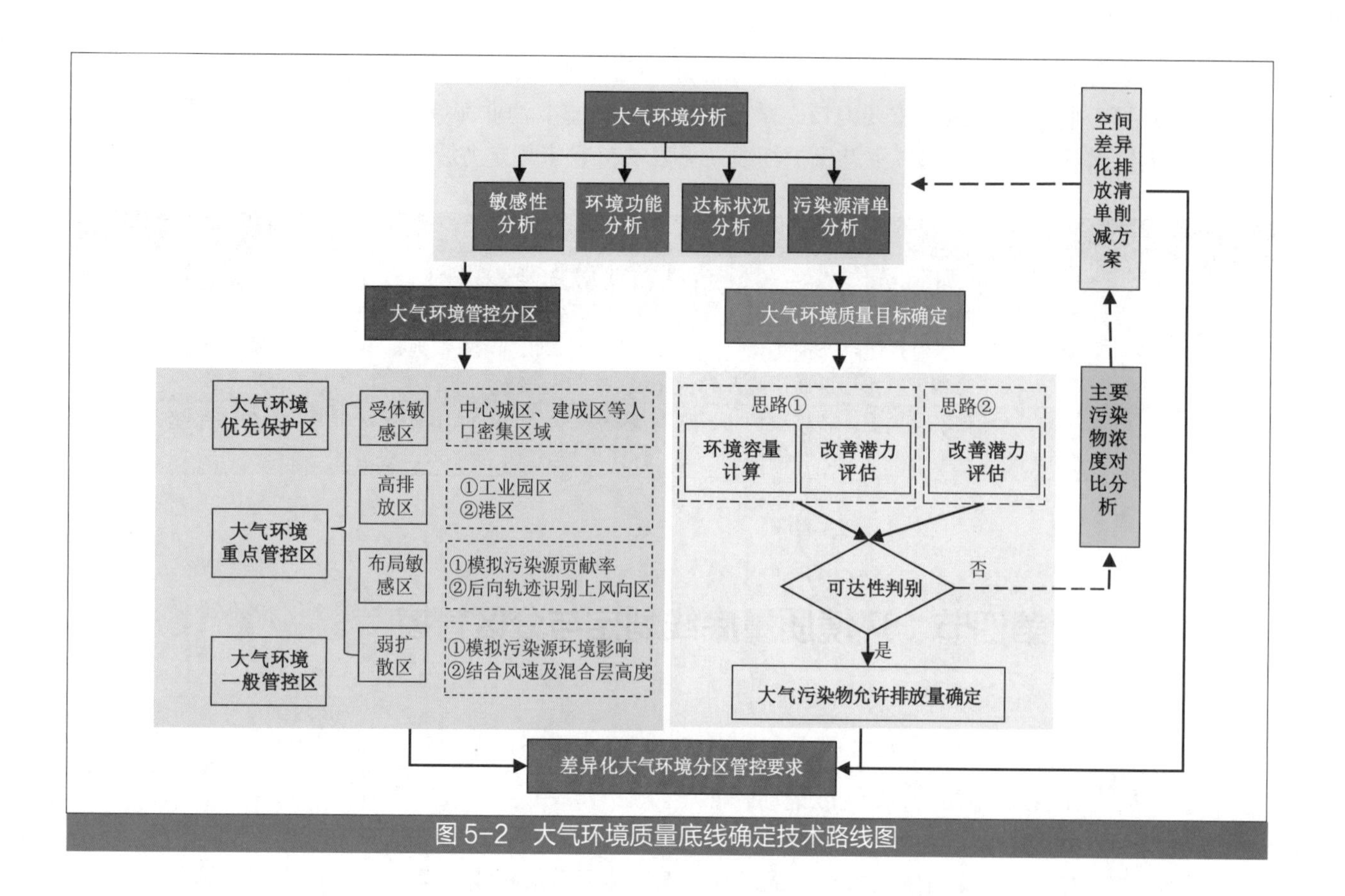

图 5-2 大气环境质量底线确定技术路线图

（二）大气环境质量目标确定

大气环境质量目标的设定应坚持环境质量持续改善，分区达标的基本原则。衔接国家、区域、省域和本地区对区域大气环境质量改善的要求，包括但不限于各省（区、市）“十三五”生态环境保护规划、蓝天保卫战三年作战计划、污染防治攻坚战、大气环境质量达标规划等，结合大气环境功能区划，统筹污染物区域扩散，对接地区反馈意见，合理设定各地市及重点区县分阶段大气环境质量目标。大气环境质量目标表达形式多样，包括 SO_2、NO_2、$PM_{2.5}$ 年均浓度要求，以及优良天数比例、重污染天数、O_3 等大气环境质量指标要求。省级“三线一单”生态环境分区管控大气环境质量目标应至少明确各地市的要求，部分指标可明确分区县要求。

（三）大气污染物允许排放量测算

参考《“三线一单”编制技术指南（试行）》，合理选择模型方法，建立污染物排放与大气环境质量的响应关系，开展环境容量测算和大气环境质量改善潜力评估，统筹考虑新增量和减排量，完成大气污染物允许排放量测算与校核。对 SO_2、NO_2、$PM_{2.5}$、PM_{10}、VOCs 和 NH_3 等污染物进行分析，酌情增加 O_3 分析。以各地区大气环境质量目标实现为前提，重点明确各地分阶段主要大气污染物减排要求和面源、固定源等污染控制要求。各省（区、市）“三线一单”生态环境分区管控实践中，大气污染物允许排放量测算形成了“目标—容量—允许排放量”和“目标—允许排放量”两种思路。“目标—容量—允许排放量”的思路是利用空气质量模式进行迭代计算，直至达到规划目标要求，得出大气环境容量，并结合减排潜力分析确定大气污染物的允许排放量。“目标—允许排放量”的思路是基于减排潜力分析，利用空气质量模式进行环境质量目标可达性判断，直接测算大气污染物的允许排放量。

（四）划定大气环境管控分区

根据《“三线一单”编制技术指南（试行）》，以问题为导向，根据区域气象特征、污染源分布和空气质量状况等，划定三类大气环境管控分区，构建以保护区、工业园区、城镇人口聚集区、乡镇等为单元的大气环境分区管控体系。将环境空气一类功能区作为大气环境优先保护区，将环境空气二类功能区中的高排放区、布局敏感区域、弱扩散区域、受体敏感区域等作为大气环境重点管控区，将环境空气二类功能区中的其余区域作为一般管控区。省级“三线一单”生态环境分区管控大气环境管控分区在划定时，应充分衔接地市的反馈意见，并进行调整、修正。大气环境管控分区划定应统筹考虑区域污染物输送规律特征和污染贡献差异，考虑大气污染防治重点区域范围，充分对接和落实跨省（区、市）、大区域协调和联防联控机制等方面的要求。

各省（区、市）“三线一单”生态环境分区管控实践中探索了大气环境重点管控分区划定的方法（见表 5-4）。其中高排放区主要以工业园区和重点大型企业为主，上海市还增加了港区高排放区。布局敏感区是指布局污染源易对区域空气质量造成严重影响的区域。实践中通过假定所有网格大气污染物排放量相同，利用模型模拟各网格的浓度贡献确定；或应用后向轨迹模型识别上风向等布局敏感区域划定。弱扩散区与布局敏感区类似，假定所有网格大气污染物排放量相同，利用模型模拟各网格的浓度分布情况，识别弱扩散区；或采用统计模型，综合气象站风速、混合层高度等指标，划定弱扩散区。受体敏感区主要包括中心城区、建成区等人口密集区域。

表 5-4　部分省（市）“三线一单”生态环境分区管控实践中大气环境重点管控分区划定方法总结

省（市）	高排放区	布局敏感区	弱扩散区	受体敏感区
上海市	产业园区及港区	所有网格排放量相同的情况下，利用 WRF-CMAQ 模型计算各网格之间的浓度贡献矩阵，计算每个网格的相对布局敏感值，差异性不大不单独划定	各网格的污染源排放量相等的情况下，利用 WRF-CAMx 模型模拟 $PM_{2.5}$ 浓度分布情况，计算每个网格的相对弱扩散值，差异性不大不单独划定	基于人口分布及功能定位的考虑，将本市中心城区（外环以内区域）划定为大气环境受体敏感重点管控区
江苏省	省级及以上工业园区中大气污染物量高的园区，结合源清单，以单位国土面积排放强度为指标，识别全省高排放区	假定每个网格大气污染物排放量相同，利用 CALPUFF 模型模拟各网格的浓度对空气质量国控点 $PM_{2.5}$ 浓度的贡献，以布局敏感系数在 0.5 以上的作为布局敏感区	假定每个网格大气污染物排放量相同，利用 WRF-CMAQ 模型模拟各网格 $PM_{2.5}$ 浓度，综合地形气象不同导致的江苏省大气环境浓度分布差异，以聚集敏感系数在 28 以上的为全省气象弱扩散区	基于人口聚集度和中心城区划定受体敏感区

省（市）	高排放区	布局敏感区	弱扩散区	受体敏感区
浙江省	结合污染源排放清单，依据各设区市城镇布局及工业发展规划，计算大气环境容量以及允许排放量，综合划定各地的高排放区	假定每个网格排放相同的污染源排放，利用 LPDM 模型模拟分析每个网格的排放对受体敏感区的影响大小，将对受体敏感区影响大的区域划定为布局敏感区	每个模拟网格的排放一致，利用 WRF-CMAQ 模型得到聚集脆弱性评价分布，结合浙江省城市总规/生态红线规划等资料，划分大气环境弱扩散区	按照不同环境功能区及人口聚集情况，识别受体敏感区
安徽省	将全省 130 个省级及以上开发区核定范围和大气排放源清单为依据筛选出来的高排放量区域作为高污染物排放区	采用 HYSPLIT4 后向轨迹分析模型，通过对精细化网格上进行频次分析，进一步划定 16 个市为中心的上风向区，并识别出来 16 个市布局敏感区分布图	统计各站近 5 年小风及静风日数比例，应用 GIS 空间分析功能及反距离权重法（IDW），对全省气象站点小风及静风日比例数据空间插值，得到全省弱扩散区分布图	以乡镇城镇开发边界确定为受体敏感重点管控区
江西省	将全省各工业集聚区划定为高排放区	采用 FLEXPART 模式后向追踪监测点的污染源贡献率，判断布局敏感区	假定每个网格排放相同的污染物，采用虚拟源强，利用 WRF-Chem 模型同时模拟所有网格源排放的环境影响，依据污染物浓度的高低或聚集度，划定弱扩散区	根据各地市城市主体功能区划、城市规划等要求，将人口密集区划定为受体敏感区
湖北省	统计市级及以上工业园区、重点大型企业和污染型企业聚集区，以区、县为单位划定高污染排放区	布局敏感区划分采用 HYSPLIT4 后向轨迹分析方法，划定各区、县布局敏感区	利用 WRF-Chem 模型模拟分析各区县年平均 10 m 风速小于 2.5 m/s 的区域，将其划定为弱扩散区	根据全省各市州城市总体规划及现状用地情况，将各市州不同区县城区以及工业区周边的居民集中区等区域划定为受体敏感区
湖南省	根据园区范围矢量数以及其他工业聚集区范围资料，确定高排放区	采用 CALPUFF 模型，计算不同区域污染源的影响范围、对敏感点的影响程度，划定布局敏感区	采用 CALPUFF 模型，计算不同区域污染物空间浓度分布差异，划定弱扩散区	根据城市规划矢量数据，划出区县以上城市建成区范围为受体敏感区
重庆市	筛选全市 170 个工业组团及中小型创业基地，划定大气环境的高排放区	根据 CALPUFF 模型输出结果，将虚拟点源对国控点的浓度贡献进行归一化处理，评价每个网格的污染源布局敏感性，取 10% 作为衡量污染源空间布局敏感性的阈值，确定大气环境的布局敏感区	结合气象站平均风速和 WRF 模型模拟的混合层高度，取 10%不利于大气环境扩散的空气资源作为衡量大气环境弱扩散的阈值，确定大气环境的弱扩散	根据重庆市各区县的建成区范围确定重庆市大气环境的受体敏感区

省（市）	高排放区	布局敏感区	弱扩散区	受体敏感区
四川省	将工业园区所在区域划定为高排放区	设定虚拟排放源，利用CALPUFF模式模拟不同情境下污染物的扩散情况，确定风向和传输通道情况，以主城区的城镇空间为中心向外扩展，划定布局敏感区	利用WRF模式对边界层高度和风速进行模拟，以地表通风系数小于450 m^2/s的地区化为弱扩散区	将城镇空间区域认定为受体敏感区
贵州省	将省级及以上工业园中工业用地和仓储用地，以及工业园区外国家及省级重点监控企业划定为高排放重点管控区	利用WRF模型和HYSPLIT模型分别模拟贵州平均地面风速和气流传输，结合贵州省实际的地形和气象资料，将风速大于5 m/s的气流传输通道区域划定为大气环境布局敏感重点管控区	利用WRF模拟的贵州省平均边界层高度，结合贵州省实际地形和气象资料，最终取边界层高度小于350 m的区域划定为大气环境弱扩散区	将居住、商贸为主的区域、城镇化人口聚集发展较快的区域，以及城镇总体规划中以居住、商贸、文教和科研为主的区域和规划的旅游度假区等人口聚集区划定为受体敏感区
云南省	全省工业园区进行产业结构和布局识别，将环境空气二类功能区中的大气污染物的高排放园区划为大气高排放区	利用中尺度气象模型WRF模拟三维气象场数据、地形数据等，识别对环境敏感目标影响较大的区域为布局敏感区	利用WRF-Chem等空气质量模型，模拟所有网格源同时排放污染物对环境的影响，识别弱扩散区	将重点城市开发边界和重点镇开发边界划定为受体敏感区
青海省	根据工业企业和工业园区布局现状、污染物排放现状，以及城市规划等相关要求，结合模式模拟结果与网格排放源分析结果，确定高排放区	在气象条件分析的基础上，综合扩散条件、人口分布、自然环境影响等各方面因素，划定布局敏感区	依据水平风速特征划分弱扩散区，由于青海省风速较大，因此未划定弱扩散区	根据青海省各市州城市主体功能区划、城市规划等要求，以青海省人口、城镇、医疗、教育等敏感受体的分布情况为依据，划分受体敏感区

（五）分区管控要求

基于现有法规政策文件，或结合环境目标、环境容量、减排途径等要求，针对不同分区提出差异化管控要求。管控要求应体现区域污染物联防联控、能源结构调整、高排放行业管控、交通运输管控、污染物减排控制、分区倍量替代等系统管控措施及导向要求，明确大气污染关键问题（如$PM_{2.5}$和臭氧协同控制、新型污染物排放）的控制思路，对接国家和区域有关要求，并落实到各区域的管控措施中。

二、水环境质量底线及分区管控

根据《“三线一单”编制技术指南（试行）》，水环境质量底线是将国家确立的控制单元进一步细化，按照水环境质量分阶段改善、实现功能区达标和水生态功能修复提升的要求，结合水环境现状和改善潜力，对水环境质量目标、允许排放量控制和空间管控提出明确要求。技术路线如图5-3所示。水环境质量底线基本以“控制单元—污染排放清单—环境质量目标—允许排放量核算—分区管控要求”为划定思路。各任务技术要点总结如下。

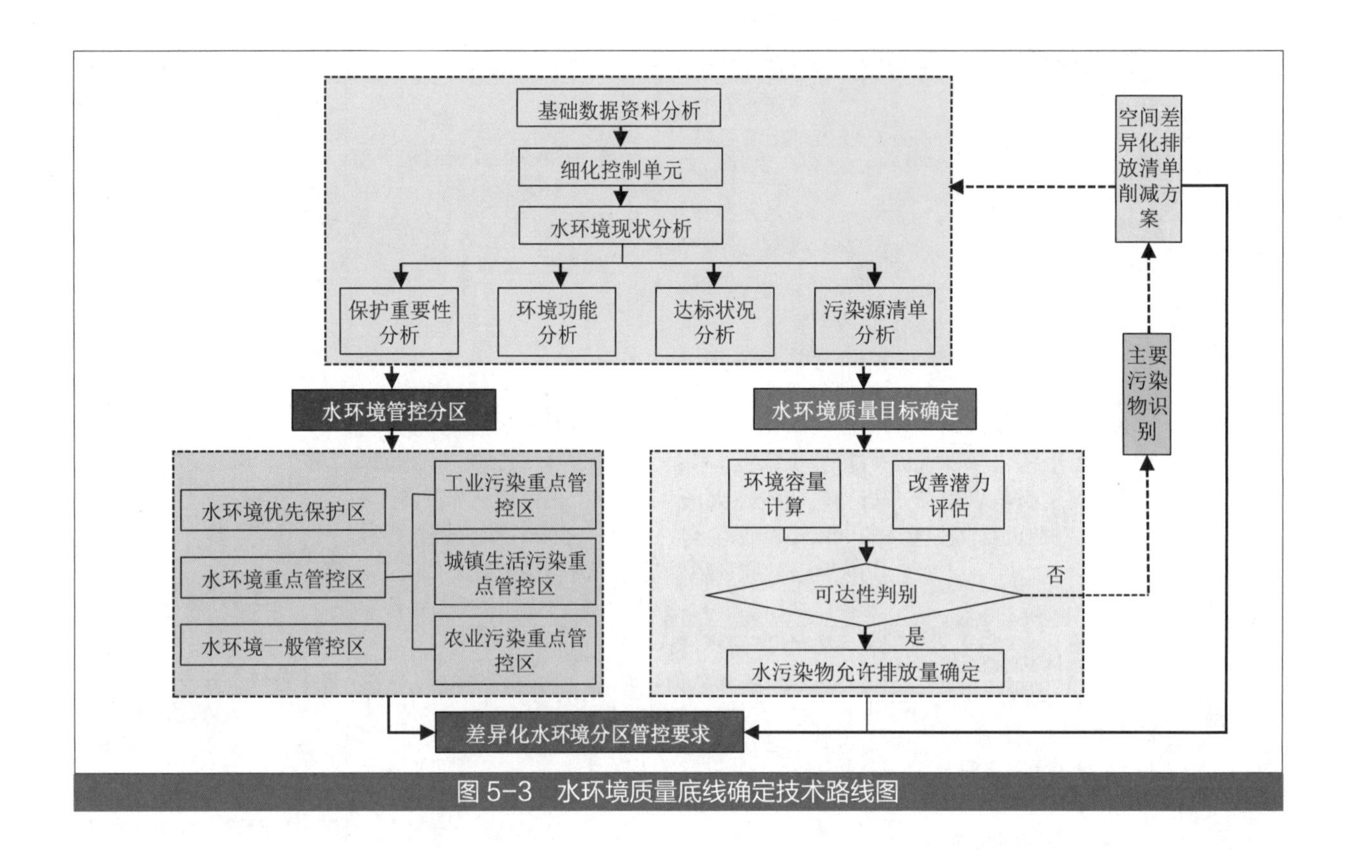

图 5-3 水环境质量底线确定技术路线图

（一）划定水环境控制单元

衔接国家水环境控制单元、水功能区、污水处理厂及排口去向、水质监测断面等，根据水质波动、排放特征、水环境功能、流域等特点，遵循保持流域完整性、水陆统筹的原则，划定省级水环境控制单元。省级“三线一单”生态环境分区管控水环境控制单元原则上以国控、省控监测断面为主，生态功能敏感或污染较重的地区可结合市级监测断面进行划分，水环境一类功能区等作为独立管控单元。水质较好地区可适当放大水环境控制单元范围，参照地市细化成果和反馈意见进行修正。

（二）分析水环境现状及关键问题

分析区域流域及各控制单元水环境质量现状，研究其空间分布特征和历史变化趋势，识别主要污染因子、特征污染因子以及水质维护关键制约因素与主要问题。充分衔接第二次全国污染源普查结果，结合生态环境统计数据和排放系数法核算，建立覆盖工业源、城镇生活源、面源及其他污染源的全口径水污染物排放清单，分析工业源、生活源、面源等不同污染源对水环境质量的贡献，确定各控制单元、流域、行政区的主要污染源，分析河流、湖库污染特征，识别重点问题、关键因子和重点区域。分析中应关注河流上下游跨省域、市域跨界传输影响；对于跨界水体，应分析流域上下游、左右岸的主要污染物传输通量的影响。上海市和安徽省在“三线一单”生态环境分区管控实践中对包括直排点源（工业直排、生活直排、污水处理厂尾水）以及面源（水产养殖、种植、畜禽养殖、城镇地表径流）在内的水环境污染源清单进行了全口径统计。

（三）水环境质量目标确定

依据水（环境）功能区划，统筹流域上下游，衔接国家、区域、流域及本地区的相关规划和行动计划中提出的水环境质量改善要求，综合考虑水环境改善潜力和目标可达性，确定一套覆盖全流域、落实到各控制断面、控制单元的分阶段水环境质量目标。确定近期水环境质量目标可衔接的依据主要有各省（区、市）生态环境保护规划、碧水保卫战三年作战计划、污染防治攻坚战、水环境质量达标规划等资料。远期水环境质量目标根据水环境质量持续改善的原则，结合水环境质量现状和功能要求确定。水环境质量目标涉及的主要指标有断面达标比例、水质优良（达到或优于Ⅲ类）比例、丧失使用功能（劣于Ⅴ类）的水体断面比例、地级及以上城市集中式饮用水水源水质达到或优于Ⅲ类比例等；根据本地水环境特点，可补充 COD、氨氮、总氮、总磷等浓度管控要求，以及水生态系统功能恢复等要求。水环境质量目标应不低于国家和地方的要求。

（四）水污染物允许排放量测算

参考《“三线一单”编制技术指南（试行）》，开展环境容量测算，分析水环境质量改善潜力，建立水污染物排放与环境质量的动态响应关系，完成水污染物允许排放量测算与校核。

①以各控制单元水环境质量目标为约束，充分衔接各地区水体纳污能力测算成果，确定各控制单元水环境容量。对于水体纳污能力成果中未涵盖的河流，选择合适的模型方法测算。水环境容量测算应涵盖 COD、氨氮等主要污染物以及存在超标风险的其他污染因子。重点湖库汇水区、总磷超标流域控制单元和沿海地区应将总氮、总磷纳入测算。地方可结合实际问题添加特征污染物。上游区域应考虑下游区域水质目标约束。断流河段需考虑生态用水补给对水环境容量的影响。入海河流应考虑近岸海域水质改善目标约束。

②以水环境质量目标为约束，依托全口径水污染源排放清单，摸清地区污染物排放、入河情况，考虑经济社会发展、产业结构调整、污染控制水平、环境管理水平等因素，构建不同的控制情景，测算存量源污染减排潜力和新增源污染排放量，分析分区域、分阶段水环境质量改善潜力。

③基于水环境质量改善潜力，参考环境容量，综合考虑区域功能定位、经济发展特点与目标、技术可行性等因素，预留一定的安全余量，综合测算水污染物允许排放量，明确各级行政区、流域和控制单元的允许排放量。各地可根据实际情况，结合排污许可证管理要求，进一步核算主要行业水污染物允许排放量，根据水环境质量现状与目标的差距，结合现状污染物排放情况，对允许排放量进行校核，确保允许排放量不高于上级政府下达的同口径污染物排放总量指标。对于水质不达标的控制单元，各地应结合各控制单元污染物排放预测，以各控制单元水环境目标实现为约束，明确各控制单元分阶段主要水污染物减排要求和面源、点源等管控方案。

（五）划定水环境管控分区

以水环境控制单元为基本单元，分析各生态环境管控单元的功能定位，结合水质超标区域分布，基于水环境系统评价结果，将水环境划分为优先保护区、重点管控区和一般管控区。《“三线一单”编制技术指南（试行）》提出：将湿地保护区、江河源头、珍稀濒危水生生物及重要水产种质资源的产卵场、索饵场、越冬场、洄游通道、河湖及其生态缓冲带等所属的控制单元作为水环境优先保护区；将以工业源为主的控制单元、以城镇生活源为主的超标控制单元和以农业源为主的超标控制单元作为水环境重点管控区；将优先保护区和重点管控区以外的区域纳入一般管控区。在省（区、市）"三线一单"生态环境分区管控编制工作中，多地尝试将劣Ⅴ类断面单元、超标单元、省级以上园区/化工园区单元、高风险单元等纳入水环境重点管控区。

（六）明确分区分类要求

管控要求应体现水系统的整治思路，体现分流域、分控制单元差异管控的思路要求。各管控单元应该以问题为导向，结合单元特点分别细化明确。针对水源地、重要湿地等水环境优先保护区，重点从空间布局和污染排放等方面提出管控要求；对城镇生活源，重点明确污水处理设施建设要求；对工业源，重点明确污水处理设施建设、污染物排放类别、污染物等量替代/倍量替代等污染排放控制要求；对农业源，重点明确化肥农药施用等污染防治要求；对重点园区，重点明确水环境风险防控要求；对重点湖库/河段等，重点明确生态流量控制要求；此外，对重点地市、重点园区、重点行业应明确水资源利用水平管控要求。

三、土壤环境风险管控底线及分区管控

参考《"三线一单"编制技术指南（试行）》，利用自然资源、农业农村、生态环境等部门的土壤环境监测调查数据开展土壤环境分析，主要包括全国土壤污染状况详查、土壤污染状况调查、土壤环境例行监测、污染源普查、重金属污染防治、污染场地调查及风险评估等资料。衔接相关规划环境质量目标和限期达标要求，确定分区域、分阶段的土壤环境风险管控目标，对受污染耕地及污染地块安全利用目标、空间管控提出明确要求，确定土壤环境风险管控底线。结合农用地环境质量类别划分、建设用地土壤环境调查结果划分土壤污染风险管控分区，针对重点环境问题对不同分区提出管控要求。

各省（区、市）"三线一单"生态环境分区管控实践中的土壤环境风险管控目标通常对接《土壤污染防治行动计划》，确定受污染耕地及污染地块安全利用率目标要求。在未来的工作中，土壤环境风险管控目标可结合土壤详查指标进一步细化，并酌情补充关于生活垃圾和其他固体废物的管控要求。

各省（区、市）"三线一单"生态环境分区管控实践中土壤污染风险管控分区主要分为 4 类：①优先保护区，主要包括优先保护类农用地集中区；②农用地污染风险重点管控区，主要包括农用地严格管控类和农用地安全利用类区域；③建设用地污染风险重点管控区，主要包括涉重产业集聚区、重金属污染防控区、污染地块和疑似污染地块、重点行业企业用地，部分地区还涉及生活垃圾填埋场/焚烧厂和尾矿库；④一般管控区，一般为优先保护区和重点管控区之外的其他区域。

土壤环境风险管控要求需体现土壤风险与地下水协同整治的思想。针对已污染土地，推动制订合理的整治计划。针对各土壤潜在风险区，编制高风险农用地、企业、园区名录，提出管控要求。

四、地下水环境风险防控底线及分区管控

“三线一单”生态环境分区管控的相关技术规范尚未明确地下水环境风险防控底线，仅在《“三线一单”编制技术指南（试行）》水环境管控分区划定中提出，有地下水超标超载问题的地区还需考虑地下水管控要求。因此本研究建议各地结合地下水环境质量监测等数据，开展地下水环境质量现状评价，收集地下水污染源信息，结合全省（区、市）重点污染企业普查数据，参考《地下水污染防治实施方案》《地下水污染防治重点区划定技术指南（试行）》等要求，评估各行政单元的污染负荷，进一步分析地下水水质存在的潜在风险，识别优先保护区和重点管控区，合理划定地下水风险管控分区，提出分区分类管控要求。

第五节　资源利用上线划定及分区管控

一、水资源利用上线及分区管控

参考《“三线一单”编制技术指南（试行）》，分析全省（区、市）及各地市近年水资源供需状况，包括水资源总量、用水结构和用水效率。重点关注地下水超采、地下水位演变等情况。衔接既有水资源管理制度，梳理用水总量、地下水开采总量和最低水位线、万元GDP用水量、万元工业增加值用水量、灌溉水有效利用系数等水资源开发利用管理要求，作为水资源利用上线管控要求。基于水生态功能保障和水环境质量改善要求测算重点河段生态需水量等指标，明确需要控制的水面面积、生态水位、河湖岸线等管控要求。划定生态用水补给区，将地下水严重超采区、已发生严重地面沉降、海（咸）水入侵等地质环境问题的区域，以及泉水涵养区等需要特殊保护的区域划为地下水开采重点管控区，明确分区管控要求。

各省（区、市）“三线一单”生态环境分区管控实践中，对于尚未明确重点河段生态需水量的，通常按照相关技术规范进行核算，明确配套生态补水保障措施和用水管控措施。例如，安徽省依据《河湖生态环境需水计算规范》（SL/T 712—2021）分析河流主要控制断面基本生态需水量。江西省对涉及重要功能断面（水文站点），采用 Tennant 法测算控制断面生态需水量；对于水利水电梯级开发河段，以环评批复及流域规划环评中确定的下泄生态流量。云南省根据《云南省水资源保护规划工作大纲》确定了75个生态基流控制断面，结合云南省河流自然地理特性和水资源综合规划成果以及多年实践综合分析，采用Tennant法和多年平均枯水段法计算（11月至翌年4月）控制断面的生态基流。各省（区、市）在“三线一单”生态环境分区管控实践中结合本省（区、市）实际水资源现状及流域特点划分了水资源重点管控分区，但划分的依据存在一定差异（见表5-5）。

表 5-5 部分省（市）“三线一单”生态环境分区管控实践中水资源重点管控分区划分情况

行政区划	重点管控分区类型		
	地下水	生态用水补给区	其他
上海市	地下水、矿泉水资源禁止开采区	—	—
浙江省	—	—	极度缺水、严重缺水的县、市
安徽省	地下水超采区覆盖城镇	—	—
湖北省	—	—	水资源严重超载和超载区域
湖南省	—	生态用水保障不足及临界的区域	超载、临界超载区域
重庆市	—	水电开发造成较为严重生态影响区域	—
四川省	—	—	水资源承载能力超载、临界超载区域
贵州省	—	依据现状径流数据在生态需水量的比例来指示重要河段生态用水保障状态	—
云南省	—	生态需水满足程度为差和劣等级的9个断面控制河段	水资源重点管控区：水资源临界超载和超载的区域、水资源红区 湖泊生态敏感区：敏感生态需水区

二、能源利用上线及分区管控

参考《“三线一单”编制技术指南（试行）》，综合分析区域能源禀赋和能源供给能力，衔接国家、省、市能源利用相关政策与法规、能源开发利用规划、能源发展规划、节能减排规划，梳理能源利用总量、结构和利用效率要求，作为能源利用上线管控要求。已经下达或制定煤炭消费总量控制目标的城市，严格落实相关要求；尚未下达或制定煤炭消费总量控制目标的城市，以大气环境质量改善目标为约束，测算未来能源供需状况，采用污染排放贡献系数等方法，确定煤炭消费总量，考虑大气环境质量改善要求，在人口密集、污染排放强度高的区域优先划定高污染燃料禁燃区，作为重点管控区，明确管控要求。

各省（区、市）在“三线一单”生态环境分区管控实践中探索了能源利用上线与大气允许排放量的衔接。例如，上海、江苏、江西、湖北、重庆等省（市）将能源利用上线的要求（包括能源消费总量、煤炭消费量）作为大气污染物减排潜力分析的依据。重庆市在确定煤炭消费总量时考虑了大气环境质量目标可达性，并将煤炭消费总量用于预测工业源、交通源及生活源新增污染物排放量。

三、土地资源利用上线及分区管控

参考《“三线一单”编制技术指南（试行）》，通过历史趋势分析、横向对比、指标分析等方法，分析城镇、工业等土地利用现状和规划，评估土地资源供需形势。衔接自然资源、发展规划、住房和城乡建设等部门发布的政策文件，如土地资源节约利用规划、土地利用总体规划、单位生产总值用地指标的意见等，作为土地资源利用总量及强度的目标指标，即土地资源利用上线的目标；中远期相关指标可视工作进展情况衔接国土空间规划成果及要求。考虑生态环境安全，将生态保护红线集中、重度污染农用地或污染地块集中的区域确定为土地资源重点管控区，明确分区管控要求。

各省（区、市）“三线一单”生态环境分区管控实践中，土地资源目标指标普遍包含建设用地总量、耕地保有量及永久基本农田总量指标。在建设用地方面，有的省（区、市）还设置了城乡建设用地、城市工矿用地、新增建设用地等指标值。在农用地方面，湖北省和湖南省分别提到了高标准建设农田和农用地总量指标。用地强度方面的指标主要包括单位 GDP 建设用地使用面积、单位 GDP 建设用地使用面积下降比例、人均城镇工矿用地、土地开发强度及万元二三产业 GDP 用地量等。部分省（区、市）针对生态用地提出了总量目标，如园地、林地及牧草地。

第六节　生态环境准入清单编制

一、生态环境管控单元划定

《“三线一单”编制技术指南（试行）》明确了生态环境管控单元划定及分类的要求，其核心是将行政区划、规划城镇建设区、工业园区（集聚区）等行政管理边界与生态、水、大气、土壤、资源等各类要素管控分区进行空间匹配与综合集成，根据管控等级和要求差异，确定优先保护、重点管控和一般管控三类生态环境管控单元，实施分类差异化管控。由于该技术指南中没有明确生态环境管控单元划定的具体技术细节和标准，各省（区、市）将各要素分区叠加拟合至优先保护单元或重点管控单元的实际操作中，主要有要素叠加并集法（简称“叠加法”）和拟合行政边界阈值法（简称“拟合法”）两种不同的划定方法，不同划定方法在划定技术流程和结果表达上存在一定差异。

①叠加法。依照生态优先、问题导向的原则，突出生态保护空间和重点管控分区，对各要素分区进行叠加后取并集，剔除面积较小（如 1 km^2）的破碎斑块，兼顾生态空间、各要素管控分区、产业园区和城镇开发边界属性的完整性，划定各类生态环境管控单元的边界并确定管控等级。

②拟合法。以乡镇行政单元为基础，在要素分区叠加的基础上，进行边界拟合并计算单元内各要素叠加后三类分区占该单元总面积的比例，再根据三类分区的组成结构、面积比例的高低，设置判定单元管控等级的阈值，结合单元的主导生态环境功能，最终确定生态环境管控单元的类型。

上述两种方法的最大区别在于叠加法是以生态环境要素管控分区为主划分管控单元，保持了要素管控分区的空间边界；而拟合法以行政边界为基本单元，对行政边界内的要素管控分区进行整合并将单元确定为单一的管控等级。

总结各省（区、市）“三线一单”生态环境分区管控方案编制中生态环境管控单元的划定方法，结果表明湖北、湖南、江西、天津、山东、广东、宁夏和新疆生产建设兵团 8 个省（区、市）以拟合法划定本地区生态环境管控单元，其余 24 个省（区、市）采用了叠加法。采用叠加法的各省（区、市）划定过程差异较小，各省（区、市）根据本地区问题特征突出了该区域的生态、水或大气要素分区。采用拟合法的省（区、市）具体操作过程和标准差异较大，存在以下 3 种情形：①两个省级行政区以某等级管控分区面积比为阈值确定综合生态环境管控单元类型，但具体阈值标准存在差异。以重点管控单元确定为例，某省级行政区以水、大气、土壤环境要素重点管控区面积超过 50%为阈值，超过则确定为重点管控单元，未超过则确定为一般管控单元；②3 个省级行政区将不同要素管控等级（优先、重点、一般）一致的区域进行合并统计，比较单元内不同管控等级面积的比例，将比例最高的管控等级确定为生态环境管控单元类型；③3 个省级行政区在研究报告中提及采用拟合法，但未明确拟合法具体划定的技术流程和阈值确定的具体标准。

从省域尺度来看，全国各省（区、市）结合当地生态环境要素分区特征和实际管理需求，选择各自的生态环境管控单元的划定方法，确定相关阈值标准并划分管控等级。但是，从区域流域统筹的角度来看，部分相邻省（区、市）存在生态空间管控等级错位、流域上下游管控要求不协调等问题，导致国家和区域层面“三线一单”生态环境分区管控成果集成、落地应用存在一定困难。

本研究建议优先选择叠加法划定生态环境管控单元，将集中连片生态空间、面积大于 1 km^2 的斑块生态空间、大气环境、水环境、近岸海域优先保护区纳入优先管控单元。划定管控单元时，原则上保留自然边界，不拟合行政区边界。划定含有小型生态空间斑块单元等级时，不得低于重点管控，并保留相关要求。将水环境、大气环境、地下水、能源重点管控区纳入重点管控单元，衔接乡镇、区县、园区、城市开发边界等。由于土壤、土地重点管控区相对破碎，原则上不应该单独划分单元，但保留相关要求。生态环境管控单元划定要实现国土空间的全覆盖。需要注意的是，生态环境管控单元中重点管控单元的面积比例，不宜小于环境要素重点管控分区（扣除优先保护单元）的面积比例。省（区、市）管控单元划定应加强互动，确保成果的实用性。

二、生态环境准入清单

在制定生态环境准入清单时，应以区域发展和功能分区为基础，以重大战略问题为导向，以国家、省、市、区经济产业发展调控、环境保护管理要求等政策和文件为依托，充分衔接“三线”要求，明确地市级清单编制的基本框架、技术要点和总体性要求，省市互动，提出全省、各地区总体性和基于生态环境管控单元的差异化生态环境准入清单，从空间布局约束、污染物排放管控、环境风险防控、资源效率控制 4 个方面提出各有侧重的管控要求（见表 5-6）。

总体生态环境准入清单编制是最重要的框架。在制定总体生态环境准入清单时，需要结合地区政策要求反馈，系统梳理全省（区、市）及各地区产业准入、环境管理政策，统筹全省（区、市）及各地区协同发展，确保该清单可明确全省（区、市）、战略分区/流域、市域、省级以上园区、重点行业等分要素的准入及导向性要求。各地市在省（区、市）总体清单的框架要求下，制定各地共性准入要求，将成果和意见反馈给省（区、市）技术编制组。

表 5-6　不同层次生态环境准入清单管控的内容侧重

清单层次	空间布局约束	污染物排放管控	环境风险防控	资源效率控制
省（区、市）	省域重大项目、生产力布局约束	省域污染物管控关键对象和总体要求	跨区域、流域范围的环境风险防控	省级层面资源利用的战略要求
片区/流域	区域统筹的项目或生产力布局约束	区域重点管控的污染物类型和要求	流域上下游、上下风向风险防控要求	区域统筹的资源利用管控要求
地市	地市共性的重点行业、项目准入要求	地市主要污染物削减及增量控制要求	重大项目和基础设施的风险防控要求	地市共性的资源利用效率准入门槛
管控单元	禁止或限制的活动类型或退出要求	存量污染物削减、新增量控制要求	开发建设活动相关的风险防控要求	单元差异化的效率准入要求

制定差异化清单框架可确保该工作在各地落实。统筹单元的区域性差异时，省（区、市）应做好上下衔接，省重点负责单元基本情况及定位，依托管控单元制定差异化清单。省（区、市）政府将清单下发各地区，令各地校核单元特征，以拟定各单元可落地、可操作的、管控措施及要求。

生态环境准入清单集成、完善。省（区、市）政府需要整合各地区单元准入要求，校核战略分区及要素管控要求，核实管控措施及要求的准确性、可操作性，修改完善，初步完成全省（区、市）生态环境准入清单编制。在此之后，再次下发至各地区，征求地方政府的意见，并结合其反馈意见修改完善。

各省（区、市）在清单编制过程中普遍遵循了以下原则，形成了“省（区、市）—片区—地市—单元”多层级的生态环境准入清单：

①生态环境管控单元划分以乡镇为基本单元，管控要求则按照生态环境管控单元所在区域/流域、主体功能定位和单元内各地块的具体属性来制定。如某乡镇因境内分布有一个面积较大的饮用水水源保护区而被划为优先保护单元，此时针对水源保护区的管控要求就仅对保护区法定范围有效，不应外延到整个单元。

②各单元的差异化准入要求基于单元的主体功能、主要生态环境问题、产业布局及“三线”划定成果提出，即使生态环境管控单元根据阈值确定了单元的主属性，其他属性存在的问题也会提出对应准入要求，只有当各要素管控要求存在矛盾时，才会根据基于综合管控单元类别确定的管控导向进行取舍。

第七节　区域协调与流域统筹

一、省市衔接技术要求

（一）省级统筹事项

省级统筹各地区技术方法体系，对各地区的“三线一单”生态环境分区管控编制技术方案、编制成果等开展技术审查。省级统筹开展发展战略研究和区域性战略问题，明确各地区重点研究问题和重点引导策略，统筹协调跨地市、流域上下游环境保护目标和管控分区。省级统筹开展“三线”划定工作，并根据各地区反馈意见，调整优化“三线”划定方案。省级联合各地区共同开展生态环境管控单元划定和生态环境准入清单编制工作，根据地市的反馈意见和细化成果，集成全省生态环境管控单元划定和生态环境准入清单编制成果。

（二）地区配合事项

各地区应配合省级“三线一单”生态环境分区管控编制技术组开展现场调研、资料收集、意见征集等工作，在省级“三线一单”生态环境分区管控编制框架和总体要求下，开展本地区“三线一单”生态环境分区管控编制工作，参与省级生态环境管控单元划定和生态环境准入清单编制工作，针对省级“三线一单”生态环境分区管控相关成果，结合本地区发展与保护实际情况，反馈修改意见。

①各地区应在省级技术框架下完成本地区“三线一单”生态环境分区管控编制工作，重点开展污染源分析、环境质量底线确定和生态环境准入清单编制等工作，协调配合生态保护红线与一般生态空间、要素环境管控分区等工作。

②各地区协助省级现场勘查、资料收集、意见征集等工作。

③各地区结合本地区发展与保护实际，对各地区环境质量目标反馈意见，并在省级环境质量底线和资源利用上线基础上，细化各区县大气环境质量底线目标、水环境控制单元、水环境质量底线目标、近岸海域环境质量底线目标、主要污染物允许排放量和减排比例、资源利用上线等管控目标与措施要求，并及时反馈。

④各地区对省级一般生态空间、环境管控分区和资源重点管控区边界进行校核，并结合本地区发展与保护实际，补充细化“三线”分区结果和生态环境管控单元划定结果，并及时反馈。

⑤各地区全面参与生态环境准入清单编制工作，提供本地区重点地区/重点部门/重点行业/产业园区等资源利用与污染控制水平、环境管理与产业准入等相关管理要求，在省级生态环境准入清单框架下，细化本地区总体准入清单和各生态环境管控单元生态环境准入清单，并及时上报。

二、重点要素跨区域和流域协调要求

省级“三线一单”生态环境分区管控方案编制及更新调整过程中要考虑水环境流域统筹以及大气环境区域协调的问题，主动建立与周边区域的协调沟通机制。其中，确定水环境质量底线要明确要求统筹考虑上下游、海陆之间的关系，增加关于陆海联动的近岸海域水环境的分区管控，要从流域系统性和特殊性出发，明确建立并完善流域协调机制，统筹左右岸、上下游协同治理。大气环境管控分区划定应统筹考虑区域污染物输送规律特征和污染贡献差异，考虑大气污染防治重点区域范围。各省（区、市）“三线一单”生态环境分区管控大气环境管控措施应立足本省（区、市）和省（区、市）内重点区域管控和协调，进一步明确 $PM_{2.5}$ 和臭氧协同控制、新型污染物排放的控制思路，将跨省（区、市）、大区域协调和联防联控机制及有关要求落实到重点管控区的管控措施中。

下　篇

省级编制实践

第六章

河北省“三线一单”生态环境分区管控编制工作概述

第一节　工作背景

河北省是国家推动京津冀协同发展和建设雄安新区的战略区域，也是华北平原的重要生态屏障和全国生态修复环境治理示范区。习近平总书记高度重视京津冀地区生态环境保护工作，他多次批示指出，要持之以恒推进京津冀地区生态建设，始终坚持绿水青山就是金山银山的理念，强化生态环境联建联防联治，在生态保护机制创新上下功夫。在此要求下，深入推动生态文明建设，完善区域环境管理和管控措施，促进区域生态环境根本好转，是河北省落实国家区域发展战略和支撑雄安新区建设的战略需要。

河北省能源重化产业规模大、布局集中，经济社会发展与生态环境保护之间的矛盾较为突出。河北省产业重化特征仍较为明显，2019 年全省粗钢、平板玻璃产量分别占全国总产量的 24.2%、16%。唐山、石家庄等地工业用地和居住用地混杂布局的问题较为严重。近几年来，河北省贯彻生态文明发展理念，全力落实国家水、土、气污染防治要求，在生态环境保护工作上取得了显著成效，但生态环境质量持续改善的压力仍较大。2018 年，河北省空气质量平均达标天数为 208 天，重度污染天数为 17 天。中南部地区大气污染突出，石家庄、邢台、唐山、邯郸、保定等 5 个城市位列全国空气质量最差的 10 个城市。在全省地表水国省控监测点位中，Ⅴ类和劣Ⅴ类水质断面比例为 26.2%，主要分布在中南部地区子牙河、黑龙港运东流域。地下水超采区面积达 6.68 万 km^2，石家庄、衡水、邢台等地地下漏斗问题突出。河湖湿地和沿海滩涂、自然岸线等重要生态空间面临城镇开发建设的挤占。以问题为导向，推动绿色高质量发展和完善生态环境治理体系，是促进河北省生态环境质量根本好转和保障京津冀国家战略实施的现实需要。

开展河北省“三线一单”生态环境分区管控编制，强化国土空间精细化环境管控，是落实区域协同发展和提升发展质量的战略需要，也是全面改善河北省生态环境质量的重要抓手。通过编制和实施河北省“三线一单”生态环境分区管控，系统评估经济社会发展现状和重大资源环境问题，确定全省生态环境保护目标，明确生态保护红线、环境质量底线和资源利用上线，划定生态环境管控单元，编制生态环境准入清单，实施基于空间单元的环境管控，将有效推动区域绿色转型和高质量发展，促进区域经济社会与生态环境保护协调可持续发展。

第二节 工作技术框架

一、工作目标

本研究的工作目标为：以支撑京津冀协同发展和雄安新区发展战略为核心，以持续改善生态环境质量、保障京津冀地区的生态安全和人居环境安全为主要目标，分析河北省的经济社会发展特征和生态环境重大问题，评估河北省生态环境的演变趋势和改善潜力，合理确定生态保护红线、环境质量底线和资源利用上线，综合划定生态环境管控单元，编制生态环境准入清单，构建全省生态环境分区管控体系，促进河北省经济高质量发展和生态环境高水平保护。

二、工作范围与时限

本研究工作范围为河北省陆域与海域全域，包括保定、唐山、石家庄、邯郸、沧州、秦皇岛、廊坊、张家口、承德、衡水、邢台共 11 个地市、雄安新区及辛集、定州 2 个直管县，土地面积共 18.87 万 km^2，海域面积 7 227 km^2，海岸线 487 km（见图 6-1）。

本研究中水环境分析考虑海河流域上游跨界影响，大气环境分析考虑山东、山西及内蒙古等省区区域传输影响，近岸海域分析扩展到渤海湾海域。

本研究以 2018 年为基准年，部分数据更新到 2019 年；研究时限近期为 2020 年，中期为 2025 年，远期为 2035 年。

三、工作内容与思路

（一）规范整合基础数据，建立区域环评工作底图

在河北省生态保护红线划定的工作底图基础上，本研究梳理用地、经济社会及生态环境等基础数据，补充区域最新遥感影像、土地利用、行政区划、空间规划、生态环境保护等数据，统一采用 2000 国家大地坐标系，对各类生态环境数据实施数字化处理，为“三线一单”生态环境分区管控编制提供坐标统一、数据规范的基础工作底图。

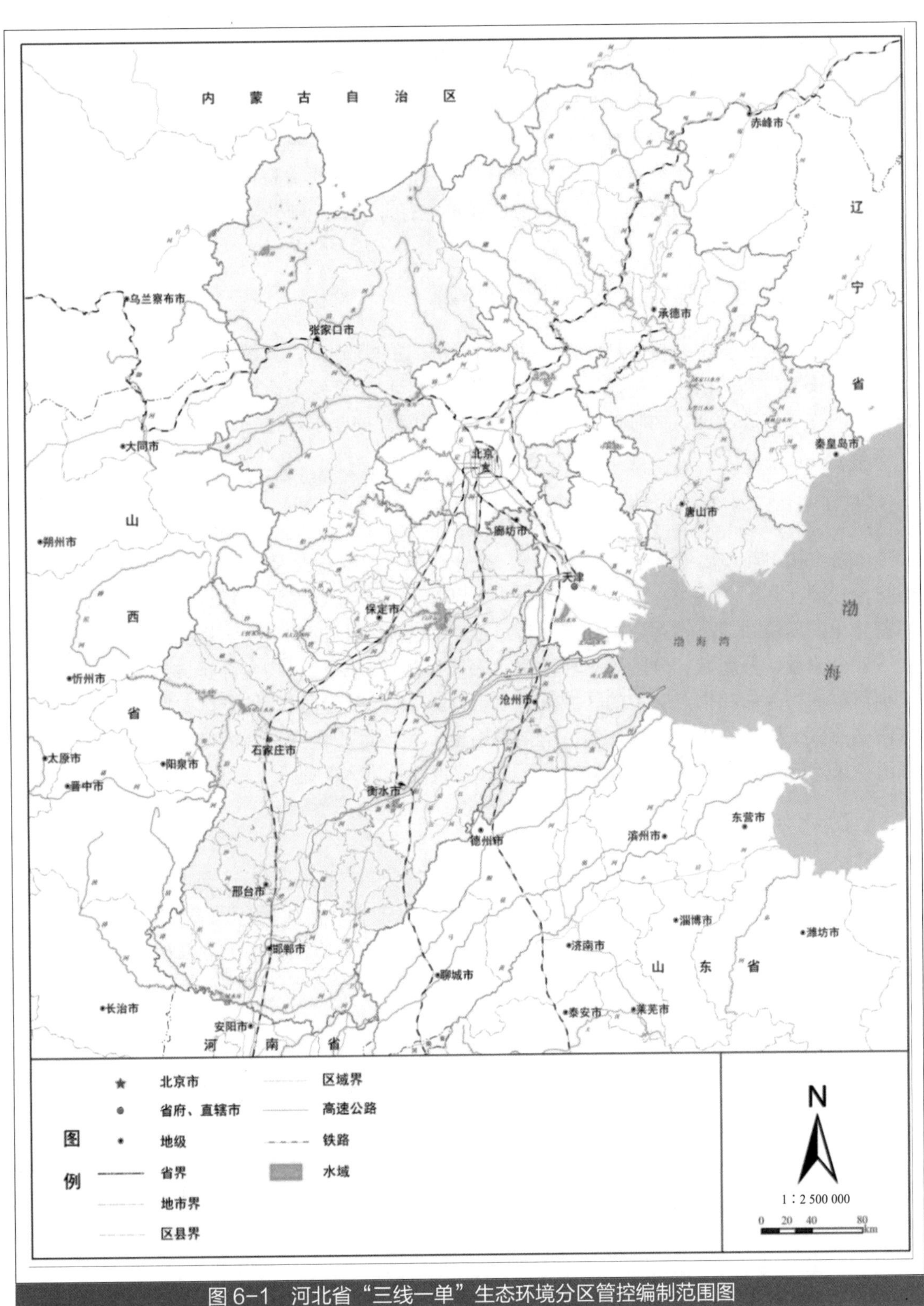

图 6-1　河北省“三线一单”生态环境分区管控编制范围图

（二）开展重大生态环境问题分析，明确重点管控方向

本研究综合研判河北省社会经济发展战略与生态环境保护形势，衔接相关规划、功能区划、行动计划、战略环评等工作基础，开展生态环境状况、资源能源禀赋、社会经济发展和区域产业布局等方面的综合分析，系统辨识全省发展面临的重大资源环境问题和关键制约，识别影响生态环境的重点区域、流域、海域和重点行业等，明确生态环境管控的重点任务与主要方向。

（三）衔接生态保护红线，全面识别生态空间

本研究在河北省生态保护红线划定相关工作成果的基础上，系统开展河北省生态空间评价，识别重要生态功能区、敏感区等，划定全省生态保护红线及一般生态空间，明确各类生态空间的主导生态功能、面临的主要问题和生态环境管控要求，建立生态空间的分级分类管控体系。

（四）确立环境质量底线，构建分区环境管控体系

本研究按照环境质量不断优化的原则，充分衔接《打赢蓝天保卫战三年行动计划》《水污染防治行动计划》和各类功能区划，开展大气环境、水环境、海洋环境评价，明确各要素空间差异化的环境功能属性，依据环境质量目标、环境质量标准和限期达标要求，综合确定分区域、分流域、分海域、分阶段的环境质量底线目标，测算污染物允许排放量和控制情景，识别需要优先保护和重点管控的区域，建立大气、水、海洋环境管控分区，明确管控要求。本研究衔接土壤污染防治行动计划，依据农用地土壤环境质量类别及污染地块名录，建立土壤污染风险管控分区，实施农用地分类管理和建设用地准入管理。

（五）衔接资源利用上线，明确资源管控要求

本研究充分衔接水资源、能源等“总量—强度”双管控要求、“两个最严格”土地管理制度等工作基础，结合资源开发利用现状和强度评估，从改善环境质量、保障生态安全的角度，明确对区域生态环境影响重大的水资源、能源、土地资源、岸线资源类型及相关控制目标，提出相应的重点管控区域和管控要求。

（六）衔接“三线”研究成果，划定生态环境管控单元

划定生态环境管控单元时，综合大气、水、土壤、海洋等生态环境要素管控分区及重点资源利用管控分区，拟合乡镇、街道、工业园区、城市规划区、港区等边界，建立功能明确、边界清晰的生态环境管控单元，并统一编码以便分类管理。生态环境管控单元原则上细化到乡镇尺度，开发强度低、环境冲突小的地方可以适当扩大单元尺度；对于开发强度高、环境冲突大的区域，将进一步细化生态环境管控单元。

（七）落实“三线”分区管控要求，编制生态环境准入清单

编制生态环境准入清单时，梳理相关法律法规和文件要求，衔接各类产业发展和开发建设行为的准入规定，基于生态环境管控单元，统筹生态保护红线、环境质量底线、资源利用

上线的分区管控要求，形成区域/流域/地市的共性环境管控要求以及各生态环境管控单元差别化环境管控要求，兼顾空间布局约束、污染物排放管控、环境风险防控、资源利用效率等方面的管控要求。

（八）规范集成“三线一单”生态环境分区管控成果，建设数据共享系统

本研究结合生态环境信息化管理平台，开发服务本地生态环境管理需求的“三线一单”生态环境分区管控数据共享系统，实现上下联网、数据统一、信息共享，应用于综合分析、综合决策与生态环境业务管理。

本研究技术路线如图 6-2 所示。

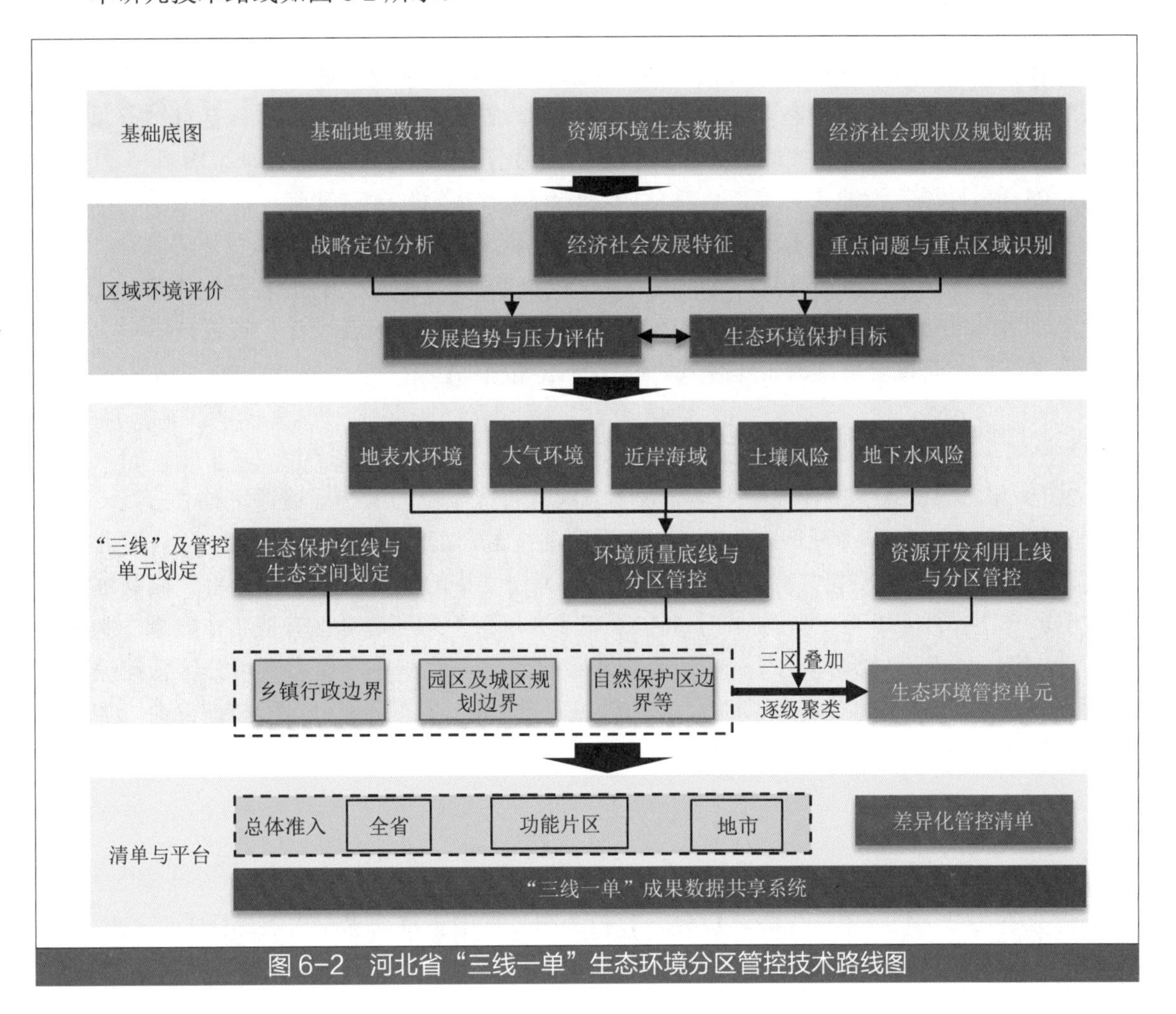

图 6-2　河北省“三线一单”生态环境分区管控技术路线图

第三节　工作历程

一、强化组织安排

（一）高位推进，强化组织保障

2018 年 11 月，河北省政府成立了协调小组及生态环境厅协调小组办公室，由副省长任组长，省政府副秘书长和省生态环境厅厅长任副组长，省发改委、省财政厅、省自然资源厅等 13 个厅（局）和 14 个市人民政府、雄安新区管委会分管负责同志为成员。2019 年 5 月，河北省生态环境厅委托河北省环境工程评估中心、河北省环境科学研究院、清华大学等单位组成技术编制组，切实做好技术支撑。2019 年 8 月，河北省生态环境厅组织召开河北省“三线一单”生态环境分区管控推进会，推动各地“三线一单”生态环境分区管控编制工作。此后，河北省内各地陆续成立了协调小组，组建技术团队，按照国家顶层设计、省级技术牵头、地方深度参与、省市联合推动的工作模式，扎实推进编制工作。

（二）作好顶层设计，统筹推进省市编制工作

2019 年，河北省生态环境厅先后印发了《河北省区域空间生态环境评价暨“三线一单”编制工作实施方案》和《河北省“三线一单”编制技术方案》。2019 年和 2020 年，河北省连续两年印发了《关于全省“三线一单”编制有关工作安排的通知》《“三线一单”编制协调小组 2020 年工作要点及分工》，提出了全省“三线一单”生态环境分区管控工作要求，制定了省市“三线一单”生态环境分区管控衔接要求及市级“三线一单”生态环境分区管控编制技术要点。2021 年，河北省召开了河北省地市“三线一单”生态环境分区管控调度会，加快地市成果编制，推动省级成果落地实施。

二、广泛征求意见

河北省在“三线一单”生态环境分区管控编制过程中多次征求省内各部门及单位意见。2019 年 11 月，在河北省内就环境质量目标与水环境控制单元划定，开展了第一次意见征集。2020 年 1 月，进一步开展生态环境准入清单意见征求，完善清单内容。2020 年 3 月，开展河北省“三线一单”生态环境分区管控初步成果意见征求工作。受疫情影响，2020 年 4—5 月，采用线上会议的模式，征求各地市及雄安新区的意见并进行了对接。2020 年 7 月，技术编制团队先后走访了全省 14 个地区，开展成果宣讲与现场答疑活动。2020 年 8 月，河北省生态环境厅组织开展河北省“三线一单”生态环境分区管控协调小组审议，在会上听取了省领导、各部门及各地市的意见。2020 年 8—9 月，落实协调小组会议要求，开展第六次意见征集工作。结合各市政府和省直部门反馈意见，完善编制成果，共计收到意见 1 568 条，采纳意见

1 409 条，充分保障河北省“三线一单”生态环境分区管控成果的科学性和落地性。

河北省“三线一单”生态环境分区管控编制中重视与重点部门的对接，开展了与河北省自然资源厅、发展改革委、水利厅及生态环境厅各处室的对接工作，就国土空间规划、“十四五”编制与重点指标划定等进行了多次沟通。从 2019 年 7 月到 2020 年 11 月，先后与自然资源厅开展七次工作对接，实现成果互通，在成果统筹与协调上，基本达成共识。河北省“三线一单”生态环境分区管控成果纳入“十四五”编制前期，实现环境目标一致。

河北省“三线一单”生态环境分区管控编制中积极推动区域成果对接。2020 年 5 月，生态环境部组织召开京津冀与环渤海共 5 个省（区、市）成果协调工作，与会人员就交接区目标环境质量目标、要素分区与管控单元划定成果进行了充分对接，充分保障了河北省“三线一单”生态环境分区管控在大区域尺度上的统筹与协调。2020 年 7 月，生态环境部再次组织召开了晋、冀、鲁、豫 4 省成果对接。2020 年 8—11 月，河北省组织人员参加了北京、天津、辽宁、内蒙古、山西等地“三线一单”生态环境分区管控成果审核会，进一步保障区域成果的协调。

三、关注成果审核

河北省“三线一单”生态环境分区管控编制过程中多次开展专家咨询，严把成果技术关。2019 年 7 月和 11 月，河北省生态环境厅组织召开了河北省“三线一单”生态环境分区管控技术方案评审会和初步成果专家咨询会。2020 年 1 月，生态环境部组织开展 19 个省“三线一单”生态环境分区管控调度会，审核成果质量，推动编制进度。2020 年 5 月，河北省生态环境厅再次组织河北省“三线一单”生态环境分区管控阶段成果专家咨询会。2020 年 7 月与 9 月，生态环境部先后组织开展河北省“三线一单”生态环境分区管控技术初审会和成果审核会。

第四节 主要工作成果

河北省“三线一单”生态环境分区管控编制形成了文本、图集、研究报告、准入清单等成果。

一、基础分析

收集整理基础地理、生态环境、国土开发等数据资料，开展自然环境、资源能源、社会经济发展等方面的综合分析，建立了统一规范的工作底图，形成了包含 40 多种专题图件的河北省“三线一单”生态环境分区管控图集，系统辨识全省发展面临的重大资源环境问题和关键制约，识别生态环境问题的重点区域、流域、海域和重点行业等，明确生态环境管控的重点任务与主要方向。

二、明确生态保护红线、环境质量底线和资源利用上线

（一）生态保护红线和一般生态空间

按照河北省建设“首都水源涵养区、京津冀生态环境支撑区”的总体要求，充分衔接和采纳现有生态保护红线成果，根据生态评价结果，在红线之外划定一定范围的一般生态空间，维持河北省生态系统功能和完整性要求。

（二）环境质量底线

在大气环境质量底线方面，确定了全省及主要行政区的中长期空气质量改善目标，划定大气环境管控分区 846 个。

在地表水环境质量底线方面，确定了全省 512 个水环境控制单元水质目标；划定水环境管控分区 512 个，其中优先管控区 58 个、重点管控区 169 个、一般管控区 285 个。

在近岸海域环境质量底线方面，明确了保护目标，划定 74 个近岸海域管控分区。

明确了土壤和地下水污染风险防控目标，综合划定了全省土壤、地下水污染风险防控的重点管控区域。

（三）资源利用上线

本研究组从生态环境质量维护改善、自然资源资产“保值增值”等角度，开展了自然资源开发利用强度评估，充分衔接水资源、能源、土地、岸线等领域有关总量和强度管控要求，以保障生态安全、改善环境质量为核心，合理确定全省资源利用上线目标，确保实现水资源与水环境、能源与大气环境、岸线与海洋环境的协同管控。

三、构建生态环境分区管控体系

综合生态、大气、水、土壤、近岸海域等生态资源环境要素，根据“三线”管控分区划定成果，突出城镇、园区和自然保护地、水源保护区等管理主体，河北省共划定 1 987 个生态环境管控单元，其中陆域单元 1 906 个，海域单元 81 个。冀西北生态涵养区以优先保护单元为主，占区域面积比例为 64.93%；环京津核心功能区、沿海率先发展区及冀中南功能拓展区以重点管控单元为主，分别占区域面积比例为 48.85%、40.95%和 36.96%。海洋生态环境管控单元中，优先保护单元主要集中于唐山市和秦皇岛市，重点管控单元主要集中于唐山市。

四、编制基于生态环境管控单元的准入清单

本研究组在编制生态环境准入清单时，以国家、河北省发展与生态环境定位为依托，衔接现有法律、法规、政策文件，集成“三线”成果，聚焦突出问题，编制全省、4 大片区/流域、14 个地区及 1 987 个单元等 4 个层次的清单，充分考虑空间布局、污染物排放、环境风险及资源利用等维度，力求实现全省差别化生态环境管控。

五、推动“三线一单”生态环境分区管控成果系统平台和落地应用工作

本研究组建设了河北省“三线一单”生态环境分区管控信息管理系统和白洋淀流域“三线一单”生态环境分区管控管理平台，实现成果数据综合查询、空间展示、智能分析、项目选址校验等，与全国“三线一单”生态环境分区管控管理数据库、排污许可系统等互联互通和数据共享。

第七章

区域发展与保护的总体形势和关键问题

第一节　区域战略定位

一、区域发展战略定位

（一）京津冀协同发展战略的重要支撑区

京津冀地区是拉动我国经济发展的重要引擎，但区域内经济社会发展不均衡现象极为严重，河北未能受到京津有效经济辐射，产业结构和层次较低。区域协同发展是京津冀协同发展战略的重要定位之一，其战略核心是推动非首都功能疏解，加快河北非首都功能承接，建设雄安新区，在区域环保、交通和产业一体化三个重点领域率先实现突破。加快河北的发展，促进京津冀地区一体化协同发展，是该地区可持续发展的必然选择。2015 年 6 月，《京津冀协同发展规划纲要》通过中共中央政治局会议审议，推动京津冀协同发展正式成为重大国家战略。该发展纲要将河北定位为“三区一基地”，即产业承接及转型升级试验区、新型城镇化与城乡统筹示范区、全国现代商贸物流重要基地、生态环境安全的保障区。2016 年 2 月，国家发展和改革委员会发布《“十三五”时期京津冀国民经济和社会发展规划》，指出要把京津冀作为一个区域整体统筹规划，在城市群发展、产业转型升级、交通设施建设、社会民生改善等方面实现一体化布局，努力构建京津冀目标同向、措施一体、优势互补、互利共赢的发展新格局，要探索一条内涵集约发展的新发展道路，探索人口经济密集地区的优化开发模式，促进河北省与京津协调发展，形成全国区域协同发展示范区。

（二）国家创新型新区

2017 年 4 月 1 日，中共中央、国务院决定在河北省保定市设立河北雄安新区。雄安新区是全国第 19 个国家级新区，是党中央批准的首都功能拓展区，在集中疏解北京非首都功能、探索人口经济密集地区优化开发新模式、调整优化京津冀城市布局和空间结构、培育创新驱动发展新引擎等方面具有重大现实意义和深远历史意义。党中央指出要将雄安新区建设为高水平社会主义现代化城市、京津冀世界级城市群的重要一极、现代化经济体系的新引擎，推动高质量发展的全国样板，建设现代化经济体系的新引擎，坚持世界眼光、国际标准、中国特色、高点定位，坚持生态优先、绿色发展，坚持以人民为中心、注重保障和改善民生，坚持保护弘扬中华优秀传统文化、延续历史文脉，着力建设绿色智慧新城、打造优美生态环境、发展高端高新产业、提供优质公共服务、构建快捷高效交通网、推进体制机制改革、扩大全方位对外开放，建设绿色生态宜居新城区、创新驱动发展引领区、协调发展示范区、开放发展先行区，努力打造贯彻落实新发展理念的创新发展示范区，建设高水平社会主义现代化城市。

《河北雄安新区总体规划（2018—2035 年）》明确指出：要按照高质量发展的要求，推动雄安新区与北京城市副中心形成北京新的两翼，推进张北地区建设共同形成河北新的两翼，促进京津冀协同发展；按照分阶段建设目标，有序推进雄安新区开发建设，实现更高水平、更有效率、更加公平、更可持续发展，将新区建设成为绿色生态宜居新城区、创新驱动发展引领区、协调发展示范区、开放发展先行区、创新发展示范区。

（三）产业转型与高质量发展的战略承载区

河北省是国家级优化开发区——京津冀地区的重要组成部分。《全国主体功能区规划》明确提出：京津冀地区是国家层面的优化开发区域，是我国北方经济社会发展的引擎，是全国科技创新与技术研发基地，也是全国现代服务业、先进制造业、高新技术产业和战略性新兴产业基地。该规划要求：河北省围绕冀西北生态涵养区、环京津核心功能区、沿海率先发展区及南部功能拓展，明确分区差异与功能定位，打造区域差异发展格局；同时关注曹妃甸国家工业区、渤海新区及新机场临空经济区等重要发力支点。

冀中南地区是京广沿线内陆带，位于京哈、京广通道纵轴中部。该区域的功能定位是重要的新能源、装备制造业和高新技术产业基地，区域性物流、旅游、商贸流通、科教文化和金融服务中心。政府提出了构建以石家庄为中心，以京广沿线为主轴，以保定、邯郸等城市为重要支撑点的空间开发格局，以此壮大京广沿线产业带。同时河北省政府还指出要重点发展现代服务业、新能源、装备制造、电子信息、生物制药、新材料等新兴产业，改造提升钢铁、建材等传统产业。

《河北沿海地区发展规划》提出打造沿海新增长极，大力发展曹妃甸和渤海新区两大增长极，建设沿海装备制造业基地、沿海精品钢铁基地、沿海石化工业基地，大力发展战略性新兴产业，加快发展临港现代服务业，培育做大海洋经济。

此外，河北还有众多省级发展战略平台。如新机场临空经济区——河北经济增长的重要支撑点、冀京合作双赢的示范区，正定新区——市级行政中心、文化中心、现代服务业基地、科教创新集聚区，定州、辛集——省管县、新型区域中心城市。

（四）全国现代化综合交通枢纽

《“十三五”现代综合交通运输体系发展规划》提出构建京津冀协同发展的一体化网络，建设以首都为核心的世界级城市群交通体系，形成以“四纵四横一环”运输通道为主骨架、多节点、网格状的区域交通新格局。为实现这一目标，需要重点加强城际铁路建设，强化干线铁路与城际铁路、城市轨道交通的高效衔接，加快构建内外疏密有别、高效便捷的轨道交通网络，打造“轨道上的京津冀”。该规划还指出要加快推进国家高速公路待贯通路段建设，提升普通国省干线技术等级，强化省际衔接路段建设。加强港口规划与建设的协调，构建现代化的津冀港口群，构建以枢纽机场为龙头、分工合作、优势互补、协调发展的世界级航空机场群。

《京津冀协同发展交通一体化规划》提出以现有通道格局为基础，着眼于打造区域城镇发展主轴，促进城市间互联互通，推进“单中心放射状”通道格局向“四纵四横一环”网络化格局转变。该规划还指出了2020年的目标：多节点、网格状的区域交通网络基本形成，城际铁路主骨架基本建成，公路网络完善通畅，港口群机场群整体服务、交通智能化、运营管理力争达到国际先进水平，基本建成安全可靠、便捷高效、经济适用、绿色环保的综合交通运输体系，形成京津石中心城区与新城、卫星城之间的“1 小时通勤圈”，京津保唐“1 小时交通圈”，相邻城市间基本实现 1.5 小时通达。

二、生态环境功能定位

（一）国家生态功能支撑与人居安全保障区

河北省是京津冀重要的水源保护区及生态安全屏障，具有重要的水土保持功能及生物多样性保护功能。国家实施京津冀协同发展战略，对河北提出了建设生态环境支撑区的功能定位。在京津冀区域中，河北省面积占比最大，生态空间拓展潜力最大，生态安全保障地位尤为突出，是京津冀生态建设的主战场。京津冀区域生态环境的根本改善，在很大程度上取决于河北生态环境建设工作基础和京津冀三地协同共建机制的有效运转。河北必须紧紧围绕“京津冀协同发展生态环境保护支撑区”这一重要功能定位，主动作为，自觉协同，与京津及周边省区合作，共同建设和谐生态格局。

1．全国重要水源涵养区与水土保持区

河北省山区和坝上地区是我国重要的水源涵养区和水土保持区，这一区域包括京津冀北部水源涵养重要区、太行山区水源涵养与土壤保持重要区、辽河源水源涵养重要区，涉及河北省北部承德、张家口，河北省西部保定、石家庄、邢台、邯郸等地太行山地区，以及河北省秦皇岛、唐山等地。该区域累计建成大、中、小型水库 1 000 多座。北京密云水库和河北省官厅水库、潘家口水库、大黑汀水库、岗南水库等 10 余座大、中型水库已成为北京、天津、石家庄等城市的专供地表水水源，其他一些中、小型水库也已成为众多县城和建制镇的主要地表水水源。辽河源水源涵养重要区还具有重要的保持土壤和保护生物多样性功能。区域山高坡陡，水土流失敏感性高，水库周边地区人口较密集，农业生产及养殖业等面源污染问题比较突出，水资源开发过度。

2019 年承德市计划创建国家可持续发展议程创新示范区，国家发展改革委和河北省人民政府印发《张家口首都水源涵养功能区和生态环境支撑区建设规划（2019—2035 年）》，明确指出张家口、承德地区，要加强恢复与保护森林、草原、湿地等自然生态系统，以永定河、潮白河、滦河等流域为重点，改善水文条件、调节径流、净化水质，提升水源涵养能力，保障首都水源安全。

2．京津冀地区重要的生态屏障

河北省北部承德地区是浑善达克沙地防风固沙重要区的重要组成。浑善达克沙地防风固沙重要区位于阴山北麓东部半干旱农牧交错带、燕山山地、坝上高原。太行山是黄土高原与华北平原的分水岭，是海河及其他诸多河流的发源地，其土壤保持功能对保障区域生态安全极其重要，在防止土壤侵蚀、保持水土功能正常发挥方面起着重要作用。该区气候干旱，多大风，沙漠化敏感性程度极高，属于防风固沙重要区，是北京市乃至华北地区主要沙尘暴源区，防风固沙功能对于维护华北区域生态安全具有重要意义。

3．重要的湖泊湿地和生物多样性保护区

河北省人口稀少的中高山区、受到保护的湖泊洼淀和部分滩涂岛屿，是目前省内生态系统相对完整、生物物种较为丰富的区域。其中，坝上草原是河北省重要的草原生物多样性保护区；冀北及燕山山地、冀西北山间盆地和太行山山地在生物多样性保护方面也具有特殊重要地位；秦皇岛、唐山、沧州的海岸带、岛屿及浅海是国家和河北省重要的滨海湿地保护区、海洋生物多样性保护区和旅游度假区；白洋淀、衡水湖以及张家口坝上地区湖淖湿地和永年洼等重点洼淀是河北省重要的淡水湿地及水生物多样性保护区及旅游区。加强这些区域生态系统和珍稀动植物的保护，有利于维护生物多样性，保持生态基本平衡，促进人与自然和谐发展。

4．全国重要的农产品提供功能区

河北省是京津农副产品的重要供应基地和生态屏障，是实施京津冀协同发展战略的重要一环。冀东平原是《全国生态功能区划》明确规定的农产品提供功能区，也是京津冀生态环境的重要支撑区。河北省应深入开展农业面源污染综合治理工作，加快发展生态循环农业，构筑资源利用高效、生态系统平衡、产地环境良好、产品质量安全的现代农业发展格局，尽快走上农业绿色发展之路。

5．国家重要的海洋优化开发区

《全国海洋主体功能区规划》明确指出，渤海湾海域是我国海洋优化开发区域之一，同时也包括河北省秦皇岛市、唐山市、沧州市毗邻海域。该区域应优化港口功能与布局；积极推进工厂化循环水养殖和集约化养殖；加快海水综合利用、海洋精细化工业等产业发展，控制重化工业规模；保护水产种质资源，开展海岸生态修复和防护林体系建设；加强海洋环境突发事件监视监测和海洋灾害应急处置体系建设，强化石油勘探开发区域监测与评价，提高溢油事故应急能力。河北省拥有秦皇岛海域国家级水产种质资源保护区、昌黎海域国家级水产种质资源保护区、南戴河海域国家级水产种质资源保护区、山海关海域国家级水产种质资源保护区等海洋国家级水产种质资源保护区。

6．全国重要的人居安全保障区

京津冀地区是《全国主体功能区规划》中明确的国家优化开发区，包括河北省沿海发展带。《全国生态功能区划》明确提出京津冀大都市群是我国人居保障重要功能区之一。2016 年，河北省总人口 7 470.05 万人，其中城镇人口为 3 983.03 万人，城镇化率达到 53.32%；石家庄市城镇化率为 59.96%，唐山市为 60.41%。

（二）全国污染防治攻坚战役的主战场

2018 年 6 月，《中共中央　国务院关于全面加强生态环境保护　坚决打好污染防治攻坚战的意见》提出针对重点领域，抓住薄弱环节，明确要求打好三大保卫战（蓝天、碧水、净土保卫战）、七大标志性重大战役（打赢蓝天保卫战，打好柴油货车污染治理、水源地保护、黑臭水体治理、长江保护修复、渤海综合治理、农业农村污染治理攻坚战）。在“三大保卫战”与“七大标志性战役”中，有4处明确指出京津冀是重点区域。

“蓝天保卫战”提出以京津冀及周边、长三角、汾渭平原等重点区域为主战场，调整优化产业结构、能源结构、运输结构、用地结构，强化区域联防联控和重污染天气应对，进一步大幅降低 $PM_{2.5}$ 浓度，显著减少重污染天数，改善大气环境质量，增强人民的蓝天幸福感。

“柴油货车污染治理攻坚战”提出落实珠三角、长三角、环渤海京津冀水域船舶排放控制区管理政策，全国主要港口和排放控制区内港口靠港船舶率先使用岸电。以京津冀及周边地区等区域为重点，坚持统筹油、路、车治理，大力实施清洁柴油车、清洁柴油机、清洁运输、清洁油品行动。

“城市黑臭水体治理攻坚战”提出，到 2020 年，地级及以上城市建成区黑臭水体消除比例达90%以上，鼓励京津冀、长三角、珠三角区域城市建成区尽早全面消除黑臭水体。

“渤海综合治理攻坚战”提出以渤海海区的渤海湾、辽东湾、莱州湾、辽河口、黄河口等为重点，推动河口海湾综合整治。渤海综合治理重点强调全面整治入海污染源，规范入海排污口设置，全部清理非法排污口，严格控制海水养殖等造成的海上污染，推进海洋垃圾防治和清理，率先在渤海实施主要污染物排海总量控制制度，强化陆海污染联防联控，加强入海河流治理与监管，实施最严格的围填海和岸线开发管控，统筹安排海洋空间利用活动，在渤海范围禁止审批新增围填海项目，引导符合国家产业政策的项目消化存量围填海资源，已审批但未开工的项目要依法重新进行评估和清理。

第二节 经济社会发展与资源环境生态现状及关键问题

一、经济社会发展现状评价

（一）全省整体发展水平较低，内部发展分化严重

2008—2019 年，河北省的 GDP 从 14 200.1 亿元增长到了 35 104.5 亿元，GDP 年均增长8.5%。但总体来看，河北省发展水平仍较低，2019 年河北省的人均 GDP 低于全国平均水平的34.7%。在河北省内，除唐山外，其余地区人均 GDP 均低于全国平均水平（见图 7-1）。河北省内部发展分化严重，在 2019 年唐山的 GDP 为 6 890 亿元，为全省最高，占全省 GDP 总量的 19.6%，是承德的 4.7 倍。河北省内部各区县的发展水平差异也非常明显，全省有 25 个 GDP超过 300 亿元的区县，其中 10 个在唐山市，6 个在石家庄市，其他各地市各有 1～2 个，张家口、承德地区和衡水均没有。

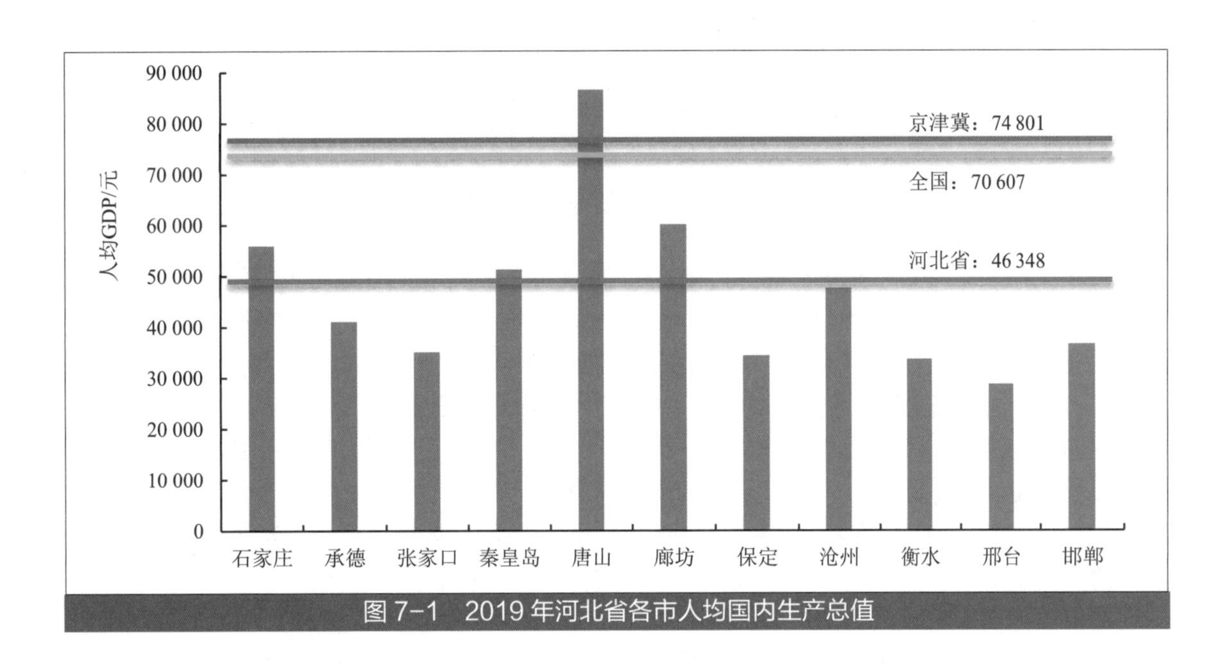

图 7-1　2019 年河北省各市人均国内生产总值

2019 年河北省常住人口密度为 403 人/km²，远高于全国平均值（146 人/km²），但低于京津冀地区平均值（522 人/km²）。河北省内多数地级市常住人口密度较大，邯郸、廊坊、石家庄等 7 个市常住人口密度均高于京津冀地区平均值，但张家口和承德两市常住人口密度低于全国平均水平。

2019 年，河北省城镇化率为 57.62%，低于全国平均水平（60.60%）。河北省内各地级市城镇化率分化明显（见图 7-2），其中仅唐山（64.3%）、石家庄（65.1%）和秦皇岛（60.7%）超过全国平均水平；衡水（53.2%）、承德（53.3%）、保定（54.7%）、邢台（54.2%）的城镇化率远低于全国平均水平；张家口、邯郸和廊坊城镇化水平超过河北省平均值，但低于全国城镇化平均水平。

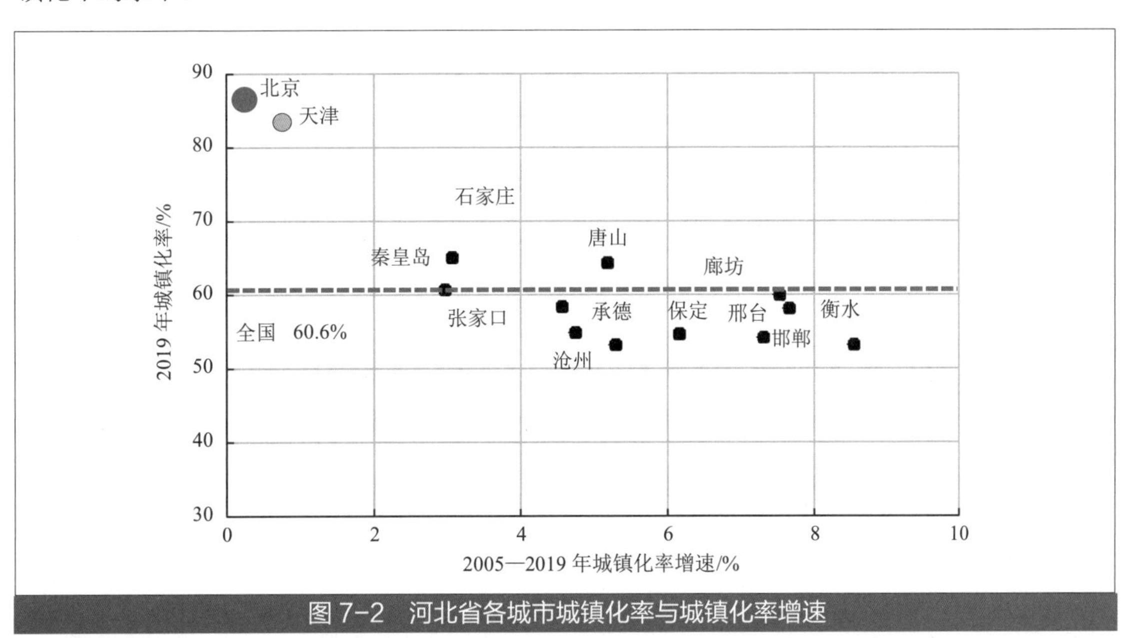

图 7-2　河北省各城市城镇化率与城镇化率增速

河北省各区县城镇化水平差异也较大，全省共有61个区县城镇化率超过50%，其中唐山、廊坊是整体城镇化水平较高的地区。其他地市城镇化水平较高的区县主要分布在市辖区及其周边。

（二）产业结构重型化，结构性、布局性问题突出

近年来河北省三次产业结构逐步优化，由2008年的14.3∶49.3∶36.4调整为2019年的10.0∶38.7∶51.3，接近全国平均三次产业结构（7.1∶39.0∶53.9）。从第二产业内部看，河北省工业重型化特征突出，钢铁、焦化、化工占比仍相对较高。2014—2018年，河北省能源重化行业占工业总产值持续比例在50%～60%，重化工特征依然显著。2017年，河北省能源基础原材料工业占全省工业总产值的51%，其中以钢铁、化工为主。自2014年起，河北省开始压减过剩产能，此后焦炭、水泥、平板玻璃产能及产量整体逐渐下降，但是粗钢、生铁的产量仍呈一定上升趋势，分别较2014年增长3.7%、6.3%。对比区域及江浙等发达地区，产业结构过重问题突出，绿色转型难度较大。

河北省内企业众多，快速增长的建设用地需求导致城市边界不断扩张。河北省各城市内部新城与旧城、居住用地与工业用地混杂分布，老工业城市均存在工业企业紧邻城区布局、工业企业围城的现象。如邢台的沙河市、平乡县、广宗县、威县和清河县，廊坊的香河县、霸州市，保定的雄县，辛集市等，普遍存在产城混杂布局的状况，产城规划比较混乱，“工业围城”现象突出，再加上工业技术比较落后，清洁生产能力较差，生产中普遍存在较大的污染风险，人居环境安全状况不容乐观。

河北省产业园区数量多，发展同质化问题明显。据不完全统计，河北省有省级以上工业园区190家，平均每个地级市省级园区数量高达17个，此外还有一定数量的县市级产业园区、乡镇工业集聚区，建设、管理标准差异较大，多数乡镇工业集聚区并无规划、规划环评及配套的基础设施。大部分开发区普遍存在功能定位不清晰，分工不明确、产业发展雷同的问题，其中以装备制造、钢铁、化工及冶金等行业为主的园区居多。

（三）港口吞吐量快速增加，港口环境风险提升

河北省有唐山港、黄骅港、秦皇岛港3个港口，并形成了秦皇岛东港区、西港区、唐山港京唐港区、曹妃甸港区、黄骅港煤炭港区、综合港区等规模化港区。河北省港口货物吞吐量由2007年的3.9亿t上升至2016年的9.5亿t，占全国港口货物吞吐量的11.74%。其中唐山港和黄骅港货物吞吐量增幅较大，秦皇岛港货物吞吐量大幅下降。

三大港口的功能定位不同，近几年的结构调整也使各港口功能趋异，但受历史原因、现实条件等因素的影响，各港口的功能单一且比较相似，主要经营的货物种类是煤炭、杂货散、铁矿石等，货源相似度极高，货源腹地也相互重叠，导致港口竞争行为趋同，效率低下。

河北省港口货运快速发展，风险事故发生概率增大。2007—2016年，曹妃甸港共发生船舶交通事故67次，平均每年6.7次；京唐港共发生32次船舶交通事故，平均每年3.2次。2007—2016年曹妃甸港共发生溢油事故3次，最大泄漏量为70.09 t燃料油；京唐港共发生23次，最大泄漏量为33.38 t燃料油。

二、生态系统现状评价

（一）生态环境质量有所改善，水土流失、土地沙化、湿地萎缩等问题仍较严重

河北省整体生态环境质量有所改善。2011—2018 年，河北省 11 个设区市生态环境状况指数总体呈波浪式趋势，其中承德、秦皇岛近十年的生态环境状况一直为良，其余地区生态环境状况均为一般。

河北省平原地表水系统受自然和人工双重影响，断流严重，水生态问题突出。根据统计，河北省近 10 年的水资源量呈波浪式变化，但水资源匮乏，河流断流问题依然突出。河北省降水量小，开发强度大，河流水资源利用率高达 90%，远超过国际上公认的 30%警戒线，在很大程度上可能导致生态用水匮乏，加剧山泉枯竭，平原河流断流、湖泊萎缩消亡等生态问题。

河北省水土流失、土地沙化问题仍相对突出。河北省的生态系统自我调节能力差，极易遭受破坏，恢复难度较大，再加之长期的超强度开发，省内原生森林植被遭到了严重破坏，荒山裸地面积占全省山区总面积的 12%以上，草场退化、沙化、碱化面积占可利用草场总面积的 53%，沙化土地面积、水土流失面积分别占全省土地总面积的 14.5%和 34%。北部坝上高原生态区生态环境最为脆弱，植被覆盖度低；土地荒漠化严重，沙化、退化和盐碱化草场面积约占全区草场面积的 50%。冀北及燕山山地、冀西北山间盆地和太行山地区内地形以中低山和丘陵为主，冀西北山间盆地干旱少雨，原生植被大部分退化为次生林，该区域林草覆盖度低，水土流失严重，水源涵养能力差；矿业生产经营粗放，对生态环境影响较大。

（二）建设用地快速扩张，生态空间受到挤占

随着城市化进程的发展，河北省建设用地不断扩张，具有生态功能的园地、林地、草地、水域等呈现不同程度的下降（见图 7-3）。2000—2018 年，河北省建设用地增长 38.8%，其中居民点及工矿用地增长快，占建设用地增长总量的 83%。与 2010 年相比，2018 年河北省园地、林地、草地、水域面积分别减少 4.89%、0.84%、2.33%和 4.72%。与 2000 年相比，2018 年河北省未利用土地大幅降低，不足 2000 年保有量的 25%，水域面积较 2000 年削减 20%。

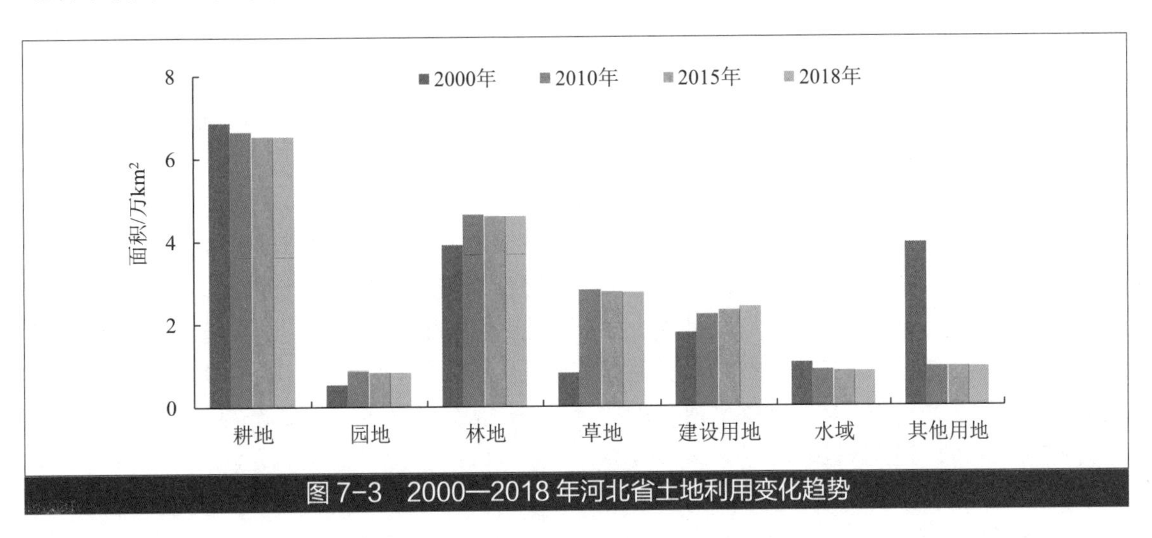

图 7-3　2000—2018 年河北省土地利用变化趋势

河北省生态空间与工业园区、城市开发边界、企业存在一定程度的重叠，河北省的生态环境受到一定影响。根据生态环境统计数据，叠加河北省产业园区及企业分布，在燕山—太行山水源涵养、水土保持等生态敏感区内布局有多家工业园区、千余家工业企业。据统计，河北省的企业数为 8 792 家，全部或者部分分布在一般生态空间的为 571 家，占企业总数的 6.49%，工业园区总数为 190 个，全部或者部分分布在一般生态空间的有 59 个，占工业园区的 31.05%。

由于人为活动及受气候干旱等自然因素影响，坝上地区植被退化问题突出，同时由于坝上地区长期存在过牧、开垦、樵采等不合理的人为活动，部分优质草场退化并逐渐变为土滩，毒杂草型草场逐渐取代优质草场。

工业园区的建设及城镇开发建设，加剧了植被破碎化程度，降低了植被覆盖率，导致具有水源涵养及水土保持功能的地块生态功能降低。河北省的工业园区及城镇开发活动往往邻近河流、湖库，这更是造成了河流及水库周边的过度开发。在这样的情况下，水质明显受到影响，水动力不足，植物与生境演替和自然更新机制衰退，水源涵养与洪水调蓄功能下降，生物多样性降低，生态功能不断退化。

（三）海岸带开发程度较高，近岸海域生态功能退化

河北省海域岸线利用率整体较高，用海方式多为填海造地。填海造陆导致湿地面积大量丧失，滨海湿地生境逐年减少，并呈破碎化趋势。由于不恰当的人类活动，近岸水动力条件明显受到影响，自然栖息地环境发生了变化，部分生态过程受到影响。自 2004 年以来，河北省的海域使用面积快速增加。到 2017 年，河北省的海域使用总面积达到 182 749 hm^2，海域使用率达到 25.28%，海域使用率增长了 14%。其中，工业与城镇用海面积增长最快，约为 2004 年的 18 倍。2017 年，河北省的岸线利用率达 99.43%，纯自然岸线保有量不足 15%。河北省自然湿地占滨海湿地比重由 20 世纪 50 年代的 97%降至不足 50%，人工湿地面积剧增。2017 年 5 月 18 日，国家海洋局下发《国家海洋局关于进一步加强渤海生态环境保护工作的意见》，提出实施最严格的围填海管理制度和生态环境保护措施。由此可以预见，河北省未来的围填海面积将得到有效控制，但围填海所在区域的生态影响将长期存在。

河北省主要河流入海沙量持续降低，海水盐度升高，河口生境退化。20 世纪 50 年代以来渤海主要河流淡水入海量变化趋势表明，70 年代以来渤海河流淡水入海量持续下降，90 年代入海的淡水总量不足 50 年代的一半。淡水量的锐减导致渤海全区盐度显著升高，2008 年 8 月渤海低盐度区面积仅为 1 900 km^2，比 1959 年同期缩减了 80%。河北省境内的滦河河口—秦皇岛—辽宁六股河河口近岸已变为高盐度区。河口区盐度升高已经严重地影响了河口生境，致使多数产卵场退化或消失，受影响较严重的区域包括滦河河口、海河河口及章卫新河河口。

通过分析曹妃甸近岸海域海洋生物监测数据发现：浮游植物密度在 2015—2017 年呈降低趋势，2017 年仅为最高时期密度的 14%；浮游动物密度显著降低，由 2013 年的 4 453 个/m^2 降低到 2017 年的 228 个/m^2，下降了 94.88%，多样性指数呈降低趋势表明水质恶化；底栖动物密度较低且呈逐年降低趋势，底栖生物多样性指数较低表明底栖生境质量较差。2013—2017 年，河北省对滦河口—北戴河典型生态系统健康状况与海洋生物多样性进行了监测，监测面积为 900 km^2。结果表明近年来河北省海域生态健康整体呈亚健康状态，健康指数呈下降趋势，河北省海域生态健康状况趋于恶化。

河北省的能源重化工企业将集中向曹妃甸新区、渤海新区等几大沿海基地转移，钢铁、炼油、

化工、石材加工、大型设备制造等产业承接会对海洋生态环境和生物群落造成威胁，自然岸线及滨海湿地面临巨大的生态破坏风险。港口航运、工业用海区域是未来生态风险防控的重点区域。尤其是黄骅市、曹妃甸等沿海地区，岸线开发、城镇化和工业发展强度高，生态保护压力大。

三、大气环境质量现状评价

（一）空气质量持续改善，但复合型污染仍十分严重

随着《大气污染防治行动计划》的实施，河北省空气质量持续改善，优良天数明显增加，重污染天数显著降低，除 O_3 外的主要污染物年均浓度均大幅下降（见图 7-4）。2014—2019 年，河北省 SO_2、$PM_{2.5}$、PM_{10}、CO 年均浓度下降比例分别为 73%、47%、44%、42%。

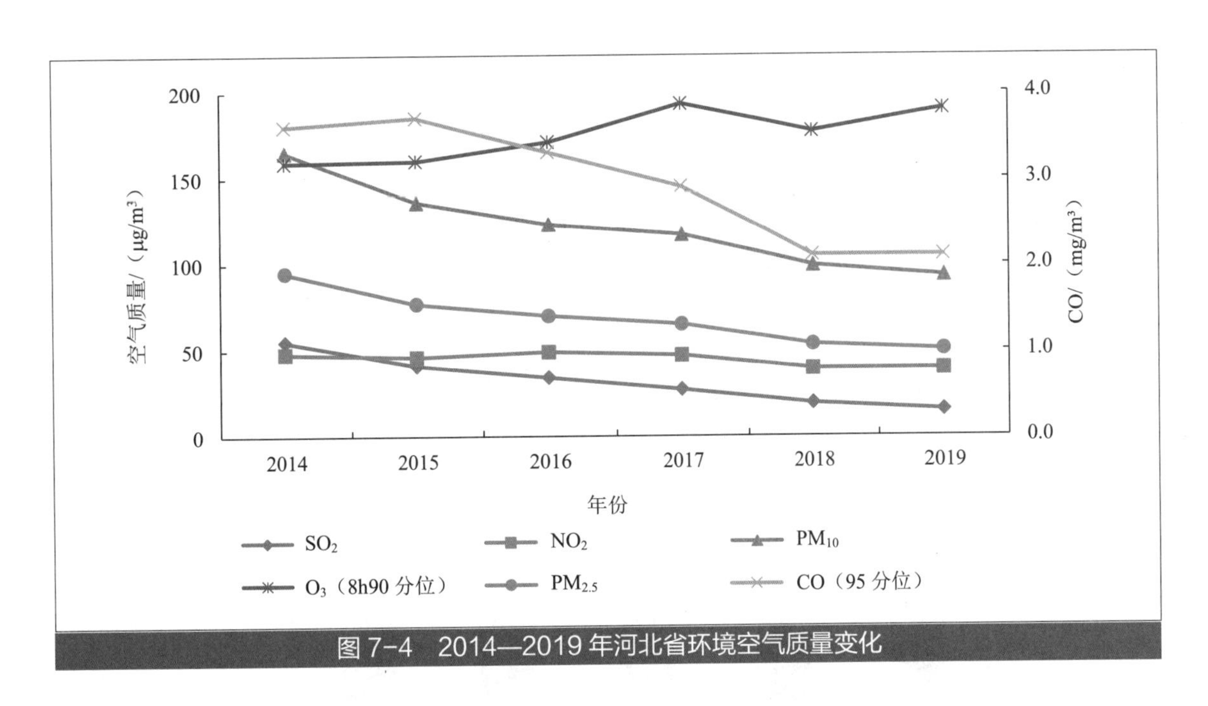

图 7-4 2014—2019 年河北省环境空气质量变化

但河北省空气污染问题仍较为严重，距离空气质量全面达标有非常大的差距。2019 年，河北省设区市达到或优于Ⅱ级的优良天数平均为 226 d，达标天数比例为 61.9%，重度污染以上天数平均为 17 d，重度污染以上天数比例为 4.7%。2019 年，河北省 $PM_{2.5}$、PM_{10} 和 O_3 年均浓度分别仍超二级标准 43%、33%和 19%，复合型污染问题突出。从季节来看，冬季以颗粒物超标污染为主；春夏季节颗粒物浓度相对较低，O_3 污染风险较高。O_3 的形成主要与其前体物 NO_x 和挥发性有机物（VOCs）关系密切。2019 年，河北省 11 个设区市环境空气质量均未达到国家二级标准限值要求，石家庄、邢台、唐山、邯郸仍位于全国 169 个城市空气质量排名的后 10 位，除张家口、承德及秦皇岛外，其余地区排名也相对靠后。

（二）大气污染物工业源排放量大，通道城市排放占比高

河北省大气污染物排放总量大。2017 年，河北省 SO_2、NO_x 和烟粉尘排放总量分别为

60.24 万 t、105.60 万 t 和 80.37 万 t，分别占全国比例为 7.3%、8.4%和 10.1%，远高于河北省 GDP 占全国的比例（4.3%）。河北省大气污染物排放总量在全国处于突出的位置，其中，烟粉尘排放在全国排名第一，NO_x 排名第二，SO_2 排名第三。

河北省大气污染物的主要来源为工业排放，钢铁、电力及建材等行业造成的污染最为严重。根据 2017 年河北省及各地市大气源清单统计，SO_2、NO_x、一次 $PM_{2.5}$、VOCs 工业排放量分别占全省污染物排放总量的 73.8%、49.9%、46.8%及 66.3%。其中 SO_2、VOCs 工业污染排放造成的影响最大，从行业类别来看，钢铁冶金、电力、建材、石化等 SO_2 排放量占全省总量的 55%，其他工业及燃煤锅炉共计占 15.7%。VOCs 以钢铁冶金、石化、建材、涂装排放总量约占全省总量的 41%，其他工业排放占 18.3%。河北省工业大气污染物排放强度较大。根据环境统计数据，2016 年全省万元工业增加值 SO_2、NO_x、烟粉尘分别为 16.09 kg/万元、18.51 kg/万元、26.82 kg/万元，远高于全国、北京和天津的平均水平。

在河北省的大气污染物排放中，机动车和生活源造成的污染也不容忽视。机动车是 NO_x 的主要来源，占 NO_x 总排放量的 36.4%，也是全省 NO_2 改善缓慢的原因之一。船舶逐渐成为港区及周边地区主要污染源之一，河北水域船舶 PM、NO_x 排放占省（区、市）总量比 5.0%～10.5%。生活源污染主要来自散煤，燃烧效率低、缺乏烟气处置设施、煤质不高等多种原因，导致 SO_2 及 PM 贡献极为突出，分别占总排放量的 21.2%、19.2%。

河北省的大气污染物排放分布集聚，通道城市排放占比高。从空间布局来看，大气污染物高排放区主要分布在河北省中部和南部地区。在河北中部和南部地区中，又以唐山—石家庄—邢台—邯郸一线为主，形成了一条高密度、高强度的污染物排放带。其中，石家庄、邯郸、邢台等通道城市污染物 SO_2、NO_x、$PM_{2.5}$ 和 VOCs 排放量分别占全省总量的 35.6%、33.5%、34.4%和 50%。唐山 SO_2、NO_x、$PM_{2.5}$ 和 VOCs 排放量分别占全省总量的 33.9%、22.6%、27.1%、18%。沧州地区一次 $PM_{2.5}$ 和 VOCs 排放占比高，分别占全省总量的 11.7%和 12.2%。在各城市中人口集中在城区，造成了大量的能源消耗和污染物排放，而工业污染物排放主要来自工业区，因此，污染源排放较高的区域基本位于每个城市的城区和主要工业区（见图 7-5）。

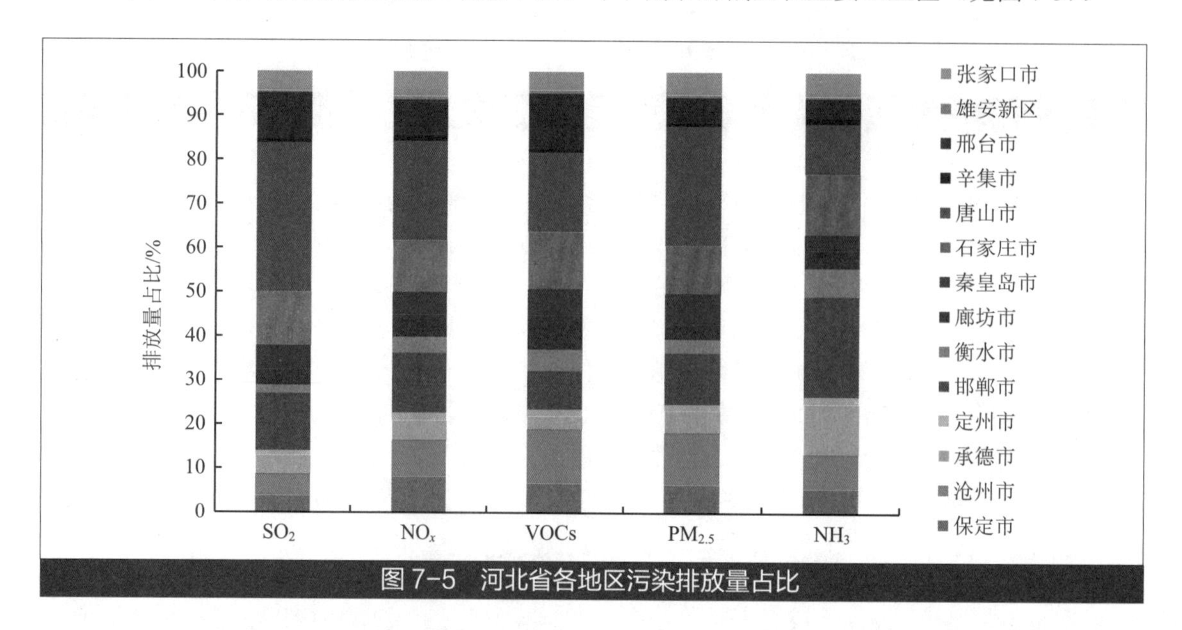

图 7-5 河北省各地区污染排放量占比

坚持环境质量持续改善，不恶化的基本原则，预计河北省“十四五”期间将进一步强化环境质量改善的要求。在现有散煤、锅炉整治及重点行业超低排放改造等主体工作接近尾声的前提下，减排难度持续增大，需进一步推进全省产业绿色转型，深化重化工行业的产能淘汰、严格交通源、优化重点行业产能布局、践行绿色能源结构。同时 O_3 浓度日益升高，目前仍缺乏针对性治理措施，大气污染治理任重道远，空气质量达标难度较大。

（三）燃煤源仍是河北省颗粒物的主要来源，其次是扬尘和工业源

此前，国家“2+26”城市联合攻关小组“一市一策”团队在河北省各主要城市进行了源解析。根据该研究结果，河北省环境科学研究院整理编写了《河北省环境空气质量状况及污染来源分析报告》。基于该报告，本研究选取石家庄、唐山、邯郸等典型城市分析其结果。

在石家庄的 $PM_{2.5}$ 来源中，煤烟尘、扬尘（土壤尘、建筑水泥尘）和二次硝酸盐占比较大，采暖期其分担率分别为22.2%、16.2%、15.1%，非采暖期其分担率分别为15.3%、15.8%、29.7%。相较于采暖期各源类对 $PM_{2.5}$ 的贡献，非采暖期机动车尘、煤烟尘和扬尘对 $PM_{2.5}$ 的分担率有所下降，二次硫酸盐、二次硝酸盐的占比均有所上升。二次颗粒物是非采暖期 $PM_{2.5}$ 的首要污染源类，煤烟尘、扬尘是非采暖期 $PM_{2.5}$ 的首要污染源类。

在非采暖季，固定燃烧源是唐山最大的污染源，占比为30.7%，其次是移动源和工艺过程源，分别占27.2%和25.2%，扬尘占比较小，为14.2%。在采暖季，移动源和固定燃烧源较大，约为 27%，其次是扬尘源和工艺过程源，约为 21%。相对于非采暖期各源类造成的 $PM_{2.5}$ 污染，采暖期固定燃烧源和工艺过程源的占比分别下降了4.3%和4.1%。这说明采暖季对固定燃烧源及工业源所采取的减排措施效果明显，而移动源占比在采暖前后变化不大，扬尘占比有所升高。

冶金和无组织尘为造成邯郸市 $PM_{2.5}$ 污染的主要来源，其导致污染的占比分别为20.7%～30.8%和 16.7%～18.1%。冶金源占比最高，主要是因为 4 个解析点距离较近，且邯钢解析点为重点钢铁工业园区，冶金行业污染物排放量较大。无组织扬尘主要包括裸地扬尘、料堆扬尘、工艺无组织扬尘、施工扬尘等。较有组织排放而言，无组织扬尘相对零散难控，排放量较大，浓度贡献率较高，达到 16.7%～18.1%。对浓度贡献量其次的为燃煤源和机动车源，浓度贡献率分别为13.4%～15.3%和 9.8%～12.8%。东污水靠近交通干道，因此机动车源贡献占比略高。对于邯郸市，应重点针对冶金、无组织扬尘、燃煤源、机动车源进行优先控制；严控企业清洁生产，推广先进的污染物控制措施和技术，同时加强料堆、工艺无组织等扬尘的控制；加强机动车尾气和交通扬尘的控制，提高植被覆盖率。应从源头上综合性地对污染源排放进行有效控制。

综合全省排放清单及各城市源解析结果分析，河北省全年 $PM_{2.5}$ 主要来自燃煤源，占比约 29%，其次是工业源，占比为 27%左右，扬尘源和机动车造成的污染占比分别为 22%和 14%。

（四）区域扩散条件不佳，外源贡献较为突出

受气象驱动，局地排放的大气污染物可进行中长距离的传输，进而影响周边区域，造成大气污染跨界输送。污染物区域跨界输送既包括河北地区内部各城市之间的相互输送，也包括其他省（区、市）与河北的相互输送，这一跨界输送对 $PM_{2.5}$ 浓度造成的影响不可忽视。通

过对京津冀地区重点城市进行模拟，得出如下研究结论：河北的 $PM_{2.5}$ 浓度主要受本地排放影响，唐山和石家庄本地排放占比达 70%以上，张家口、承德、秦皇岛、保定、邢台、邯郸和沧州的本地排放占比在 60%以上，衡水和廊坊受外部输送影响较大，但本地排放占比也分别达到 55%和 59%。在外部输送贡献中，各城市明显受到处于主导上风向、相邻排放量较大城市和地区的输送影响。

除了气象因素和污染排放的叠加，地形条件是形成和加剧河北省大气污染的一个重要条件。河北省位于华北平原北部，北靠燕山山脉，南面华北平原，西倚太行山，东临渤海湾，由西北向的燕山—太行山山系构造向东南逐步过渡为平原，呈现出西北到东南半环状逐级降低的地形特点。河北省受季风影响，冬天盛行西北风，夏天盛行西南风。相对而言，西北风更有利于河北省的污染物扩散。从地形上看，河北省西侧是太行山脉，北侧是燕山山脉，地形条件相对闭塞，河北处于“迎风”地带，北京处于“窝风”地带。若河北地区为偏南风，本地排放和南部外部输送的大量污染物无法向外扩散，只能在山前平原快速累积，导致沿山及山前地区污染最严重。西北风对污染物的“杀伤力”最强。冷空气来自北冰洋地区，途经西伯利亚得到加强。西伯利亚是一片尚未充分开发的土地，人口稀少，冷空气在形成过程中，并不会受到近地面的“污染”，因此，西北风携带的污染物比较少，比较纯净。

研究表明，影响京津冀区域污染物的主要输送路径可概括为以下 5 条。

①西南路径：污染物沿太行山东侧，经河北南部—石家庄—保定，形成一条西南—东北走向的高污染带。

②东南路径：地面处于高压后部的稳定天气条件，高浓度污染物在低层东南气流的输送下由山东、河北东南部、天津向北京及下游地区输送。

③偏东路径：在偏东风气流作用下，由河北秦皇岛、唐山、宝坻向北京地区输送。

④偏西路径：山西省的高浓度污染物在低空偏西气流作用下，越过太行山输送到北京及平原地区。

⑤西北路径：主要为沙尘输送影响，多发生在春季。

四、水环境质量现状评价

（一）流域性水污染问题突出，中南部下游地区污染较为严重

河北省下游城市水环境质量超标问题突出。2018 年全省河流八大水系水质总体为轻度污染，中南部下游地区污染较为严重（见图 7-6）。八大水系中，辽河水质优，永定河水系水质良好，滦河水系、漳卫南运河水系为轻度污染，北三河水系、子牙河水系、大清河水系为中度污染，黑龙港运东水系为重度污染。2019 年，在河北省国控、省控监测断面中，全省河流优良类水体比例为 54.54%，劣Ⅴ类水体比例为 8.48%，较好地完成了《河北省碧水保卫战三年行动计划（2018—2020 年）》的目标要求。但中南部地区水污染形势仍非常严峻。在 2019 年国家地表水考核断面水环境质量状况排名中，沧州、邢台、廊坊仍位列后 10 名。

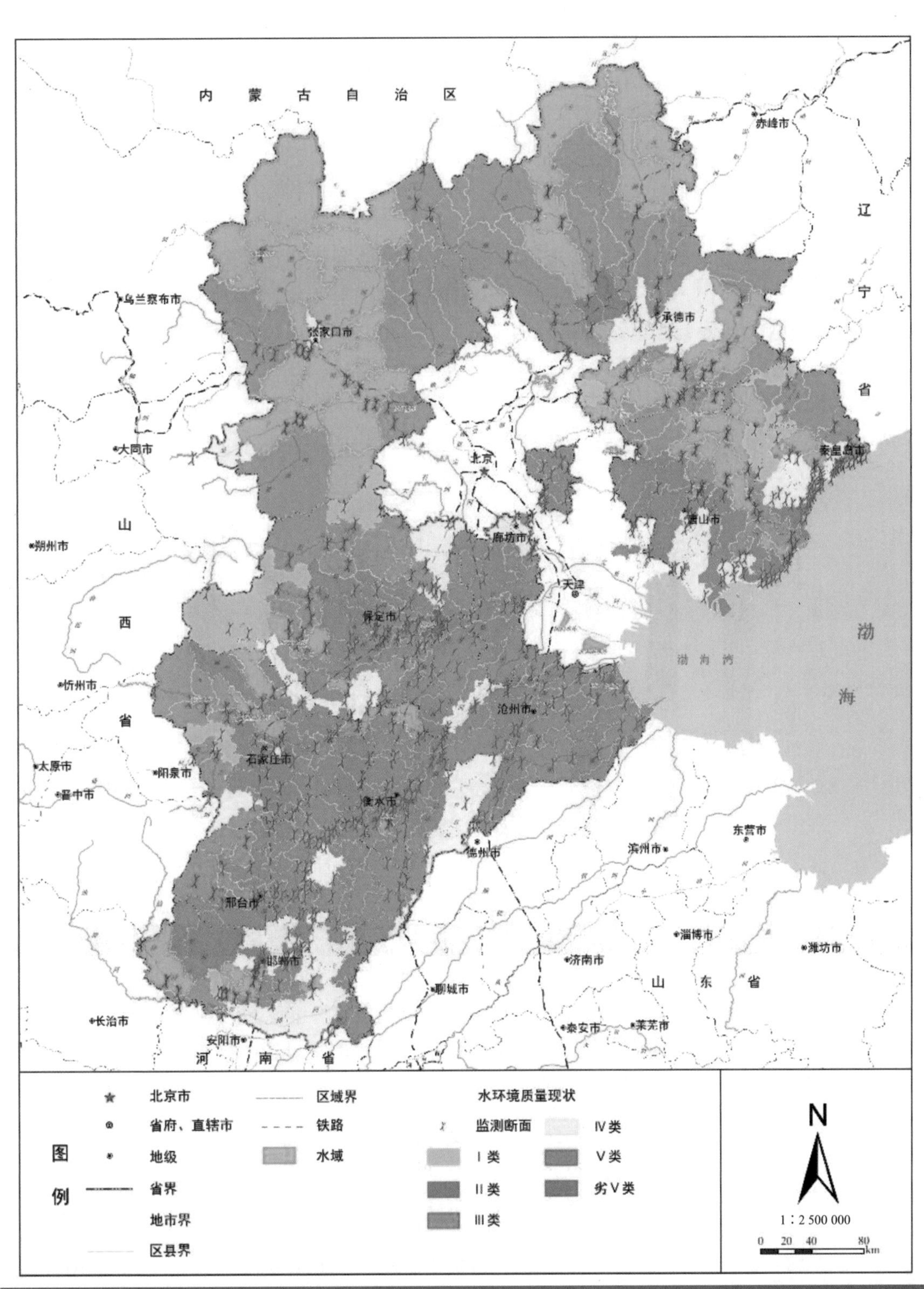

图 7-6　河北省水环境质量现状图

河北省位于海河流域中下游区域，除接纳本地污染物排放外，还要被动接受上游来的污染物。上游输入主要的影响包括：内蒙古自治区排污对滦河水系水质的影响，山西省排污对永定河、大清河、子牙河、漳卫南运河水系水质的影响，以及河南省排污对漳卫南运河水系水质的影响。另外，除冀东沿海水系（秦皇岛和唐山）有一些发源于本地且独流入海的河流外，河北省大多数河流在不同城市间存在跨界输送，由于整体环境纳污能力低，一旦出现不达标现象，往往会在区域内从上游和中游传递至下游乃至入海口，环境质量恶化现象连片发生。

2018 年河北省共监测 48 个省界断面，包括 21 个入境断面和 27 个出境断面（见图 7-7）。在 21 个入境断面中，Ⅰ～Ⅲ类水质比例为 38.19%，劣Ⅴ类水质比例为 19%，其中辽宁、山西来水水质较好，河南、北京、山东来水水质较差。在 27 个出境断面中，Ⅰ～Ⅲ类水质比例为 33.3%，劣Ⅴ类水质比例为 25.9%。2018 年出境断面较 2015 年均有明显改善，入境断面劣Ⅴ类水质比例下降 31%，出境断面劣Ⅴ类水质比例下降了 27.4%，但河北省出境断面总体水质仍较入境断面略差。

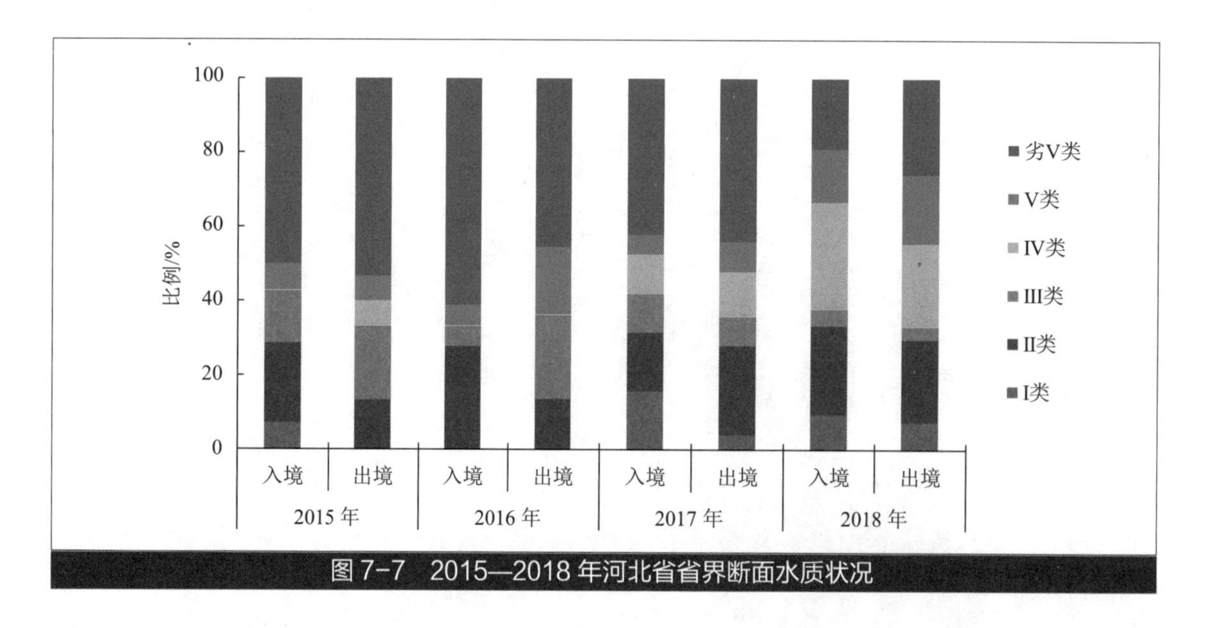

图 7-7　2015—2018 年河北省省界断面水质状况

河北省的 16 座水库整体状况较好，仅个别水库在个别年份出现了污染。衡水湖除 2016 年和 2017 年为轻度污染外，其他年份水质均为良。白洋淀水质污染较为严重，2017 年以前多处于重度和中度污染状态，但 2018—2019 年达到了Ⅳ类标准，水质有所改善。此外，衡水湖、白洋淀常年处于富营养化状况，近年来陡河水库、邱庄水库、洋河水库也开始出现富营养化现象。

（二）地处流域下游，生态用水极度短缺

河北省地表水开发程度较高，河流断流问题突出。2004—2018 年，除 2012 年和 2016 年外，河北省水资源开发利用强度均在 100%以上。其中，地表水开发强度在 35%～100%，2018 年地表水资源开发强度为 83%（未扣除水资源重复计算量）。水资源短缺及高强度开发，导致中南部多数河流均存在不同程度断流，其中污染严重的子牙河、黑龙港及运东水系均出现长时

间、长距离断流，河流生态功能急剧退化，纳污能力极低。

河北省本地水资源相对匮乏，地表河流开发程度高，自身纳污能力逐年降低，水环境改善难度不断变大。近 15 年全省平均水资源总量下降约 26%，地表水资源量日益匮乏。受地表水资源量降低和高强度开发影响，省域内自然河流断流问题极为突出，多数河流断流天数达 300 天以上，部分河流几乎全境全年断流。如黑龙港运东河和子牙河水系作为全省污染最严重的流域，流域内的子牙河、潴龙河、滏阳河等河流，均长时间、长距离断流，这也是导致地区水环境改善缓慢的主要原因之一。

（三）污染物排放超载情况严重，以工业源和城镇源贡献为主

近年来，河北省 COD 和氨氮排放量逐年下降，但排放总量仍较大。2018 年全省 COD 和氨氮排放量（不含农业源）分别为 43.97 万 t/a、6.29 万 t/a。2017 年河北省 GDP 占京津冀区域的 42%，但 COD、氨氮排放总量分别占京津冀区域总排放量的 74%、78%。

河北省水污染物流域超载情况突出。结合生态环境统计及污染源普查数据对水环境污染物排放进行全口径核算，2018 年河北省海河流域 COD、氨氮入河量分别为 13.2 万 t、1.17 万 t，分别超出纳污能力 49.8%、172.1%。海河流域八大水系中，2018 年入河污染物排放量均超过其水功能区纳污能力，其中子牙河水系超负荷情况最为严重，COD、氨氮分别超出纳污能力的 36.1%、166.4%（见图 7-8）。

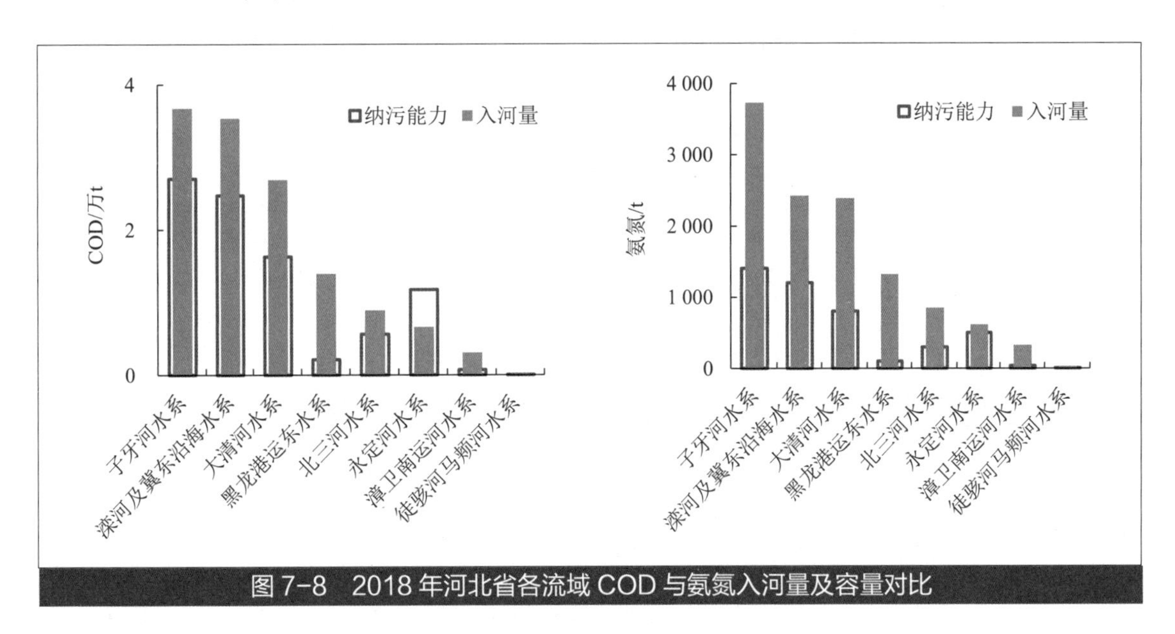

图 7-8 2018 年河北省各流域 COD 与氨氮入河量及容量对比

2018 年，河北省 COD 入河量中工业源、城镇生活源、农业源占比分别为 26%、45%和 20%，其中工业源和城镇生活源贡献较大（见图 7-9）。八大水系中，滦河及冀东沿海水系工业源占比最高，为 34%；永定河水系城镇生活源占比最高，为 60.7%，子牙河流域、滦河及冀东沿海水系、大清河水系和北三河水系城镇生活源占比均超过 40%；漳卫南运河水系农业源贡献最高。河北省氨氮入河量工业源、城镇生活源、农业源占比分别为 22%、40%和 36%，其中城镇生活源贡献最大（见图 7-10）。八大水系中，子牙河流域工业源占比最高，为 26.6%；滦河及冀东沿海水系、永定河水系城镇生活源占比均超过 40%，子牙河流域、大清河水系、

北三河水系城镇生活源占比均超过 30%；漳卫南运河水系农业源贡献较高，超过 60%。

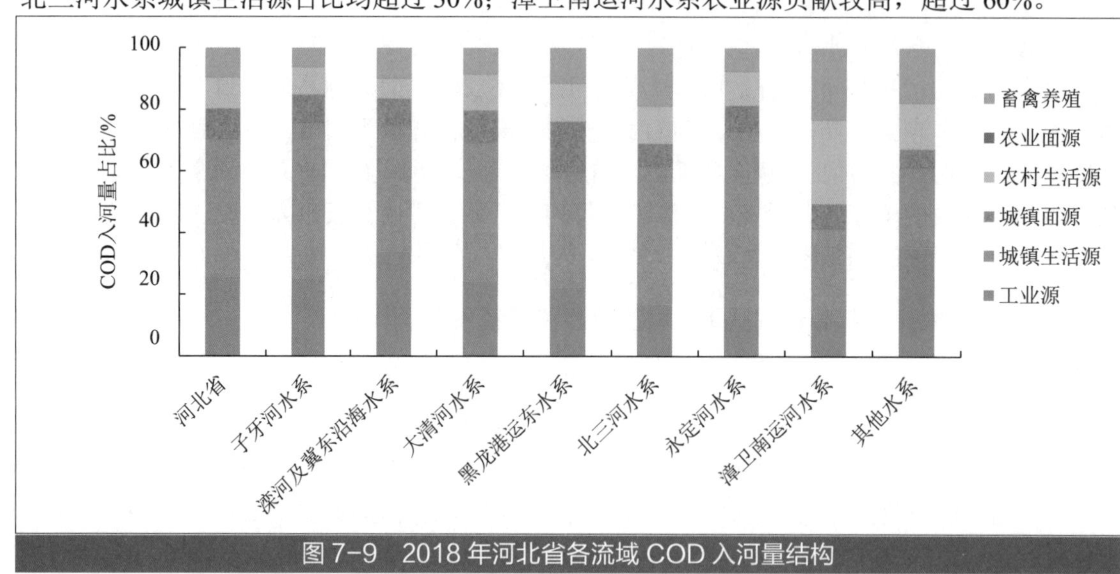

图 7-9 2018 年河北省各流域 COD 入河量结构

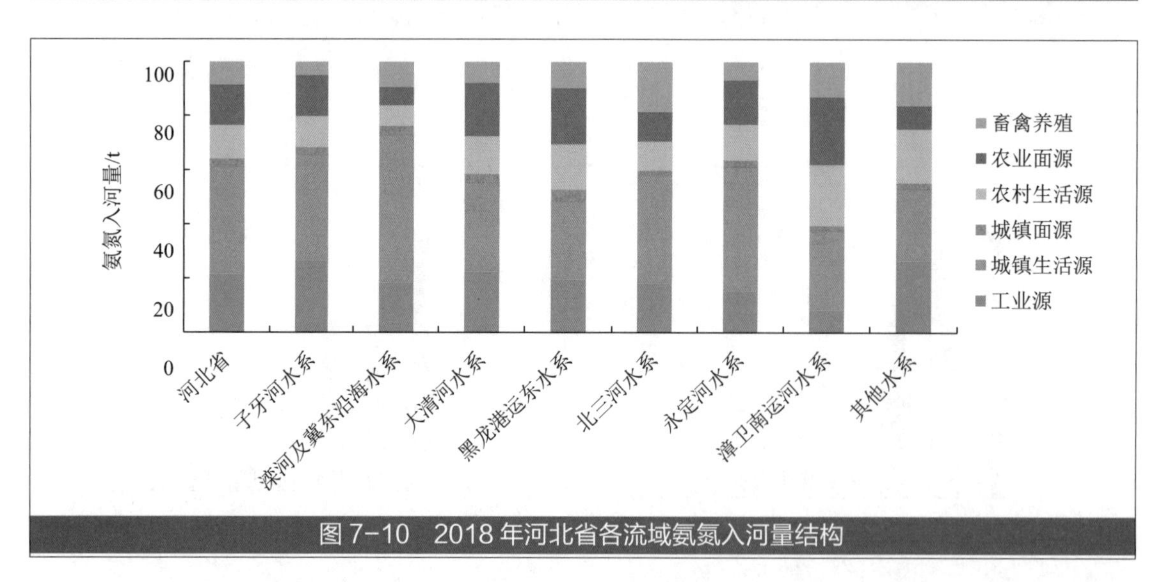

图 7-10 2018 年河北省各流域氨氮入河量结构

河北省水污染物排放强度与全国基本持平，较天津市、北京市等先进地区仍有较大差距。2018 年，河北省单位 GDP COD 排放量为 7.12 kg/万元，约为北京市的 12 倍、天津市的 5 倍，河北省单位 GDP 氨氮排放量为 1.43 kg/万元，约为北京市的 5 倍、天津市的 3 倍。河北省多数地市主要水污染物排放行业的控制水平低于全省平均水平，这是造成工业水污染物排放量大的重要原因。此外，部分地市工业直排源占比较大。根据《中国城市统计年鉴（2018）》，河北省各地市城镇生活污水收集率均在 90%以上，定州市、承德市、廊坊市和张家口市污水收集率均不足 96%，相对其他地市偏低。

（四）受陆域和海域双重影响，部分海域水质污染较严重

根据《2018 年河北省海洋状况公报》，2018 年全省海域水质优良面积为 6 493 km^2，占管辖海域比例为 89.8%，达到《河北省碧水保卫战三年行动计划（2018—2020 年）》制定的目标

(87.5%)。特别是秦皇岛市和唐山市的水质已有明显改善。但沧州市近岸海域水质近年来仍较差,2017 年水质优良比例仅为 12%,在 2018 年得到大幅改善,优良水质比例提高到 70%左右。

河北省近岸海域污染源包括陆域污染源和海洋污染源，其中陆域污染源有入海河流和入海排污口，海洋污染源主要为港口海洋船舶污染和海水养殖污染。2018 年，河北省近岸海域污染物排放总量约为 6.77 万 t，其中陆域污染源排放量为 6.21 万 t，占总排放量的 91.7%，海域污染源排放量为 0.56 万 t，占总排放量的 8.3%。陆域污染源中由河流携带入海污染物总量为 5.76 万 t，这说明入海河流携带的污染物排放是造成海水水质变差的主要原因，其中 COD、总氮（TN）和总磷（TP）排放占比分别为 85%、88%和 85%。入海排污口排放污染物总量为 0.44 万 t，其中总氮、总磷排放占比分别为 9%和 5%。海洋污染物总排放量占比较小，但石油类排放中船舶污染源占总排放量的 38%，说明海洋船舶在运输、停靠过程中石油类污染物排放量较大，石油类污染生态环境风险不容忽视。

五、土壤和地下水环境质量现状评价

（一）农用地土壤污染风险不容忽视，工业场地污染风险防控有待强化

河北省土壤污染底数不详，农业、建筑用地潜在污染风险较高。区域污灌年限普遍超过 30 年。河北省除承德外各市均有污灌区分布，保定、石家庄、沧州和邯郸污灌面积最大，从浓度分布来看，沿海河、蓟运河沿线地区，Cu、Cd 浓度普遍较高。

河北省重污染工矿企业及其周边土壤环境问题突出。结合 2019 年河北省开展的土壤调查结果，根据可能存在的农业用地土壤风险和农用地土壤存在较高风险的 1 925 个点位进行分析，本研究组发现导致土壤出现环境风险污染的企业类型主要为采矿活动、农业面源污染、金属冶炼及加工、化学原料和化学制品制造业。

2019 年《河北省农用地土壤污染状况详查报告》显示，重点污染企业生产活动引起周边土壤污染突出主要分布于以下 3 个区域。

①清苑区、安新县、高阳县 3 地交界处是以镉元素为主的多元素复合污染区，主要由金属冶炼活动引起，此区域是河北省目前调查发现的土壤污染程度最高、面积最大、污染元素最多的土壤污染风险区。金属冶炼的污染主要源于安河县老河头镇一带。可能存在的农业用地土壤风险和农用地土壤存在较高风险的点位集中、连片分布，出现呈区域性分布的土壤污染环境风险。超标的主要原因为有色金属冶炼和压延加工业、化学原料和化学制品制造业、金属制品业等重点污染行业企业生产活动，其中有色金属冶炼和压延加工业的影响最为突出。该地区主要从事铅锌铜冶炼，污染元素有镉、砷、铜、锌、铅。

②唐山、承德和秦皇岛 3 市交界处的兴隆县—青龙县一带以铬为主、镉和铜为辅的污染区，由采矿活动引起；主要企业类型为黑色金属矿采选业、有色金属矿采选业、金属制品业等重点污染行业企业，污染元素与企业特征污染物一致。空间上，黑色金属矿采选业与有色金属矿采选业呈东西向条带状分布，该区域为河北省重要的铁矿、金矿成矿带。

③保定西部涞源县—易县—涞水县一带以镉、铜为主的多元素复合污染区，由采矿活动引起。该片区为河北省重要的有色金属成矿带，区内有木吉村等大型铜矿。空间上，有色金属矿采选业与黑色金属矿采选业呈东北向带状分布，该区域为河北省重要的有色金属成矿带。

河北省工业场地污染风险防控有待强化，重点为唐山、石家庄地区。根据《河北省土壤环境重点监管企业名单》，河北省土壤环境重点监管企业共 296 家，主要分布在唐山、辛集、石家庄、保定及沧州等地区，占全省总数的 70%。根据《河北省全口径涉重金属重点行业企业清单》，河北省涉重企业 957 家，其中 624 家在产，主要分布在衡水、承德、保定、辛集、唐山、秦皇岛及沧州等地；关停企业共 333 家，主要分布在保定、辛集、石家庄及唐山等地。

（二）地下水水质整体较好，存在局部指标超标

本研究在评价地下水环境质量时主要关注浅层地下水。为了排除河北省部分地区原生地质环境问题的干扰，重点关注人为活动导致的地下水水质变化，本次评价共使用了“三氮”、重金属和有机物等 46 项指标。河北省浅层地下水水质整体良好，局地存在Ⅴ类水。根据河北省地下水监测数据，地下水整体以Ⅳ类水质为主，全省Ⅲ类以上水质面积占全省土地面积的 28.06%，Ⅳ类水占全省土地面积的 60.45%，从指标来看，Ⅳ类水中主要存在的超标因子为亚硝酸盐、硝酸盐、氨氮、钼、锌、硒、砷、镉、铬、铅、锰、镍、挥发性酚、四氯化碳和苯。依据《地下水质量标准》（GB/T 14848—2017），该类型地下水适用于农业和部分工业，适当处理后可作为生活饮用水。河北省地下水Ⅴ类水主要分布在冀东地区、京津以南中部及滨海平原区，主要受工业、农业、原生水质等多重因素影响。

六、水资源开发利用现状评价

（一）水资源禀赋较差，开发利用长期透支

河北省多年平均水资源量为 204.69 亿 m^3，其中地表水资源量为 120.17 亿 m^3，地下水资源量为 122.57 亿 m^3，重复计算量为 38.05 亿 m^3，地表水资源量与地下水资源之比约为 1∶1。河北省土地面积约占全国的 2%，但多年平均水资源总量仅占全国多年平均水资源总量（28 041 亿 m^3）的 0.7%，水资源禀赋较差。2017 年河北省人均水资源量为 184.53 m^3，不足全国人均水资源量的 1/11，约为世界人均水资源量的 1/33。

河北省水资源量时空分布不均。从时间分布看，河北省的降水集中在夏季，2017 年，全省连续最大 4 个月降水量出现在 5—8 月，4 个月共降水 365.3 mm，占全年降水量的 76.3%。从空间分布来看，河北省降水量分布总趋势是太行山迎风区、燕山迎风区降水量较多，张家口坝上地区北部及张家口东部、承德西南部、京津以南平原区中部、邯郸南部降水量较少。

2018 年，河北省总供水量为 182.42 亿 m^3，其中地表水工程供水量为 70.44 亿 m^3，地下水开采量为 106.15 亿 m^3，污水处理回用量、雨水利用量及海水淡化量为 5.83 亿 m^3，分别占全市供水量的 38.6%、58.2%和 3.2%。河北省供水水源长期以地下水为主，近年来地下水供水占比逐年下降。河北省地表水供水以引水工程为主，地下水供水水源以浅层地下水为主。

长期以来，河北省水资源开发强度都处于较高水平。2004—2018 年，河北省水资源开发利用强度均在 80%以上，远超国际通用的水资源开发利用安全界限（40%）。其中，地表水开发强度在 35%～100%，2018 年地表水资源开发强度为 83%（未扣除水资源重复计算量），地下水开发强度在 81%～175%。近年来地下水开发强度略有下降，2018 年地下水资源开发强度为 83%（未扣除水资源重复计算量）。

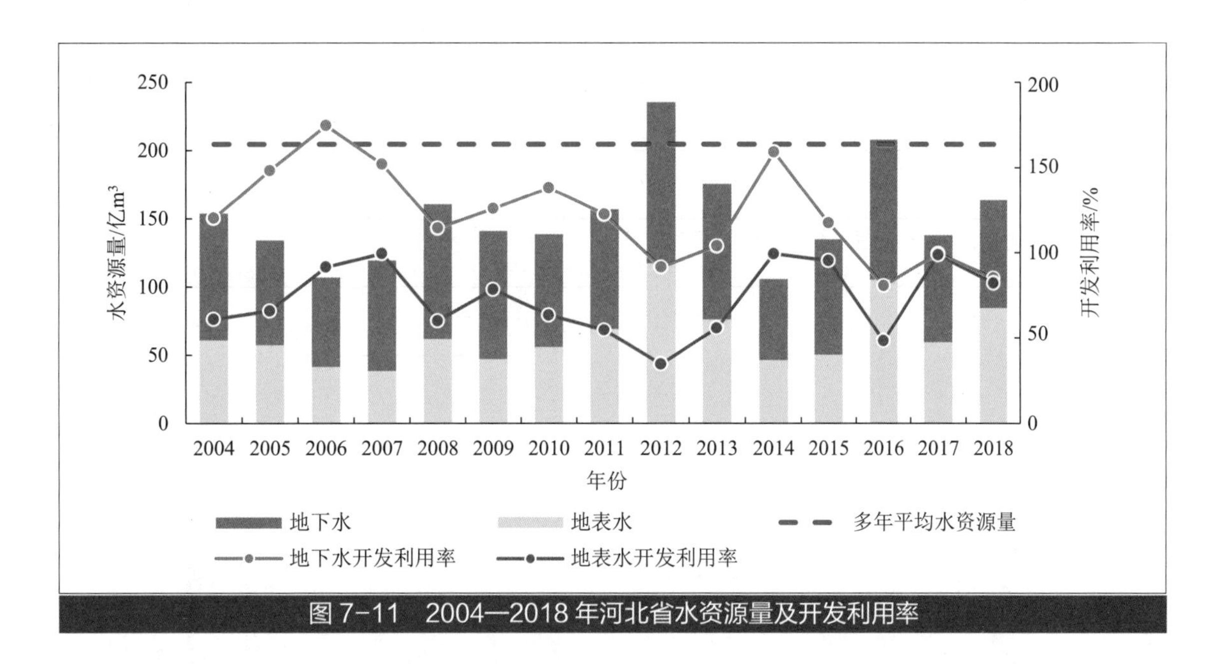

图 7-11　2004—2018 年河北省水资源量及开发利用率

河北省各市用水量与水资源量不匹配。2017 年，河北省各市用水总量在 2.5 亿～26.5 亿 m^3。其中，承德市、张家口市和秦皇岛市用水量低于水资源总量，其他城市用水量均高于水资源总量，尤其是衡水市、沧州市和邯郸市，水资源开发利用率均超过 200%，用水主要依靠区域调水。

（二）区域水循环破坏严重，河道断流现象较为突出

从长时间尺度来看，河北省水资源总量呈明显的下降趋势，2004—2018 年平均水资源总量为 151.1 亿 m^3，较多年平均水资源量下降约 26%，其中地下水资源量较多年平均值变化不大，总量下降主要由地表水资源量下降导致。

20 世纪 50 年代以来，河北省出现了降水量减少、地表水取用水量增大、山区修建水库拦蓄地表径流、地下水开采导致包气带加厚等现象。在这一系列自然条件变化和人类活动影响下，河北省境内很多河流的水量逐渐减少甚至断流。20 世纪 60 年代，海河流域 20 条主要河流中有 15 条发生断流，年均断流 84 d，河道干涸长度达 683 km；到 70 年代，发生断流的河流增加到 19 条，年均断流时间增加到 186 d，河道干涸长度增加到 1 335 km；80 年代至 90 年代，由于降水偏少，河道断流进一步加剧，平均河道干涸长度 1 811 km，年均断流时间达 230 多天。近年来，海河流域中下游地区 4 000 km 以上的河道断流 300 d 以上的占 65%，常年有水的河段仅占 16%。2017 年，北三河、黑龙港运东、大清河等水系断流现象较为突出，部分河段全年断流。

河北省河流水量减少导致入海水量减少。20 世纪 50 年代，海河流域的年平均入海水量高于 200 亿 m^3，但近年来不断下降，现在已低至 20 亿 m^3 左右。从总量上看，与滦河片区和海河北系片区相比，海河南系是京津冀地区水资源量较多的片区；但近 20 年来除特别年份外，海河南系几乎没有河水入海。

近年来开展的引调水工程使河北省的入境水量大幅增长。2001—2015 年，河北省入境水量多在 20 亿～30 亿 m^3，2010 年以前出境及入海水量约占入境水量的 70%，2010—2014 年出境及入海水量超过了总入境水量。自 2017 年以来，通过引黄入冀补淀、南水北调中线等工程

的建设，河北省入境水量显著增长。2018 年河北省入境水量已增至 53.5 亿 m^3，其中引黄水量 4.16 亿 m^3、引江水量 23.89 亿 m^3，出境及入海水量约占总入境水量的 88%。

（三）农业用水占比高，用水效率较先进水平仍有一定差距

河北省是全国重要的粮食主产区，农业种植面积大，农业用水比重高。自 2004 年以来，河北省的农业用水在总用水量中的占比呈下降趋势（见图 7-12），2018 年的农业用水量较 2004 年减少 17.7%。即使如此，2018 年河北省的农业用水量仍然占总用水量的 66%，高于全国平均水平（61%）。

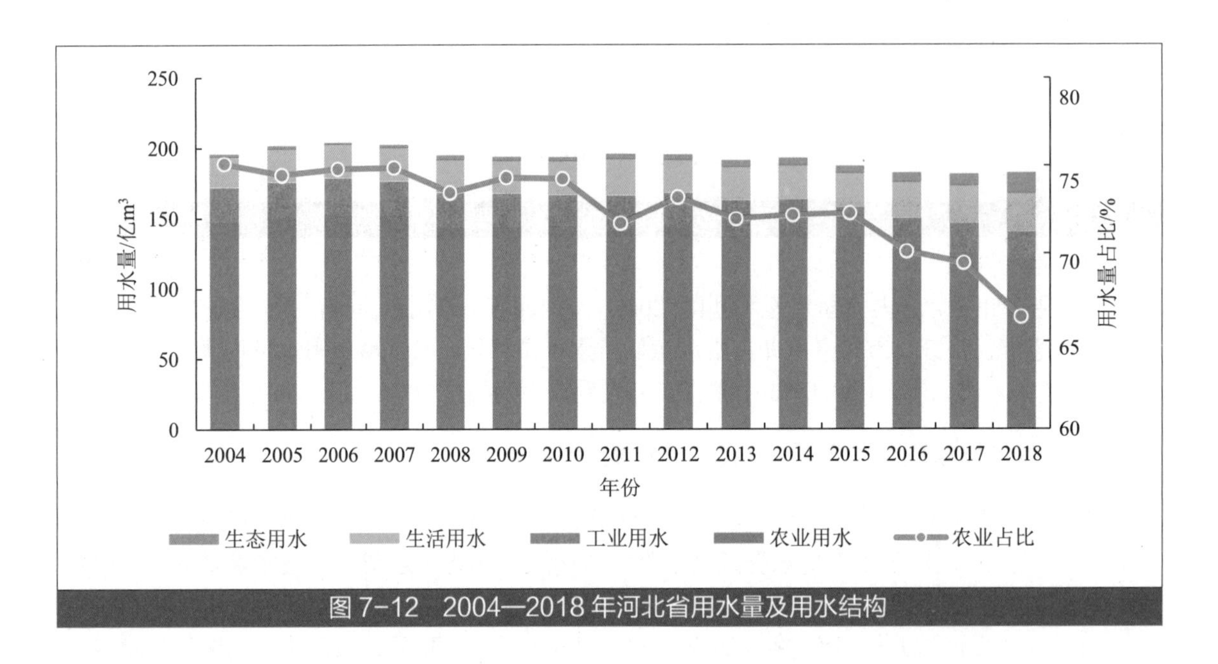

图 7-12　2004—2018 年河北省用水量及用水结构

河北省内各市的用水结构均以农业用水为主。其中衡水市农业用水占比高达 95%。耗水量高的小麦主要分布在冀中南地下水超采区，因此这一区域的农业用水量占全省农业用水总量的 70%以上。冀西北坝上地区水资源最为短缺，但高耗水蔬菜种植面积却高达 74 万亩，灌溉用水主要依赖超采地下水。受水资源开发长期透支影响，河北省生态用水被挤占的情况突出。

2018 年河北省生态环境统计数据表明：河北省工业取水量较高的行业包括钢铁、电热供应、石油矿产加工、石油化工、食品饮料、造纸和焦化，约占总工业取水量的 86%。河北省各市工业用水结构差异较大，承德市采矿业用水占比超过 75%，唐山市和邯郸市钢铁行业、衡水市食品饮料行业、张家口市电热供应取水量占比均超过 50%，秦皇岛市钢铁行业、石家庄市电热供应、保定市造纸行业取水量占比均超过 40%。

河北省用水效率逐年提高。2004—2018 年，河北省万元 GDP 用水量、万元工业增加值用水量、人均用水量和农田灌溉亩均用水量均呈下降趋势，2018 年分别较 2004 年下降 76.9%、78.9%、16.1%和 18.3%，万元 GDP 用水量和万元工业增加值用水量效率大幅提升。总体来看，河北省用水效率较先进水平仍有一定差距。2018 年，河北省人均用水量、万元 GDP 用水量、万元工业增加值用水量分别为 241.4 m^3、50.7 m^3、13.9 m^3，均优于全国平均水平，但较河北省 2020 年目标及京津地区仍有一定差距。2018 年，河北省农田灌溉亩均用水量为 179.7 m^3，

优于全国平均及京津水平，但与新加坡、日本等国家相比还有一定提升空间。依据 2018 年生态环境统计数据，河北省印染、造纸、氮肥、石油矿产开采及电热供应万元工业产值取水量超过了 20 m^3。

河北省各市水资源利用效率差异较大。2017 年，辛集市、定州市和衡水市万元 GDP 用水量较高，且 3 市水资源均非常短缺；张家口市、沧州市、定州市万元工业增加值用水量高于全省平均水平；廊坊市、沧州市、张家口市、秦皇岛市和衡水市农田亩均灌溉用水量高于全省平均水平；衡水市、定州市、辛集市人均生活用水量较高（见图 7-13）。

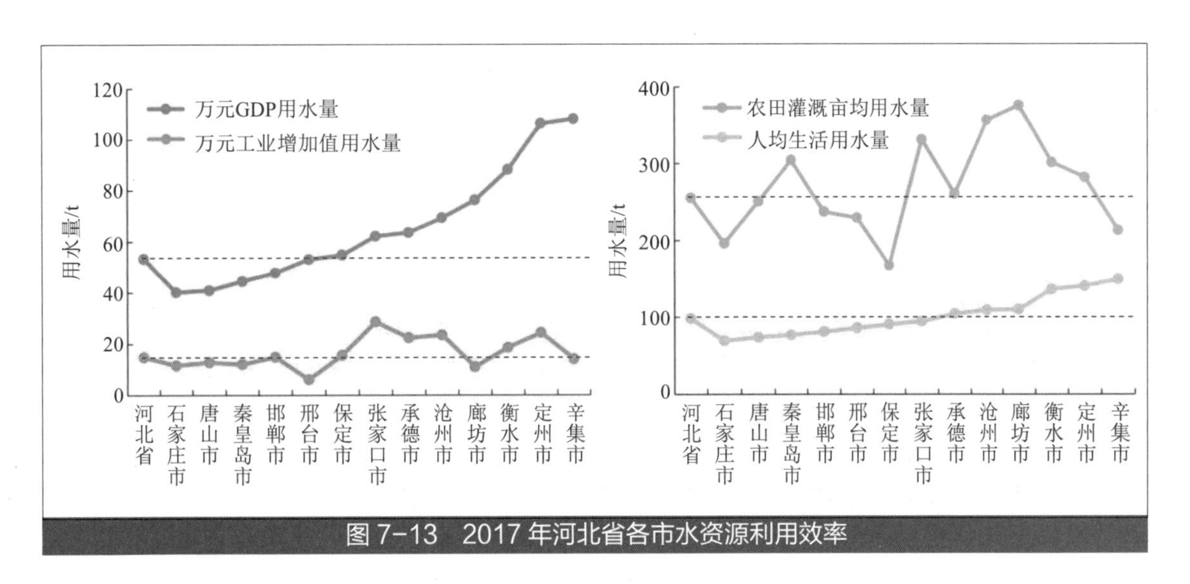

图 7-13　2017 年河北省各市水资源利用效率

（四）地下水超采严重，形成地下水漏斗区

自 20 世纪 80 年代以来，河北省平原区长期大量超采地下水，地下水开发利用率长期超过警戒线，引起地下水位持续性下降，是全国地下水超采最严重的省份。2004 年河北省地下水占供水总量的比例高达 81%，随着加强地下水开采管控及南水北调等引调水工程的建设，2018 年地下水供水占比下降到 58%，供水结构问题有所改善。根据《河北省地下水超采综合治理规划》，2010 年全省地下水超采量为 59.7 亿 m^3，其中浅层地下水超采量 28.7 亿 m^3，石家庄、保定市浅层地下水超采严重，城市与农业地下水超采量之比约为 1∶2；深层承压水超采量 31.0 亿 m^3，沧州市深层承压水超采严重。截至 2015 年，河北省地下水超采区面积占全省土地面积的 36.8%，占全省平原面积的 92%以上，河北省冀枣衡、南宫、沧州等地区处于地下水严重超采区。

由于长期用水结构失衡，河北省大面积处于地下水漏斗区，全省已形成多个地下水位降落漏斗，其中沧州漏斗和衡水冀枣衡漏斗已成为国内甚至全世界最大的地下水漏斗区。河北省平原区比较大的浅层地下水漏斗有宁柏隆漏斗、石家庄漏斗、高蠡清—肃宁漏斗等；较大的深层地下水漏斗有冀枣衡漏斗、南宫漏斗和沧州漏斗。石家庄浅层地下水漏斗及沧州深层地下水漏斗由于水位逐渐上升，目前已纳入地下水漏斗中。其余地下水漏斗 2018 年中心埋深均较 2000 年有所下降，其中宁柏隆浅层地下水漏斗中心埋深下降约 102.0%，冀枣衡深层地下水漏斗中心埋深下降约 58.9%，水位下降较为明显。

七、能源开发利用现状评价

（一）能源结构重煤，利用效率有待进一步提升

2015—2019 年，河北省能源消费总量呈持续增加趋势，年均增速为 1.2%。2019 年，河北省能源消费总量为 3.25 亿 t 标准煤，占全国能源消费总量的 6.7%。2019 年河北省煤炭消费总量为 2.87 亿 t，受去产能、锅炉整治与散煤管控影响，2015—2019 年，河北省煤炭消费总量呈现逐步下降的趋势，年均降速达到 2.4%。煤炭消费占河北省能源消费总量的 63%，较 2015 年（73%）大幅降低，但比重仍相对较高。唐山市、邯郸市、石家庄市 2019 年煤炭消费总量分别为 8 378 万 t、4 567 万 t、3 220 万 t，合计 16 165 万 t，占全省煤炭消费总量的 57%。2015—2019 年辛集市煤炭消费总量增加，其他地区煤炭消费总量均降低，其中廊坊市、石家庄市、定州市、邢台市、邯郸市煤炭消费总量年均降速均大于 4%。

2019 年，河北省单位 GDP 能耗为 0.927 t 标准煤/万元，较 2015 年降低了 21.1%，能源利用效率提升较快。但河北省工业能源利用效率相对偏低，重点行业能耗有待进一步提升。对比全国、上海能效指南，河北省钢铁、水泥行业综合能耗均达到国家、国际先进水平，但炼铁、烧结、炼钢工序能耗与先进水平仍有一定差距。焦炭、炼化行业是河北省未来的支柱行业，因此河北省仍需整合、升级这些产业，进一步提升能源利用效率。

2017 年各市万元工业增加值能耗如图 7-14 所示。

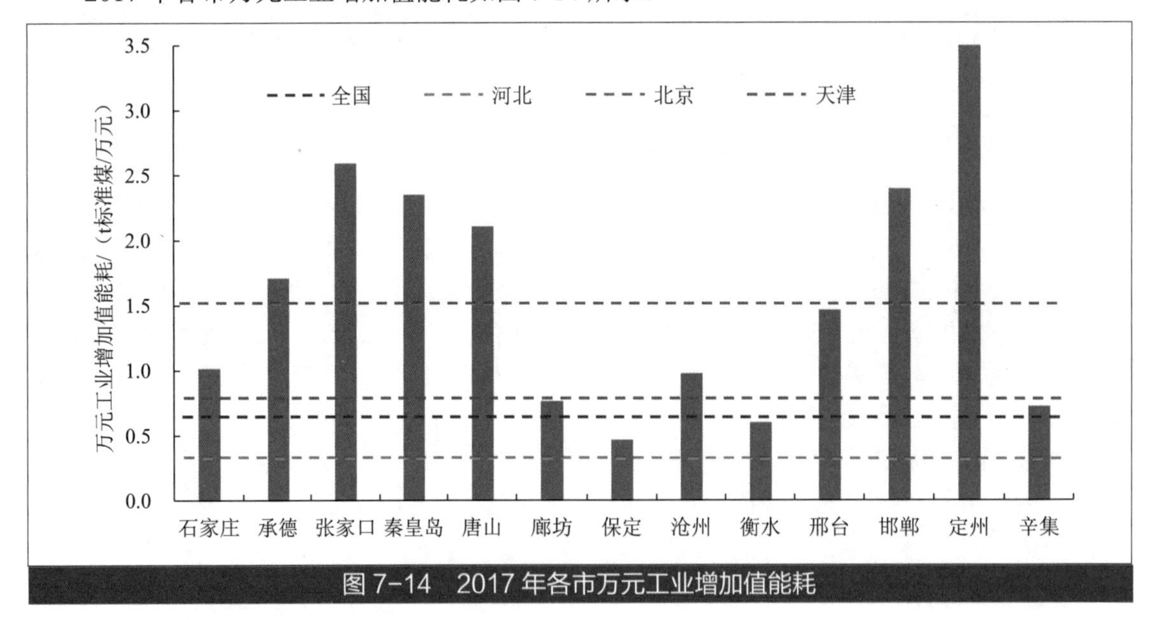

图 7-14 2017 年各市万元工业增加值能耗

（二）能源消费部门结构稳定，工业用能占比高

河北省的城镇化进程不断加快，居民生活、第三产业能耗总量也随之增加，2017 年较 2010 年分别增长了 65%和 57%，增幅高于能源消费总量的增长。河北省工业能耗长期占比高，工业能耗占比在 70%以上，能源消费结构比较稳定（见图 7-15）。

图 7-15 2010—2017 年河北省能源结构占比

（三）工业能耗高度集中，六大高耗能行业占规模以上工业能耗 90%以上

2017 年，河北省规模以上工业综合能源消费量 20 292 万 t，占全省能源消费总量的 66.8%。河北省黑色金属冶炼及压延加工业、电力热力的生产和供应业、煤炭开采和洗选业、石油加工炼焦及核燃料加工业、化学原料及化学制品制造业和非金属矿物制品业六大高耗能行业能耗为 18 496 万 t，占全省规模以上工业综合能源消费量的 91%；其中黑色金属压延及加工业能耗为 10 732 万 t，占全省规模以上工业综合能源消费量的 53%。从城市来看（见图 7-16），唐山市规模以上工业企业能源消耗总量占全省规模以上工业企业能耗的 37%，占比最高；其次是邯郸市和石家庄市，分别占全省的 16%和 12%。

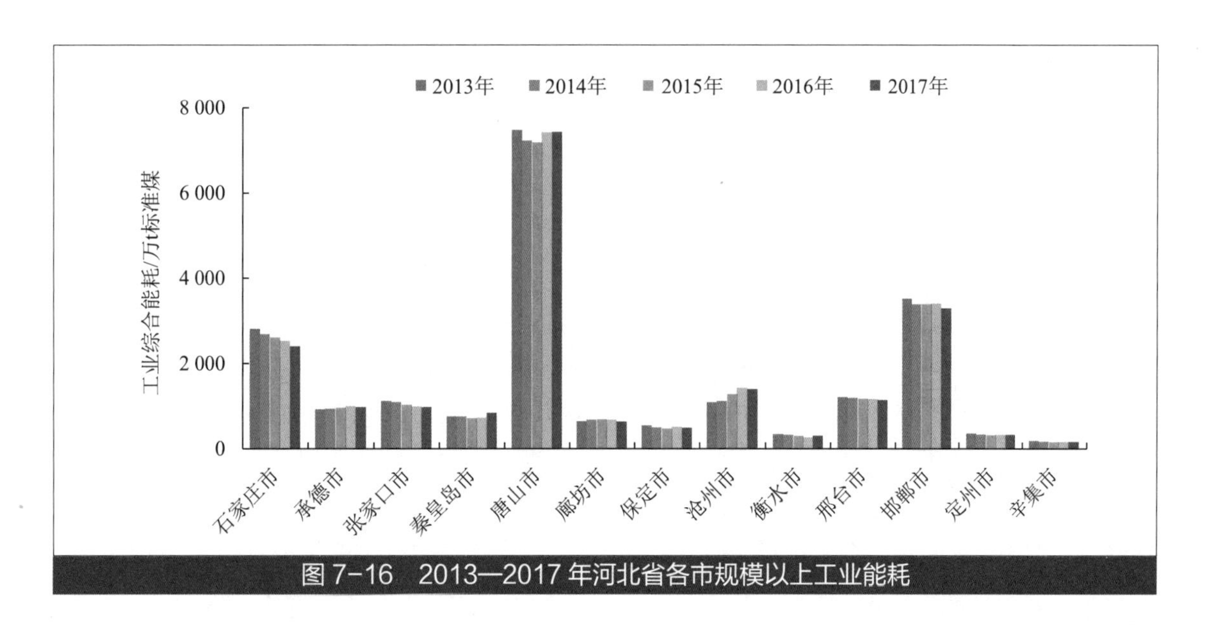

图 7-16 2013—2017 年河北省各市规模以上工业能耗

第三节 发展趋势与中长期资源环境压力

一、经济社会发展趋势

（一）经济发展趋势

1．经济增速放缓，总量仍有较大幅提升

《河北省国民经济和社会发展第十三个五年规划纲要》提出了“经济持续健康发展，全省生产总值年均增长 7%左右，到 2020 年突破 4 万亿元”的目标。在河北省“十三五”规划纲要的框架下，省内各地市也都在各自的“十三五”规划纲要中提出了相应的发展目标。

结合历史经济数据来看，“十三五”之前河北省各地市基本保持平稳快速发展，但 2013 年以来，河北省“6643”工程等一系列产业转型升级举措不断深入展开，经济发展速度出现了一定幅度的下滑。随着 2017 年“6643”工程全面收官，河北累计压减炼钢产能 7 192 万 t、炼铁产能 6 508 万 t，淘汰水泥产能 7 058 万 t、平板玻璃产能 7 174 万重量箱，与此同时全省 2015—2017 年 GDP 实际增速约为 6.8%，低于“十三五”规划纲要提出的 7%目标。2018 年 7 月，河北省推进去产能调结构转动能工作会议召开，会议明确了在“6643”工程的工作基础上实施 “452211”工程，计划到 2020 年压减退出钢铁产能 4 000 万 t、水泥 500 万 t、平板玻璃 2 300 万重量箱、煤炭 2 700 万 t、焦炭 1 000 万 t、火电 150 万 kW。

由此本研究做出以下预测。河北省“十三五”GDP 增长速度无法达到规划纲要提出的目标（GDP 年均增速 7%）。河北省到 2020 年前逐渐恢复平稳发展，5 年平均增速保持在 6.5%左右。从中长期来看，河北省需要落实京津冀协同发展规划，借助区域技术成果优势，在维护产业链稳定的前提下，实现产业技术升级，迎合国内循环的需求，恢复消费活力。但是这对河北省传统产业调整提出了新的要求。另外，河北省需要抓住国际战略契机，扩大“一带一路”沿线合作，充分发挥钢铁、有色、石化与机械等重工化产业优势，构建经济“双循环”的发展新格局。基于以上分析预测河北省主要地级市 GDP（见图 7-17），河北省的经济增速在 2020—2025 年可保持在 6%左右，在 2025—2035 年将平稳下降到 5%左右。

2．产业结构持续优化，二产比重稳步降低

《河北省国民经济和社会发展第十三个五年规划纲要》提出到 2020 年服务业占增加值比重达到 45%的目标。在 2018 年，河北省的第三产业占 GDP 比重已经达到了 51.2%，超过“十三五”规划纲要提出的目标。2015—2017 年河北省第三产业年均增长率 7.9%，远高于“十三五”规划纲要提出的目标 4.8%，且由于在 2018 年河北省的第二产业波动较大，第三产业在河北省经济中的占比更是大幅提高。本研究预计，到 2020 年，河北省的第三产业占比会趋于稳定，调整到 49%左右，2035 年提高到 59%以上。预计到 2025 年，河北省各城市的第二产业比例均有所降低，调整到 27%～46%；到 2030 年，各城市的第二产业比例进一步调整到 20%～42%。

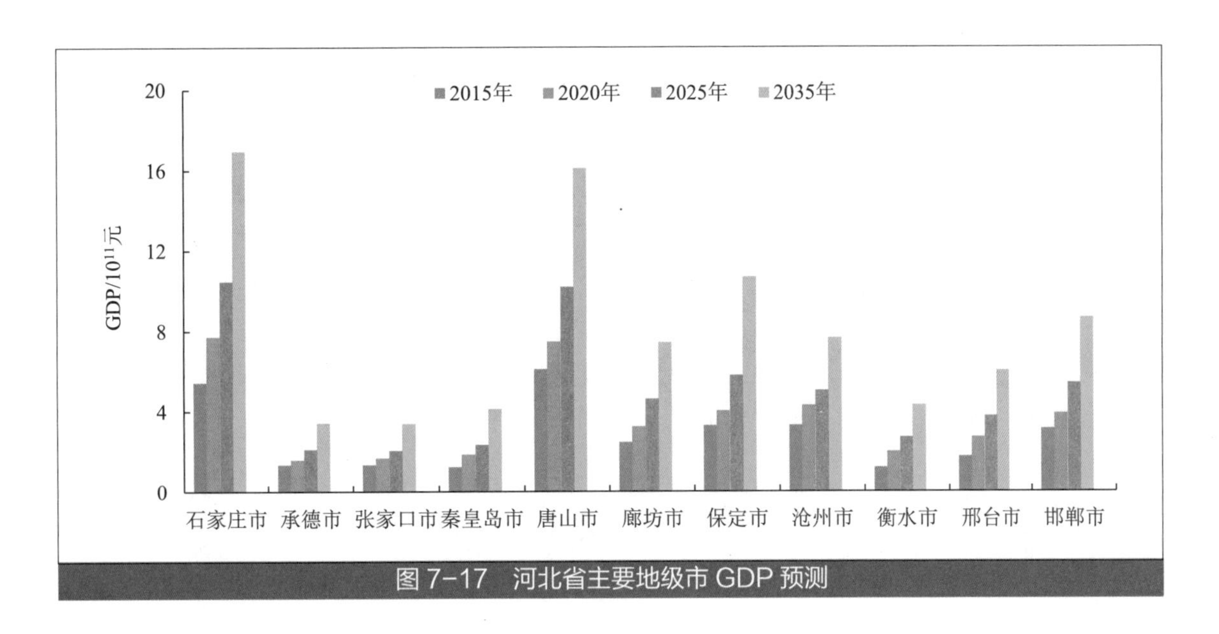

图 7-17　河北省主要地级市 GDP 预测

3. 重点产业发展与空间布局

根据《河北省国民经济和社会发展第十三个五年规划纲要》，河北省在“十三五”期间要改造提升传统产业，积极化解过剩产能，根据“关停、并转、搬迁、保留”等手段，到 2020 年钢铁、水泥、玻璃、焦炭产能分别控制在 2 亿 t、2 亿 t、2 亿重量箱、0.6 亿 t 左右；启动新一轮技术改造，以智能制造为主攻方向，引领河北产业向中高端迈进。培育壮大战略性新兴产业，大力发展先进装备制造、以大数据为重点的电子信息、生物医药、新能源、新材料、节能环保、新能源汽车等新兴产业。推进制造业智能化服务化，推动云计算、物联网、智能机器人等技术在生产过程中的应用，推进制造业与服务业融合。

《河北省国民经济和社会发展第十三个五年规划纲要》还指出，要优化产业布局，建设京津廊高新技术产业带，重点发展电子信息、高端装备、航空航天、生物医药等。建设沿海临港产业带，重点发展精品钢铁、成套重型装备、海洋工程装备、高端石化等；建设京广线先进制造产业带，重点发展汽车、生物医药、高端装备、电子信息、新能源、新材料等；建设京九线特色轻纺和高新技术产业带，重点发展绿色食品、纺织服装、智能制造等；建设张承绿色生态产业带，重点发展新能源、高端装备制造、特色农业及食品加工、以互联网大数据和文化旅游为主的现代服务业等。

2015—2020 年，由于产业转型发展，低端产业“去产能”的进行，河北省工业总产值在 2017 年前后出现了下滑。但本研究预计，河北省工业总产值在 2020 年前会逐渐恢复平稳发展，在“十四五”期间增速会达到 4.8%左右，到 2035 年逐渐放缓，2025—2035 年有望保持年均 3.8%左右的平稳增长率。河北省的采矿业、石化化工等能源资源行业处于萎缩趋势，但是采矿业依然会保留一部分产值。汽车制造、医药、装备制造、电子通信等行业由于在发展规划中的高定位，必将迎来高速发展。纺织业、造纸业迎来产业转型发展，会在以往的产值基础上有所增长。根据《河北省钢铁行业去产能工作方案（2018—2020 年）》，到 2020 年保定、廊坊、张家口成为“无钢市”，承德、秦皇岛市退出一半产能，大部分产能向沿海转移，形成“2310”格局，随着钢铁产业精品化发展，产值平稳增长。同时，河北省还计划将石化行业向沿海地区转移。

（二）人口与城镇化发展趋势

根据《河北省人口发展规划（2018—2035 年）》，河北省人口总量“在 2017 年 7 519.52 万人的基础上，2020 年调控到 7 700 万人左右，2035 年增加到 7 910 万人。”各阶段的人口增长率分别为 0.79%、0.27%、0.13%。根据《河北省人口发展规划（2018—2035 年）》，河北省“常住人口城镇化率稳步提升，在 2017 年 55.01%的基础上，2020 年达到 58%左右，2035 年达到 70%左右”。本研究结合河北省各区县 2010—2017 年人口趋势情况，预测了河北省各地市城镇人口（见图 7-18）和常住人口的变化情况。

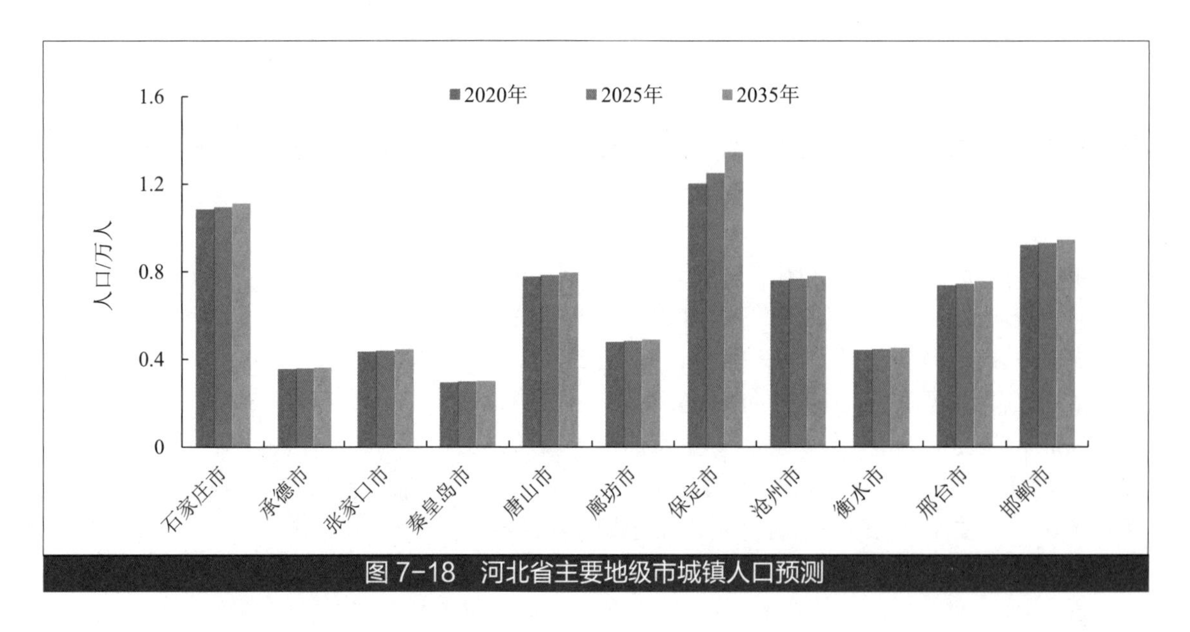

图 7-18 河北省主要地级市城镇人口预测

二、资源环境承载压力分析

未来京津冀地区的产业整体将接近“结构优化、布局合理、资源环境效率提高”的发展路径。区域整体的钢铁、冶金、建材、电力等高能耗、高污染产业的规模将得到控制，尤其是粗钢、水泥、平板玻璃、焦炭、煤炭消费量的产能将进一步降低。本研究由此判断，由于工业生产导致的资源环境冲突将逐步减缓，但是装备制造业和新兴产业的发展可能造成新的污染。根据地区产业调控思路，该地区在促进传统产业基地优化升级的同时，积极鼓励发展先进装备制造、电子信息制造、新材料、新能源和生物制药等产业的发展，同时，随着沿海曹妃甸石化、天津石化和沧州石化产业规模的扩大，该地区将面临挥发性有机物、电子废弃物等新型污染物排放增加的压力。

虽然产业结构调整会提高资源环境效率，缓解资源环境压力，但产业规模的大幅扩张无疑会增大环境压力。2017 年，河北省的第二产业增加值 1.6 万亿元，到 2020 年，河北省的第二产业增加值预计会达到 2 万亿元左右，较 2017 年增长 26.5%，到 2035 年，河北省第二产业增加值将较 2020 年增长一倍，达到 4.4 万亿元左右。河北省如果在 2020 年要保证能源、水资源承载压力不高于现状，单位 GDP 能耗和万元工业增加值水耗分别需要优化到 0.70 t 标准煤/万元、12.47 m^3/万元；到 2035 年分别需要优化到 0.7 t 标准煤/万元、5.70 m^3/万元，改善压力巨大。环境改善压力日益升高，污染物减排难度持续升高，2020 年河北省设市区 $PM_{2.5}$ 浓度较 2017 年降低 24%，达到 49 μg/m^3，在实现经济大幅增长的情况下，到 2020 年颗粒物减排要达到 26%，到 2035 年环境质量实现根本好转，减排比例进一步提高到 48%，在现有锅炉淘汰、散煤治理、重工化整治等减排工作深入开展的情况下，寻找更大的减排潜力，又是另一大难题。

第四节　生态环境保护总体目标及战略功能分区

一、生态环境保护目标

（一）总体目标

基于上述分析，本研究提出河北省“三线一单”生态环境分区管控的生态环境保护总体目标是，践行生态文明理念，改善全省生态环境质量、促进资源可持续利用、维护海陆生态安全为总体目标，打造美丽河北。按照时期进行划分，各阶段的生态环境保护目标如下。

到 2020 年，充分落实蓝天保卫战、“碧水”行动、“净土”计划及其他生态环境规划文件等要求，主要污染物排放总量大幅减少，资源高效利用，环境质量持续改善，生态环境、人居安全得到充分保障，推动地区绿色高质量发展，决胜全面建成小康社会。

到 2025 年，生态环境治理措施强化推进，突出生态环境问题得到有效控制，生态环境进一步改善，环境风险有效控制，环境治理体系和治理能力现代化取得重大提升，打造山水林天湖草海一体化生态系统格局。

到 2035 年，全省生态环境质量实现根本好转，重点问题得到全面解决，建成碧水、蓝天、净土的美丽河北。

（二）具体指标

河北省“三线一单”生态环境分区管控的生态环境保护目标具体如下。

到 2020 年，全省设区城市细颗粒物 $PM_{2.5}$ 平均浓度较 2015 年下降 36%或更多，较 2017 年下降 24%或更多，达到 49 μg/m^3，优良天数比例达到 63%以上；地表水国考断面优良（III类以上）比例达到 45%以上，劣Ⅴ类水体断面比例控制在 20%以内；近岸海域优良海水比例达 87.5%以上；受污染耕地安全利用率达到 91%左右，污染地块安全利用率达到 90%以上；生态保护红线面积占全省土地面积比例维持在 20.49%，自然岸线占比达到 35%以上。能源利用总量控制在 3.3 亿 t 标准煤，煤炭总量控制在 2.85 亿 t；水资源利用总量控制在 220 亿 m^3，地下水开采量控制在 104.6 亿 m^3，遏制地下水超采。

到 2025 年，$PM_{2.5}$浓度进一步降低到 44μg/m^3，优良天数比例达到 68%以上；地表水国考断面优良（Ⅲ类以上）比例达到 55%以上，劣Ⅴ类水体断面比例控制在 2%以内；近岸海域优良海水比例达 90%以上；受污染耕地安全利用率达到 92%左右，污染地块安全利用率达到 92%以上；重要生态功能区域生态功能不降低、面积不减少、性质不改变。能源利用总量控制在 3.8 亿 t 标准煤，煤炭总量控制在 2.85 亿 t 以内；水资源利用总量控制在 199.9 亿 m^3，地下水开采量控制在 95.6 亿 m^3，地下水超采得到进一步缓解。

到 2035 年，全省大气环境实现根本好转，$PM_{2.5}$达到 35 μg/m^3，优良天数比例达 80%以上；地表水国考断面优良（Ⅲ类以上）比例达 60%以上，基本消除劣Ⅴ类水体；近岸海域优良海水比例达 93%以上；受污染耕地安全利用率和污染地块安全利用率分别达 97%和 97%以上；重要生态功能区域生态功能不降低、面积不减少、性质不改变。资源利用总量缓慢增长，效率水平得到大幅提升，实现水资源与水环境、能源与大气环境、岸线与海洋环境的协同管控。

二、生态环境保护战略功能分区与重点

本研究综合协调地区发展与生态环境安全格局保护要求，统筹主体功能区划、生态环境功能定位要求，考虑京津冀协同发展规划和城镇体系格局，划定了河北省战略功能分区。河北省的战略功能分区包括冀西北生态涵养区、环京津核心功能区、沿海率先发展区、冀中南功能拓展区，以下简称"战略功能区"。本研究分析了各战略功能区的发展定位、生态环境问题，初步提出区域调控导向（见表 7-1），作为后续详细分析的基础。

表 7-1 河北省各战略功能区研判

分区	区县	发展定位	生态环境问题	调控导向
冀西北生态涵养区	张家口 承德	①生态保障、水源涵养、旅游休闲、绿色产品供给； ②京津冀生态安全屏障和国家生态文明先行示范区； ③冬奥会发展区	①大气、水环境全省最优，生态功能的核心区； ②企业、园区布局对生态功能区的扰动较大，仍分布有钢铁等重工产业，生态防护与污染防治需要加强； ③地区内水资源、能源利用效率水平普遍不高	①突出生态功能核心地位，明确生态空间； ②加强生态空间安全防护，减缓受生活、生产布局影响； ③针对自然保护区、森林公园等生态空间内问题，提出整改、退出计划； ④加强地区钢铁等行业管控，调整钢铁行业规模； ⑤强化尾矿库、矿区风险防护
环京津核心功能区	廊坊 保定 定州 雄安新区	①非首都功能承接区、科技成果转化； ②"雄安新区"国家战略； ③京津冀协同发展核心区； ④京津人居安全保障区	①区域内保定市空气质量最差，在全国空气质量排名中，倒数第 3 位；廊坊市受外源影响突出，贡献比例高达 59%； ②企业数量多，规模小而分散，存在有钢铁、建材及化工等多个行业； ③白洋淀水质长期为中度污染，处于Ⅳ类水质以下，稳定达标难度高	①突出雄安、京津人居安全保障，加强白洋淀流域生态环境建设； ②要求高标准、高要求建设； ③加强现有企业污染治理、整合，逐步转变发展模式； ④加强白洋淀流域水环境污染整治与水生态建设

分区	区县	发展定位	生态环境问题	调控导向
沿海率先发展区	秦皇岛 唐山 沧州	①生态环境保护协调的滨海产城发展区，全省开放性经济引领区和沿海增长极； ②全国及河北省石化、精品钢重工产业基地	①空气质量整体相对较好，以唐山环境污染最为突出，位列全国后10位； ②钢铁、石化化工的集聚发展区，污染物排放总量大； ③区域内黑龙港运东水系、子牙河水质污染超标严重，入海口水环境污染超标率高，沧州地区高达80%，导致沧州近岸海域污染极为严重； ④岸线退化严重，受港口、沿海工业等人工干扰影响，自然岸线为35.5%，滨海湿地面积已不足新中国成立初期30%，自然湿地占滨海湿地比重由20世纪50年代的97%降至50%，人工湿地面积剧增	①优化沿海经济发展，强化重化工产业管控；海陆统筹，强化海洋生态环境保护，打造沿海经济增长极； ②钢铁、石化、化工等重化工行业控规模、优布局，产业基地建设，对接国家、国际先进水平，高标准要求； ③加强沿海岸线生态防护，岸线开发与保护兼具； ④加强近岸海域水环境整治，海陆统筹，保障入海口水质达标，加强直排口、港区污染排放管控及海洋风险防控
冀中南功能拓展区	石家庄 辛集 衡水 邢台 邯郸	强化先进装备及高新技术产业制造、科技成果转化、农副产品供给 铁路交通枢纽，物流基地 城乡统筹发展示范区主要承载区	①大气环境污染的重度区，区域内石家庄、邯郸、邢台均处于全国空气质量排名后10位； ②区域内以钢铁、医药化工、建材行业为主导，企业数量繁多、规模小、布局分散，除衡水市外均布局有钢铁企业，污染贡献突出； ③水环境问题尤为突出，国省级超标监测点位多分布在此，区域内黑龙港运东、子牙河水系长期均为重度污染，河流断流问题较为突出； ④全省地下水漏斗的重灾区，全域将60%以上的区域处于地下水超采区，其中衡水市高达100%	①调结构、促转型、提效率，加快推动绿色产业经济发展，加强大气、水环境专项整治，强化地下水开采管控； ②针对钢铁、化工、医药、建材等重化工行业，强化规模、布局及效率管控；加强橡胶、塑料、皮毛（革）等小型分散化行业，加强集聚化、设施化及标准化要求； ③强化大气专项整治，点面结合，从能源结构、交通、扬尘及工业等多角度整治； ④以流域为基础，统筹上下游，从生态流量、生活、工业点源及农业、畜禽、城市面源提出管控要求； ⑤加强地下水管控，明确地下水压采总量，针对地下水超采区，明确地下水削减及效率管控要求等

冀西北生态涵养区覆盖张家口、承德地区，是京津冀重要生态功能核心区，该区重点提供生态保障、水源涵养、旅游休闲、绿色产品供给等功能。该区域陆域生态保护红线集中，涵盖坝上高原生态防护区、燕山—太行山生态涵养区。未来该区域的生态环境压力会进一步聚集到重点产业园区，例如，承德双滦钒钛冶金产业集聚区、宽城经济开发区、蔚县经济开发区等。河北省需要重点突出张承地区生态保护的优先地位，减缓城镇开发和产业布局对生态空间的影响，强化空间管控。

环京津核心功能区覆盖雄安新区、廊坊、保定、定州地区，是未来京津冀地区的核心战略发展区之一，也是区域发展与生态环境保障并行区。在发展方面，该区域涵盖国家重点及优先开发地区，重点负责打造京津城市功能转移、科技成果创新、转化、国家千年大计等战略。在生态环境方面，环京津、雄安新区的人居安全敏感性突出，西部太行山和白洋淀生态环境安全保障要求高。环京津核心功能区实行了严格的产业准入标准和高污染高能耗产业的转移淘汰政策，该功能区面临的来自工业发展的资源环境压力将大大减缓，未来的环境压力将主要来自居民生活和交通污染。随着雄安新区的建设，该区人口规模将大大提高，生活用水和水污染压力增大，白洋淀流域水质整体改善的难度升高。区域内仍存在空气质量差、白洋淀水质长期超标、企业发展散乱等诸多问题。该区域是京津冀的两翼地区，需要重点突出人居风险防护的定位，强化治理现有企业污染、调整产业结构，加强重点河湖污染防治等管控要求。

沿海率先发展区覆盖秦皇岛、唐山、沧州地区，是京津冀地区整体能源重化工产业的重点承接地区。在其现有规模基础上，石化产业、装备制造业以及沧州地区的钢铁产业的规模将进一步提高。同时，为了配套地区产业发展，该区还将产生大量的人口和交通流，因此可以预判该类地区的资源环境压力有加大的可能，给局地环境质量改善、近岸海域环境质量、海岸线生态保护、环境污染风险防控等均提出较高要求。河北省需要突出该区域海陆统筹、高标准建设的定位，保护沿海生态空间，优化海陆发展格局，引导钢铁、石化等重工化产业优布局、控规模，加强海洋环境治理和风险防护等管控要求。

冀中南功能拓展区覆盖石家庄、衡水、邢台、邯郸、辛集地区，是京津冀重要产业基地、农产品基地、新型城镇化的示范区。从发展态势来看，该区域未来能源基础原材料产业规模将受到更多的管控，但食品加工、服装以及一般制造业规模仍将扩大。该区域面临空气质量大面积超标、河流水质长期超标、地下水漏斗突出、传统产业转型难度大等问题，部分区域水环境污染和土壤污染防治难度加大。河北省在治理保护该区域的生态环境时，需要重点突出现代工业体系建设，补强城镇化短板的定位，提升改造钢铁、医药化工及建材等传统产业，调结构、优布局、控规模，完善基础设施建设、锅炉双代工作、农业种植结构。

第八章

生态保护红线及生态空间管控

第一节　陆域生态系统评价

本研究按照《“三线一单”编制技术指南（试行）》要求，结合河北省实际情况，选取水源涵养、水土保持、防风固沙、生物多样性维护 4 种生态功能和水土流失、土地沙化两种生态环境敏感性进行了评价。

一、水源涵养生态功能评价

评价水源涵养功能重要性时，水源涵养量是重要评估指标。本研究采用水量平衡方程来计算水源涵养量。首先，将水源涵养量模型计算结果进行归一化处理，得到归一化后的水源涵养量栅格图。其次，导出栅格数据属性表，将水源涵养量按从高到低的顺序排列，计算累加水源涵养量值。再次，将累加值占总值比例的 50%与 80%所对应的栅格值，作为水源涵养功能评估分级的分界点。最后，利用地理信息系统软件的重分类工具，将水源涵养功能重要性分为极重要、重要和一般 3 个级别。

经计算，河北省水源涵养功能极重要区面积为 15 953.80 km^2，占全省土地面积的 8.45%，分布在北部的燕山山脉地区和西部的太行山区沿线，承德市、唐山市和秦皇岛市北部山区，石家庄市、邢台市、邯郸市西部山区。河北省水源涵养功能重要区面积为 23 147.27 km^2，占全省土地面积的 12.26%，主要分布在燕山水源涵养极重要区周围、太行山区北部、东部平原和沿海地区，包括唐山市和秦皇岛市南部、沧州市中部和东部、廊坊市北部、保定市北部等地。河北省水源涵养功能一般区面积为 149 744.72 km^2，占全省土地面积的 79.29%。一般区分布范围较广，集中分布在张家口市、保定市中部和东部以及衡水市全域、邢台市东部和邯郸市中部等平原地区。

二、水土保持生态功能评价

水土保持量指潜在土壤侵蚀量与实际土壤侵蚀量的差值，本研究以此作为水土保持功能重要性的评估指标，采用通用的水土流失方程（USLE）进行水土保持功能评估。首先，本研究组将水土保持量模型计算结果进行归一化处理，得到归一化后的水土保持量栅格图。其次，导出栅格数据属性表，将水土保持量按从高到低的顺序排列，计算累加水土保持量值。进一步将累加值占总值比例的 50%与 80%所对应的栅格值，作为水土保持功能评估分级的分界点。最后利用地理信息系统软件的重分类工具，将水土保持功能重要性分为极重要、重要和一般 3 个级别。

本研究结果表明，河北省水土保持功能极重要区面积为 36 740.8 km^2，占全省土地面积的 19.45%，主要分布于河北省西部和北部的燕山与太行山地区。燕山地区水土保持功能极重要区主要在承德市全域、唐山市和秦皇岛北部；太行山水土保持功能极重要区主要在保定市、石家庄市、邢台市和邯郸市西部。河北省水土保持功能重要区面积为 35 224.48 km^2，占全省土地面积的 18.65%，主要分布于太行山与燕山极重要区周围，此外，在衡水市、廊坊市及沧州市的平原地区也有分布。河北省水土保持功能一般区面积为 116 880.08 km^2，占全省土地面积的 61.90%，主要分布在坝上地区和中东部平原地区，集中在张家口市西部、唐山市南部、沧州市东部、保定市东部、衡水市西部和廊坊市大部分地区。

三、防风固沙生态功能评价

防风固沙量指潜在风蚀量与实际风蚀量的差值，本研究以此作为防风固沙功能重要性的评估指标，采用修正风蚀方程计算了河北省的防风固沙量。首先，将防风固沙量模型计算结果进行归一化处理，得到归一化后的防风固沙量栅格图。导出栅格数据属性表，将防风固沙量按从高到低的顺序排列，计算累加防风固沙量值。其次，将累加值占总值比例的 50%与 80%所对应的栅格值，作为防风固沙功能评估分级的分界点。最后，利用地理信息系统软件的重分类工具，将防风固沙功能重要性分为极重要、重要和一般 3 个等级。

本研究结果表明，河北省防风固沙功能极重要区面积为 10 760.65 km^2，占全省土地面积的 5.75%。极重要区整体分布较少，集中在太行山区北部与燕山地区，主要涉及承德市西部、张家口市东部、保定北部、石家庄市西北部，另外，邢台市和邯郸市西部、承德市北部和中部、秦皇岛市东部。河北省防风固沙功能重要区面积为 24 519.87 km^2，占全省土地面积的 13.11%。重要区分布范围和极重要区相似，集中分布在极重要地区的周围。河北省防风固沙功能一般区面积为 151 816.33 km^2，占全省土地面积的 81.14%。一般区分布较为广泛，除承德市西部、张家口市东部、保定北部等小范围分布的极重要区和重要区外，在河北省其他各市均有大面积分布。

四、生物多样性功能评价

本研究以生物多样性维护服务能力指数作为评估指标，基于生境多样性的方法，对河北省的生物多样性维护功能重要性进行了计算。首先，将生物多样性服务能力指数进行归一化处理，得到归一化后的生物多样性维护栅格图。其次，导出栅格数据属性表，将生物多样性维护服务能力指数按从高到低的顺序排列，计算累加生物多样性维护服务能力指数值。再次，将累加值占总值比例的 50%与 80%所对应的栅格值，作为生物多样性维护功能评估分级的分界点。最后，利用地理信息系统软件的重分类工具，将生物多样性维护功能重要性分为极重要、重要和一般 3 个等级。

本研究结果表明，河北省生物多样性维护功能极重要区面积为 18 551.59 km^2，占全省土地面积的 9.82%，主要分布在燕山和太行山沿线，涉及承德市南部、秦皇岛市北部、保定市西部、石家庄市西部、邢台市西部和邯郸市西部。此外，在唐山市、沧州市和衡水市也有分布。重要区面积为 11 486.96 km^2，占全省土地面积的 6.08%，主要分布在极重要区周围，与极重要区分布基本一致，集中在燕山和太行山沿线。一般区面积为 158 807.81 km^2，占全省土地面积的 84.10%，主要分布在广大平原地区、坝上地区和张家口市西南部。

五、水土流失敏感性评价

根据土壤侵蚀发生的动力条件，水土流失类型主要有水力侵蚀和风力侵蚀两种。以风力侵蚀为主带来的水土流失敏感性将在土地沙化敏感性中进行评估，本节主要对水动力为主的水土流失敏感性进行评估。本研究以土壤侵蚀量作为水土流失敏感性的评估指标，采用了通用的水土流失（USLE）方程进行水土流失敏感性评估。利用 ArcGIS 的重分类模块，结合专家判断，将水土流失敏感性评估结果分为极敏感、敏感和一般 3 个等级。

河北省水土流失极敏感区面积为 2 660.84 km^2，占全省土地面积的 1.41%。主要沿太行山分布，但是较为分散，分布较为聚集的地区出现在邯郸市西部、邢台市西部、保定市西部和张家口市东部。敏感区面积为 75 475.82 km^2，占全省土地面积的 39.97%，主要分布在燕山、太行山地区，张家口市东部、沧州市和唐山市沿海地带。一般区面积为 110 708.71 km^2，占全省土地面积的 58.62%，主要分布在广大平原和坝上地区。此外，在张家口市西部，承德市东部也有分布。

六、土地沙化敏感性评价

本研究选取了干燥指数、起沙风天数、土壤质地、植被覆盖度组成土地沙化敏感性指数，评估河北省土地沙化敏感性程度。利用 ArcGIS 的重分类模块，结合专家知识，将土地沙化敏感性评估结果分为极敏感、敏感和一般 3 个等级。

本研究表明，河北省土地沙化极敏感区面积为 10 465.08 km^2，占全省土地面积的 5.54%，主要分布在张家口市大部和保定市北部地区。敏感区面积为 72 326.75 km^2，占全省土地面积的 38.30%，主要分布在坝上高原、太行山沿线和沿海地区，涉及承德市大部，保定市西部，石家庄市、邢台市、邯郸市西部，沧州市、唐山市沿海地区。一般区面积为 106 053.54 km^2，占全省土地面积的 56.16%，主要分布在广大平原地区。此外，在唐山市、秦皇岛市大部和承德市东部也有分布。

第二节　生态保护红线

一、陆域生态保护红线

根据《河北省人民政府关于发布〈河北省生态保护红线〉的通知》，河北省的陆域生态保护红线面积为 38 633.18 km²，占土地面积的 20.49%。全省陆域生态保护红线涵盖了河北省大部分水土保持、水源涵养、防风固沙、生物多样性维护功能极重要区，土地沙化、水土流失极敏感区。待生态保护红线评估调整和正式发布后，本研究将根据具体数据和最新成果进行调整和完善。

陆域生态保护红线分布类型大致分为 4 类，主要包括坝上高原防风固沙—土地沙化敏感陆域生态保护红线、燕山水源涵养—生物多样性维护陆域生态保护红线、太行山水土保持—水土流失敏感陆域生态保护红线和河北平原河湖滨岸带敏感陆域生态保护红线。

二、海洋生态保护红线

根据《河北省海洋生态红线》划定成果，河北省将海洋保护区的核心区、缓冲区以及海洋特别保护区的重点保护区和预留区为禁止类红线区，纳入了海洋生态保护红线区，总面积 31 135.27 hm²，占全省管辖海域面积的 4.31%。具体数据待生态红线评估调整和正式发布后更新。

第三节　生态空间划定

一、陆域生态空间划定

（一）重要生态功能区识别

河北省各类自然保护地主要涉及 36 处自然保护区、51 处风景名胜区、104 处森林公园、54 处湿地公园、19 处地质公园、18 处主要饮用水水源地保护区。

（二）生态空间划定

本研究采用地理信息系统空间分析技术，在统一的投影坐标系统下，将水源涵养、水土保持、防风固沙、生物多样性维护、水土流失、土地沙化 6 类生态功能评估结果中的极重要、重要、极敏感和敏感区域进行叠加除重，得出河北省生态保护重要性评估数据。然后用河北省各类自然保护地校验校核结果，最终得出结果：河北省生态空间面积为 70 809.85 km²，占全省陆域土地面积的 37.53%，主要分布在张家口、承德、石家庄、秦皇岛、保定、唐山、邯郸、邢台等地区。

（三）陆域生态空间协调性分析

1. 与主体功能区划协调

主体功能区划根据资源环境承载能力、现有开发强度、发展潜力，将国土空间划分为优化开发区域、重点开发区域、限制开发区域（农产品主产区、重点生态功能区）、各类自然保护地。其中，国家重点生态功能区涉及河北省的坝上高原地区，是国家浑善达克沙漠化防治生态功能区的一部分。省级重点生态功能区包括冀北燕山山区和冀西太行山山区。在河北省主体功能区中，优化开发、重点开发、限制开发区域分别涉及 36 个、62 个、95 个县（市、区），其中涉及生态空间的县（市、区）分别为 35 个、53 个、95 个。本研究陆域生态空间与河北主体功能区划协调性较好。

2. 与生态功能区划协调

河北省生态功能区划中包括 4 大生态区，10 个生态亚区，31 个生态功能区。本研究陆域生态空间划定结果涉及 18 个生态功能区，与河北生态功能区划协调一致。

二、海洋生态空间划定

本研究识别了河北省海洋重要生态功能区，主要包括《河北省海洋生态红线》限制类红线区、河北省一类水质海域和国家级水产种质资源保护区。其中《河北省海洋生态红线》限制类红线区包括自然岸线、海洋自然保护区的实验区、重要河口生态系统、重要滨海湿地、重要渔业海域、自然景观与历史文化遗迹、重要滨海旅游区、重要砂质岸线及沙源保护海域。河北省一类水质海域包括《河北省海洋功能区划》《秦皇岛市海洋功能区划》《唐山市海洋功能区划》《沧州市海洋功能区划》中执行一类海水水质、海洋沉积物和海洋生物质量标准的海域。河北省国家级水产种质资源保护区包括秦皇岛海域国家级水产种质资源保护区、昌黎海域国家级水产种质资源保护区、南戴河海域国家级水产种质资源保护区、山海关海域国家级水产种质资源保护区、辽东湾渤海湾莱州湾国家级水产种质资源保护区渤海湾核心区、祥云岛海域国家级水产种质资源保护区、曹妃甸中华绒螯蟹国家级水产种质资源保护区。

本研究首先将生态红线区及重要的生态功能区进行叠加，然后扣除港口及工业城镇用海，确定海洋生态空间。本研究共划定了 3 069.52 km^2 的海域生态空间，占全省海域面积的 42.47%，涉及生态空间的岸线长 97 201 m，占河北省岸线 20.05%。

第四节　一般生态空间划定

一、陆域一般生态空间划定

本研究采用了地理信息系统空间分析技术，在统一的投影坐标系统下，将水源涵养、水土保持、防风固沙、生物多样性维护、水土流失、土地沙化 6 类生态功能评估结果中的极重要、重要、极敏感和敏感区域进行叠加除重，得出河北省生态保护重要性评估数据。然后，用河北省各类自然保护地校验校核结果，并抠除陆域生态保护红线，最终得到一般生态空间（见图 8-1）。结果表明，河北省陆域一般生态空间总面积为 32 176.67 km^2，占陆域面积的 17.05%。

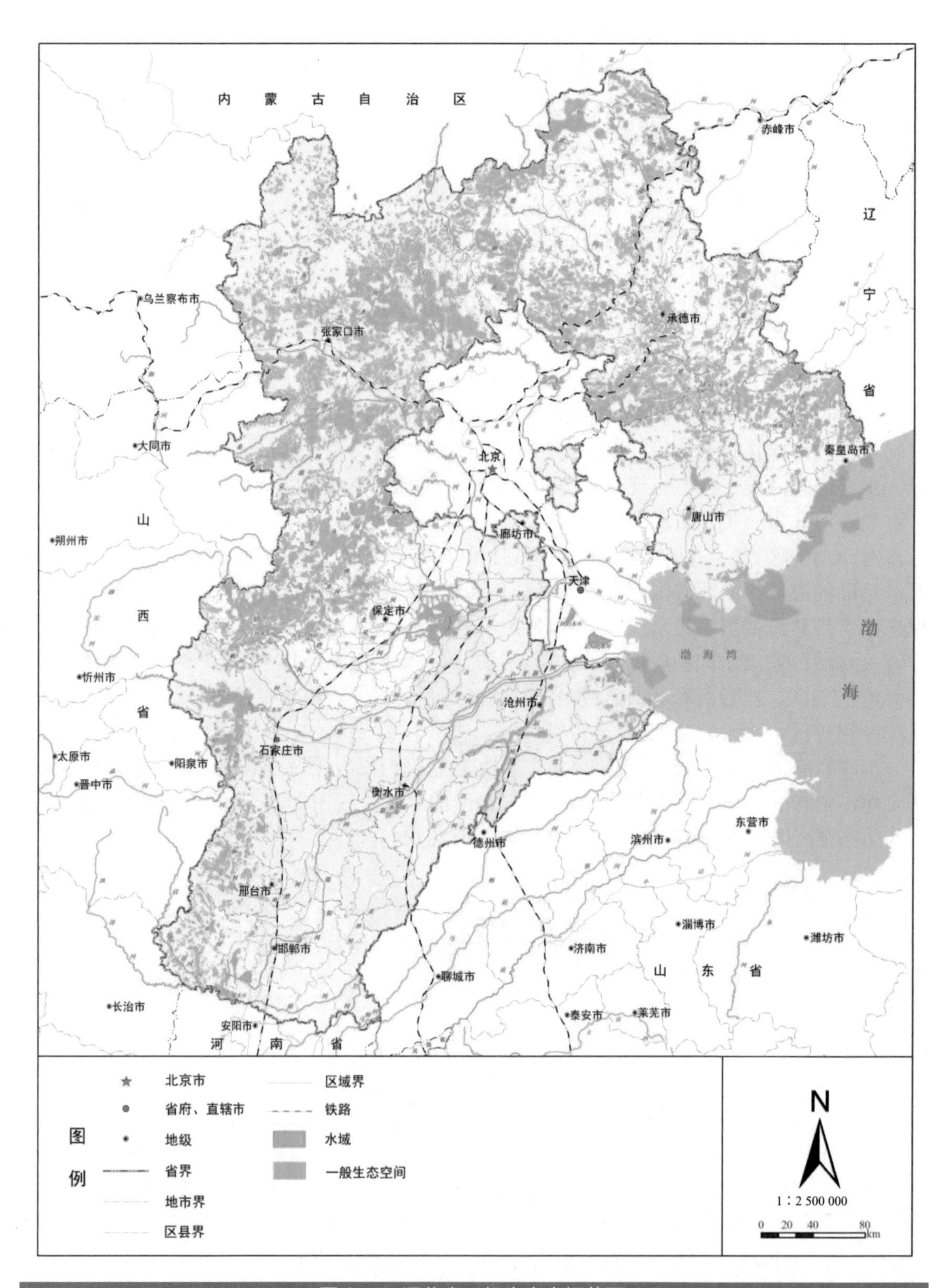

图 8-1 河北省一般生态空间范围

二、海洋一般生态空间划定

本研究将除海洋生态保护红线以外的海洋生态空间划为一般生态空间，包括除港口用海、工业与城镇用海区外的限制类红线区，以及国家级水产种质资源保护区及一类水质区域。河北省海洋一般生态空间面积合计 2 758.16 km^2，占河北省海域面积的 38.16%，涉及的岸线长 97 201 m，占全省岸线总长度的 20.05%。其中秦皇岛市一般海域生态空间面积 830.12 km^2，占秦皇岛市海域面积 45.98%；岸线长 78 316 m，占秦皇岛市岸线长度的 48.14%。唐山市一般海域生态空间面积 1 628.8 km^2，占唐山市海域面积 36.46%；自然岸线长 12 152 m，占唐山市岸线长度的 5.29%。沧州市一般海域生态空间面积 299.24 km^2，占沧州市海域面积 31.31%；自然岸线长 6 733 m，占唐山市岸线长度的 7.28%。

第五节 分区管控要求

一、陆域生态空间管控要求

本研究依据中共中央办公厅、国务院办公厅印发的《关于划定并严守生态保护红线的若干意见》《关于在国土空间规划中统筹划定落实三条控制线的指导意见》及各类自然保护地管理条例等要求，结合生态空间划定过程中识别出的问题，从河北省全省、战略功能分区、分地市 3 个尺度对陆域生态保护红线和一般生态空间提出了相应的管控要求。

（一）生态保护红线

生态保护红线严禁不符合主体功能定位的各类开发建设活动，禁止城镇建设、工业生产等活动，严禁任意改变用途，确保生态功能不降低、面积不减少、性质不改变。《关于在国土空间规划中统筹划定落实三条控制线的指导意见》明确指出，除国家重大战略项目之外，在符合现行法律法规的要求下，可以进行有限人为活动。这 8 类活动包括：①零星的原住民在不扩大建设用地和耕地规模的前提下，修缮生产生活设施，保留生活必需的少量种植、放牧、捕捞、养殖；②因国家重大能源资源安全需要开展的战略资源的勘查、公益性自然资源调查和地质勘探；③自然资源、生态环境监测和执法包括水文水资源监测及涉水违法事件的查处等，灾害防治和应急抢险活动；④经依法批准的非破坏性科学研究观测、标本采集；⑤经依法批准的考古调查发掘和文物保护；⑥不破坏生态功能的适度旅游参观和相关必要的设施；⑦必须且无法避让、符合县级以上国土空间规划的线性基础设施、防洪和供水设施建设与运行维护；⑧重要的生态修复工程。

（二）各类自然保护地

对于生态保护红线外的自然保护区、风景名胜区、森林公园等法定自然保护地，河北省应严格遵循自然保护地相关法律法规的管理要求。

（三）一般生态空间

河北省应当按照限制性开发管理要求，制定分区分类管控要求，严格控制建设活动范围和强度，确保人类活动符合相应地区的生态功能定位，保证各地区的结构和主要功能不受破坏。本研究梳理了陆域生态空间管控对象及总体要求，如表 8-1 所示。

表 8-1　陆域生态空间管控对象及总体要求

划定内容	属性	保护对象	生态保护红线	一般生态空间
禁止开发区	自然保护区	36 个	生态保护红线总体管控要求	严格依照条例要求
	地质公园	19 个		严格依照条例要求
	风景名胜区	51 个		严格依照条例要求
	森林公园	104 个		严格依照条例要求
	水源保护区	18 个		严格依照条例要求
	湿地公园	54 个		严格依照条例要求
生态系统服务功能重要和极重要区	水源涵养区	燕山—太行山生态涵养区 坝上高原生态防护区 河北平原地区	禁止开发	限制开发
	水土保持区		禁止开发	限制开发
	生物多样性保护区		禁止开发	限制开发
	防风固沙		禁止开发	限制开发
生态系统敏感和极敏感区	水土流失		禁止开发	限制开发
	土地沙化		禁止开发	限制开发

在维持区域现有生态功能的前提下，针对现有矿区、已取得合法矿业权的矿区，允许适度矿产资源开发活动，要明确生态保护和修复的具体要求，达到绿色矿山标准；严格控制新增矿产资源开发活动，加强新建矿区开发论证，对区域生态环境影响突出，论证不通过的项目，禁止开发。针对位于生态保护红线与各类自然保护地周边的一般生态空间，禁止新设矿业权或新建矿区，存量的合法矿业权、矿区要明确具体的管控要求。

对于一般生态空间中水源涵养区、水土保持区、生物多样性区、防风固沙区等重要生态功能区，建议参照《全国主体功能区规划》《全国生态功能区规划》等重要生态功能区相关法律法规及政策文件要求管控，加强不符合地区生态功能建设活动管控。

二、海洋生态空间管控要求

本研究建议，河北省应按照国家及省内相关要求，构建省域生态安全格局，保障海洋生态环境安全，加强一般生态空间开发建设活动管控。本研究梳理了海洋一般生态空间的管控要求，如表 8-2 所示。

（一）海洋生态保护红线管控要求

河北省需要在保障海洋生态安全底线的前提下，依据不同类型的海洋生态红线，对各类开发活动进行分类管控。省政府应依据《河北省海洋生态红线》中的管控措施，对海洋生态红线中的各类生态空间进行管理，并明确秦皇岛市和唐山市海洋生态保护红线的管控要求，禁止在海洋保护区的核心区、缓冲区建设生产设施和进行工程建设，无特殊原因时禁止任何单位或个人进入。

（二）海域一般生态空间

在保障海洋生态安全底线的前提下，河北省需要依据不同类型的生态空间，对区内各类开发活动实施分类管控措施。本研究明确了秦皇岛市、唐山市和沧州市海洋一般生态空间的管控要求。

表 8-2　海洋一般生态空间管控要求

类型			管控要求	来源
限制类红线区	自然岸线	禁止类	禁止在海岸退缩线（海岸线向陆一侧 500 m 或第一个永久性构筑物或防护林）内和潮间带构建永久性建筑、围填海、挖沙、采石等改变或影响岸线自然属性和海岸原始景观的开发建设活动 禁止新设陆源排污口	《河北省海洋生态红线》
		限制类	严格控制陆源污染排放	
		退出类	清理不合理岸线占用项目，实施岸线整治修复工程，恢复岸线的自然属性和景观	
	海洋保护区实验区	限制类	自然保护区的实验区和特别保护区的资源恢复区、环境整治区内实施严格的区域限批政策，严控开发强度，不得建设有污染自然环境、破坏自然资源和自然景观的生产设施及建设项目 实施严格的水质控制指标，严格控制河流入海污染物排放，执行一类海水水质、海洋沉积物和海洋生物质量标准	
		退出类	海洋保护区建设与管理，维护、恢复、改善海洋生态环境和生物多样性，保护自然景观 在生态受损区域，实施海域海岛海岸带保护与整治修复，保护与恢复海洋生态环境	
	重要河口生态系统	禁止类	禁止开展采挖海砂、围填海、设置直排排污口等破坏河口生态功能的开发活动	《河北省海洋生态红线》
		限制类	实施严格的水质控制指标，严格控制河流入海污染物排放	
		退出类	在受损退化的重要河口，采用河口人工湿地构建、上游综合治理、河口清淤、清障等工程措施，修复受损河口生境和自然景观，逐步恢复河口生态系统功能，保障行洪安全	
	重要滨海湿地	禁止类	禁止开展围垦、填海造陆、城市建设开发等改变湿地自然属性、破坏湿地生态系统功能的开发活动	《河北省海洋生态红线》
		限制类	现状滨海湿地养殖区应依据环境容量控制养殖规模，实行生态化养殖；实施严格的水质控制指标，严格控制河流入海污染物排放	
		退出类	在受损的滨海湿地，综合运用生态廊道、退养还湿、植被恢复、海岸生态防护等手段，恢复湿地生态系统功能	
	重要渔业海域	禁止类	禁止围填海、截断洄游通道、设置直排排污口等开发活动，在重要渔业资源的产卵育幼期禁止从事捕捞、爆破作业以及其他可能对水产种质资源保护区内生物资源和生态环境造成损害的活动	《河北省海洋生态红线》
		限制类	实施养殖区综合整治，合理布局养殖空间，控制养殖密度，防治养殖自身污染和水体富营养化，加强水产种质资源保护，防止外来物种侵害，维持海洋生物资源可持续利用，保持海洋生态系统结构和功能稳定 执行一类海水水质质量、海洋沉积物和海洋生物质量标准	
		退出类	在渔业资源退化的重要渔业区域，采取人工鱼礁、增殖放流、恢复洄游通道等措施，有效恢复渔业生物种群	

类型		管控要求		来源
限制类红线区	自然景观与历史文化遗迹	禁止类	禁止设置直排排污口、爆破作业等危及历史文化遗迹安全、有损海洋自然景观的开发活动	《河北省海洋生态红线》
		退出类	推进以自然景观与历史文化遗迹为保护对象的海洋特别保护区（海洋公园）建设，保护历史文化遗迹、独特地质地貌景观及其他特殊原始自然景观完整性 实施基岩岸滩、砂质岸滩综合整治，恢复、改善海洋环境和自然景观	
	重要滨海旅游区	禁止类	禁止开展污染海洋环境、破坏岸滩整洁、排放海洋垃圾、引发岸滩蚀退等损害公众健康、妨碍公众亲水活动的开发活动	《河北省海洋生态红线》
		限制类	旅游区建设应合理控制规模，优化空间布局，有序利用岸线、沙滩、海岛等重要旅游资源，严格控制旅游基础设施建设的围填海规模 按生态环境承载能力控制旅游发展强度，保护海岸生态环境和自然景观 实施严格的水质控制指标，严格控制入海污染物排放，执行不劣于二类海水水质质量标准、一类海洋沉积物和海洋生物质量标准	
		退出类	开展海域海岛海岸带综合整治，修复受损海滨地质地貌遗迹，养护重要海滨沙滩浴场，改善海洋环境质量	
	重要砂质岸线和沙源保护海域	禁止类	禁止可能改变或影响沙滩、沙源保护海域自然属性的开发建设活动 禁止在砂质海岸退缩线（海岸线向陆一侧 500 m 或第一个永久性构筑物或防护林）以内和潮间带以及沙源保护海域内构建永久性建筑、采挖海砂、围填海、倾废等可能诱发沙滩蚀退的开发活动	《河北省海洋生态红线》
		限制类	实施严格的水质控制指标，严格控制入海污染物排放 实行海洋垃圾巡查清理制度，有效清理海洋垃圾	
		退出类	对已遭受破坏的砂质海岸，实施生态潜堤、人工补沙等整治修复工程，恢复岸线生态功能，海水水质符合所在海域海洋功能区的环境质量要求	
水产种质资源保护区		禁止类	①针对保护区主要保护对象的繁殖期、幼体生长期等生长繁育关键阶段设定特别保护期。特别保护期内不得从事捕捞、爆破作业以及其他可能对保护区内生物资源和生态环境造成损害的活动 ②禁止在水产种质资源保护区内从事围湖造田、围海造地或围填海工程 ③禁止在水产种质资源保护区内新建排污口	《水产种质资源保护区管理暂行办法》
		限制类	①在水产种质资源保护区内从事修建水利工程、疏浚航道、建闸筑坝、勘探和开采矿产资源、港口建设等工程建设的，或者在水产种质资源保护区外从事可能损害保护区功能的工程建设活动的，应当按照国家有关规定编制建设项目对水产种质资源保护区的影响专题论证报告，并将其纳入环境影响评价报告书 ②在水产种质资源保护区附近新建、改建、扩建排污口，应当保证保护区水体不受污染	
一类水质区		禁止类	①严格限制围海造地、构筑物等改变海域自然属性的用海方式 ②禁止进行污染海域的活动，防止捕捞自身污染 ③捕捞区要严格限制改变海域自然属性，执行禁渔休渔制度，控制捕捞强度，加强重要渔业品种养护，维持海洋生物资源可持续利用	《河北省海洋功能区划》
		限制类	执行一类海水水质、海洋沉积物和海洋生物质量标准	

第九章

环境质量底线及分区管控

第一节　大气环境质量底线及分区管控

一、大气环境质量目标设定

2018 年 8 月 23 日，河北省人民政府下发了《河北省打赢蓝天保卫战三年行动方案》，明确提出了河北省 2020 年大气环境质量目标。具体目标如下：2020 年，全省设区城市的 $PM_{2.5}$ 平均浓度较 2015 年至少下降 28%，较 2017 年至少下降 15%，降低至 55 μg/m^3；全省空气质量平均优良天数比例达到 63%以上，平均重污染天数较 2015 年减少 25%；其中，$PM_{2.5}$ 未达标（以 2015 年度计）城市平均浓度较 2015 年至少下降 29%，较 2017 年至少下降 16%，降低至 58 μg/m^3 或者更低。

《京津冀地区战略环境评价报告》明确了京津冀地区的环境质量目标：2020 年，京津冀地区空气质量显著改善，$PM_{2.5}$ 年均浓度控制在 64 μg/m^3 以下，北京 $PM_{2.5}$ 年均浓度控制在 55 μg/m^3 以下；2030 年，京津冀地区空气质量将根本性好转，$PM_{2.5}$ 年均浓度降至 45 μg/m^3，北京实现 $PM_{2.5}$ 年均浓度达标。《河北省 2020 年大气污染综合治理方案》明确了河北省各地区 2020 年大气环境质量目标，具体目标如下：$PM_{2.5}$ 年均浓度目标为 48.7 μg/m^3，优良天数比例目标为 63.0%。依据各地区环境保护"十三五"规划、大气污染防治总体实施方案、打赢蓝天保卫战三年行动计划等，衔接承德、唐山、衡水等地市"三线一单"生态环境分区管控编制成果，确定各地区 2020 年大气环境质量目标；以各地区生态环境功能定位为基础，分析现状环境质量和改善潜力等，确定各地区 2025 年大气环境质量目标。力求在 2035 年实现环境质量根本好转，并结合《张家口首都水源涵养功能区和生态环境支撑区建设规划（2019—2035 年）》等对雄安新区、张家口、环京津地区提出更高的要求。

基于上述原则，本研究确定的河北省分阶段大气环境质量目标如下：2020 年，全省 $PM_{2.5}$ 平均浓度明显降低，降低至 49 μg/m^3，优良天数比例明显提高，达 63%以上，张家口、承德等已达标的地区大气环境质量稳步提升，未达标的地区大气环境质量明显改善。2025 年，全省 $PM_{2.5}$ 平均浓度持续降低，降低至 44 μg/m^3，优良天数持续提高，提高到 68%以上，基本

遏制 O_3 恶化态势，张家口、承德、秦皇岛等地区 $PM_{2.5}$ 年均浓度优于二级标准。2035 年全省大气环境质量根本好转，各地区 $PM_{2.5}$ 年均浓度全面降低至规定标准，优良天数比例达 80%以上，张家口、承德、秦皇岛、雄安新区、廊坊等地区 $PM_{2.5}$ 年均浓度优于二级标准，O_3 污染得到控制（见图 9-1）。

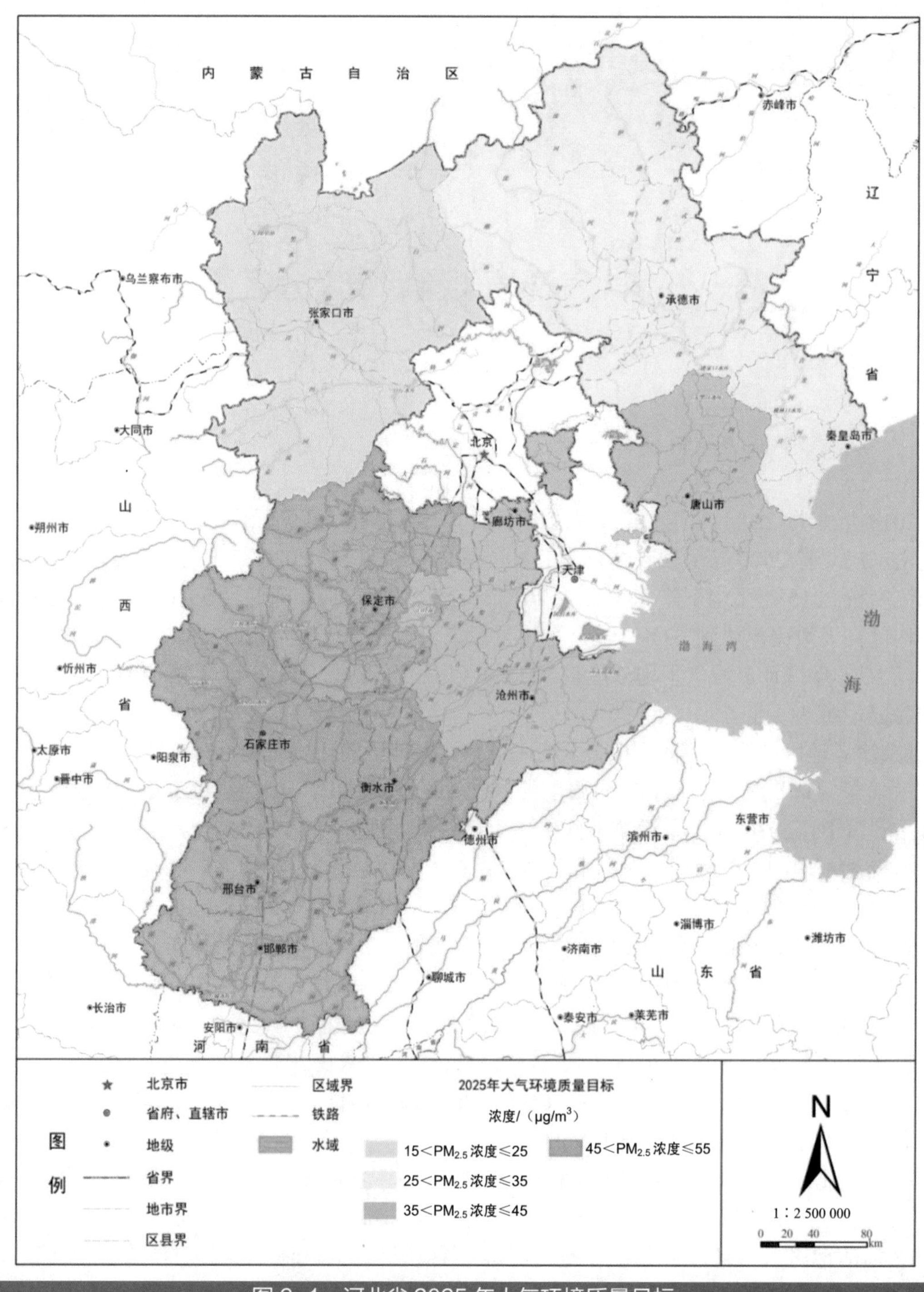

图 9-1 河北省 2025 年大气环境质量目标

二、主要大气污染物允许排放量测算

（一）现状减排分析

本研究依据《打赢蓝天保卫战三年行动计划》《京津冀及周边地区 2019—2020 年秋冬季大气污染综合治理攻坚行动方案》《河北省打赢蓝天保卫战三年行动方案》《关于推进实施钢铁行业超低排放的意见》《工业炉窑大气污染综合治理方案》《重点行业挥发性有机物综合治理方案》《关于开展燃气锅炉氮氧化物治理工作的通知》等文件的要求，核算了河北省应在 2020 年、2025 年、2035 年完成的大气污染物减排量。

河北省需要在 2020 年、2025 年和 2035 年完成的 SO_2 的减排量分别为 20 万 t、25 万 t、30 万 t，NO_x 的减排量分别为 31 万 t、42 万 t、56 万 t，VOCs 的减排量分别为 27 万 t、39 万 t、52 万 t，一次 $PM_{2.5}$ 的减排量分别为 22 万 t、33 万 t、42 万 t。其中，SO_2 减排量主要来自钢铁行业和居民源，NO_x 减排量主要来自移动源和钢铁行业，VOCs 减排量主要来自化工行业、移动源和钢铁行业，一次 $PM_{2.5}$ 减排量主要来自钢铁行业、居民源和扬尘源（见图 9-2）。

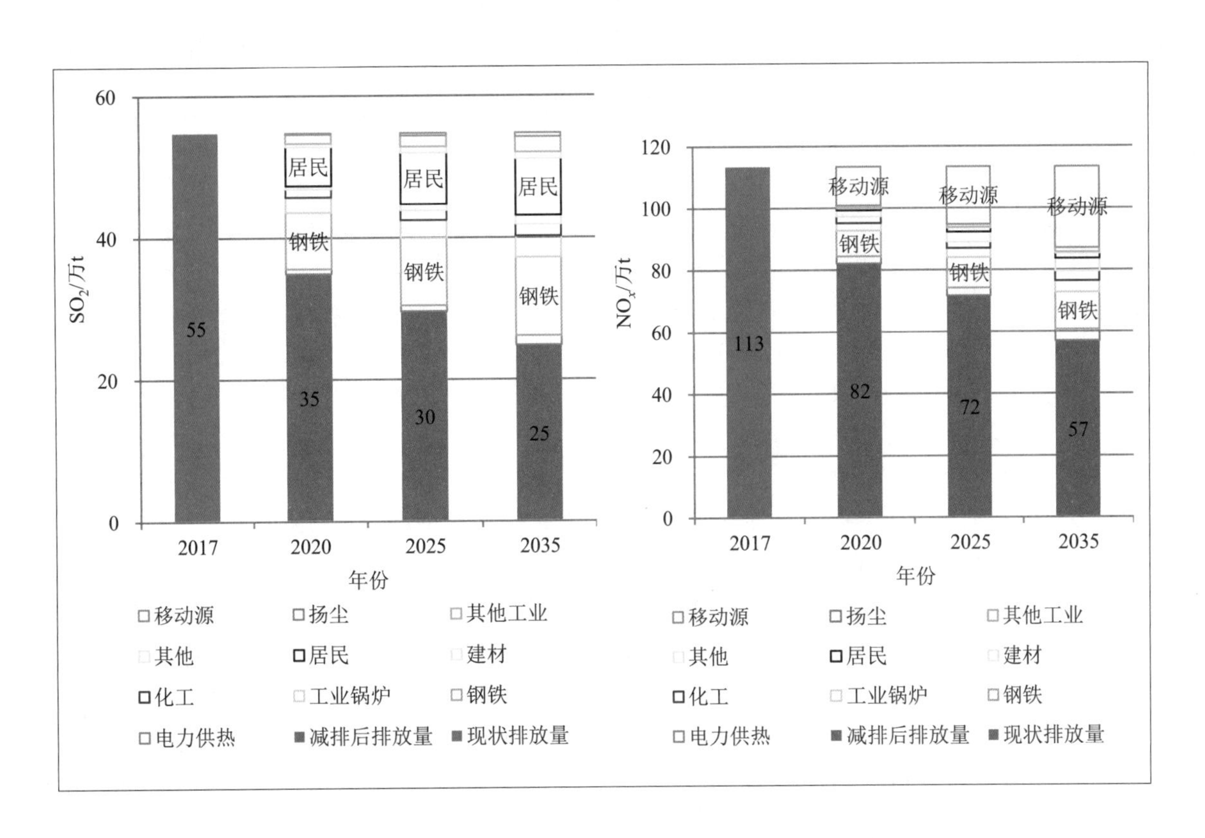

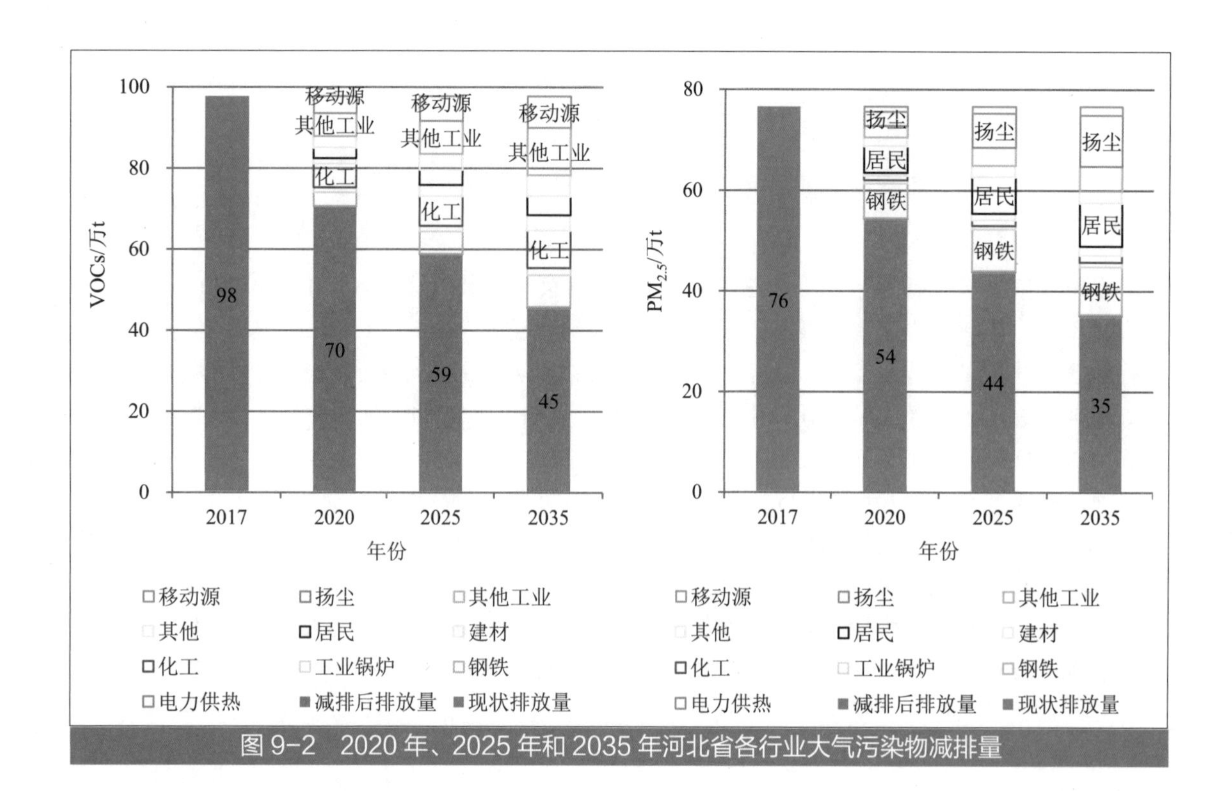

图 9-2 2020 年、2025 年和 2035 年河北省各行业大气污染物减排量

（二）新增排放预测

本研究以大气环境质量改善为前提，结合河北省经济社会发展研判，考虑工艺水平提升和大气污染物控制水平提高，估算了河北省未来的大气污染物新增量。2020 年 SO_2、NO_x、VOCs、一次 $PM_{2.5}$ 排放量分别增加 2.30 万 t、3.73 万 t、6.16 万 t、2.04 万 t；2025 年 SO_2、NO_x、VOCs、一次 $PM_{2.5}$ 排放量分别增加 3.30 万 t、4.15 万 t、10.14 万 t、3.30 万 t；2035 年 SO_2、NO_x、VOCs、一次 $PM_{2.5}$ 排放量分别增加 4.59 万 t、6.88 万 t、14.16 万 t、5.22 万 t。

（三）污染物排放量预测

本研究依据河北省社会经济发展水平预测结果，结合污染物控制技术水平，核算了河北省 2020 年、2025 年、2035 年大气污染物新增排放量，并在此基础上预测河北省 2020 年、2025 年、2035 年大气污染物排放量。2020 年，河北省 SO_2、NO_x、VOCs、一次 $PM_{2.5}$ 排放量分别为 37.2 万 t、85.8 万 t、76.6 万 t、56.3 万 t，分别较 2017 年减排 32%、24%、21%、26%。2025 年河北省 SO_2、NO_x、VOCs、一次 $PM_{2.5}$ 排放量分别为 23.9 万 t、75.8 万 t、68.8 万 t、47.0 万 t，分别较 2017 年减排 40%、33%、30%、39%。2035 年河北省 SO_2、NO_x、VOCs、一次 $PM_{2.5}$ 排放量分别为 29.4 万 t、63.9 万 t、59.6 万 t、40.1 万 t，分别较 2017 年减排 46%、44%、39%、48%（见图 9-3）。

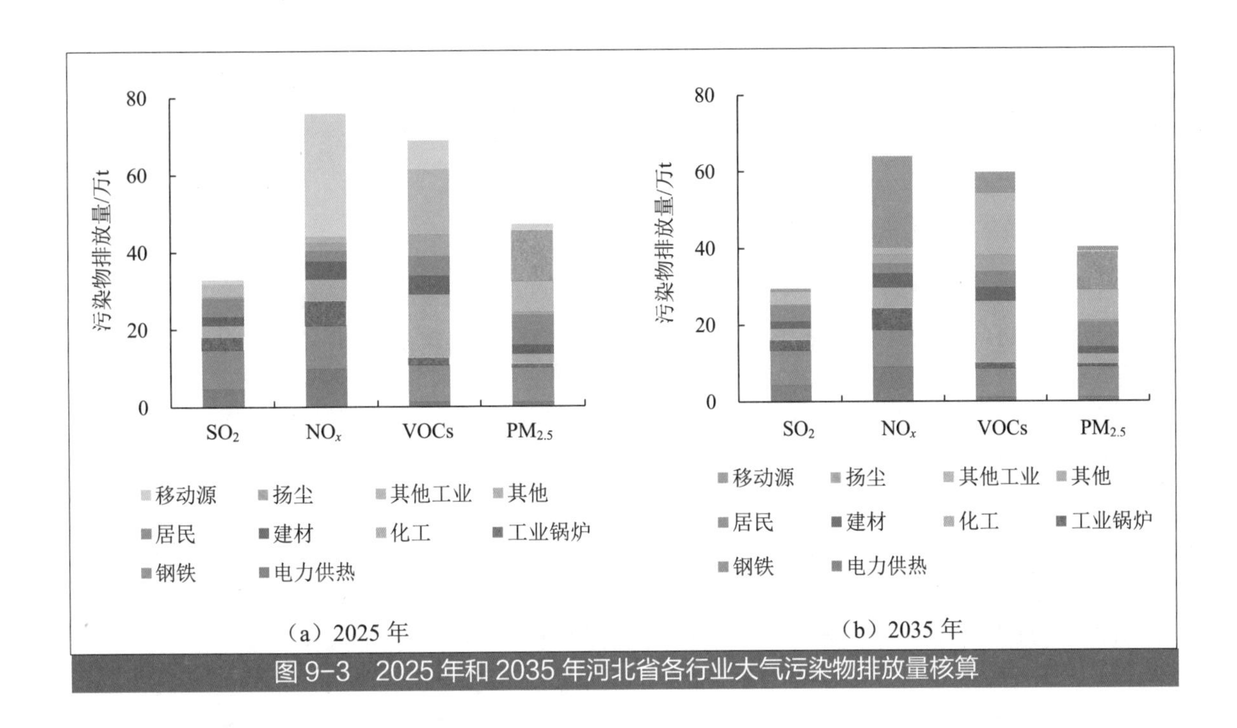

图 9-3　2025 年和 2035 年河北省各行业大气污染物排放量核算

（四）大气环境质量目标可达性分析

本研究中气象模式、清单处理、空气质量模式和后处理分别采用了 WRF、SMOKE、CMAQ 和 NCL。气象数据采用美国国家环境预报中心（NECP）提供的 1°×1°分辨率的全球对流层 FNL 数据集。河北省大气污染源排放清单数据采用了河北省各设区市的 2017 年大气污染源排放清单，分析辛集市和定州市时依据 2017 年应急减排清单核算，分析河北省周边区域时采用了清华大学发布的 2016 年中国多尺度排放清单（MEIC）。

本研究模拟区域采用三层嵌套网格，网格分辨率分别为 27 km、9 km、3 km。最外层网格边界包括华北、华中及华东等地区，作为污染物模拟的背景；第二层嵌套包括京津冀及周边省份，着重模拟邻近区域对河北省的影响；最内层为本工作的核心区，即河北省及周边部分区域，主要分析河北省环境空气质量现状和进行未来的预测。

本研究收集了河北省 2017 年 1 月、4 月、7 月、10 月 4 个季节代表月的常规监测数据，通过模拟结果与实际监测值的对比，以对模型系统进行验证。验证结果表明，模型模拟的 $PM_{2.5}$ 浓度、SO_2 浓度和 NO_2 浓度的性能均在可以接受的范围内。继国务院发布《打赢蓝天保卫战三年行动计划》以来，各省（区、市）相继发布了相应的行动计划。本研究依据《北京市打赢蓝天保卫战三年行动计划》《天津市打赢蓝天保卫战三年作战计划（2018—2020 年）》《山西省打赢蓝天保卫战三年行动方案》《山东省打赢蓝天保卫战作战方案暨 2013—2020 年大气污染防治规划三期行动计划（2018—2020 年）》《河南省污染防治攻坚战三年行动计划（2018—2020 年）》提出的大气环境质量目标，结合大气环境质量现状，对河北省周边地区的大气污染物排放量进行削减，设定了北京市、天津市、山西省、山东省、河南省 5 省市 2020 年、2025 年和 2035 年 $PM_{2.5}$ 年均浓度控制目标。

在上述工作基础上，本研究模拟了 2020 年和 2025 年河北省 $PM_{2.5}$ 浓度、SO_2 浓度和 NO_2

浓度。大气环境质量模拟结果显示，在立足区域环境质量改善以及完成散煤、交通面源和锅炉、工业点源等管控要求的前提下，河北省可以实现大气环境质量目标。需要注意的是，石家庄市、保定市、唐山市、邢台市的中心城区模拟结果中 $PM_{2.5}$ 浓度较高，应进一步深化大气污染治理措施。

（五）主要大气污染物允许排放量

本研究在核算河北省大气污染物允许排放量时，以环境质量目标实现为前提，预留出 5% 的安全余量，将此排放量作为地方大气环境保护与污染治理的参考，不作为约束性指标发布。在此基础上，本研究明确了在 2020 年、2025 年、2035 年，河北省、各地市及重点地区（含雄安新区、辛集市、定州市）SO_2、NO_x、一次 $PM_{2.5}$、VOCs 主要污染物减排比例和污染控制需要达到的要求。

2020 年，河北省 SO_2、NO_x、VOCs、一次 $PM_{2.5}$ 全口径允许排放量较 2017 年分别减少 32%、24%、21%、26%。2025 年，河北省 SO_2、NO_x、VOCs、一次 $PM_{2.5}$ 全口径允许排放量较 2017 年分别减少 40%、33%、30%、39%。2035 年河北省 SO_2、NO_x、VOCs、一次 $PM_{2.5}$ 全口径允许排放量较 2017 年分别减少 46%、44%、39%、48%。

从工业、锅炉等固定排放源来看，2020 年河北省 SO_2、NO_x、VOCs、一次 $PM_{2.5}$ 固定源允许排放量较 2017 年分别减少 28%、26%、17%、27%。2025 年河北省 SO_2、NO_x、VOCs、一次 $PM_{2.5}$ 固定源允许排放量较 2017 年分别减少 33%、32%、23%、34%。2035 年河北省 SO_2、NO_x、VOCs、一次 $PM_{2.5}$ 固定源允许排放量较 2017 年分别减少 40%、39%、31%、39%。

三、大气环境分区及管控要求

（一）大气环境管控分区划定

1. 大气环境优先保护区

本研究根据《“三线一单”编制技术指南（试行）》的要求，将环境空气一类功能区作为大气环境优先保护区，划定的优先保护区面积占河北省总面积的 4.33%。

2. 大气环境重点管控区

本研究划定了大气环境重点管控区。重点管控区包括环境空气二类功能区中的工业集聚区等高排放区域，上风向、扩散通道、环流通道等影响空气质量的布局敏感区域，静风或风速较小的弱扩散区域，城镇中心及集中居住、医疗、教育等受体敏感区域，占河北省总面积的 23.96%。

（1）受体敏感区

本研究根据《“三线一单”编制技术指南（试行）》的要求，将环境空气二类功能区中城镇中心及集中居住、医疗、教育等区域划为受体敏感区。城镇空间是市行政区范围内经过征用的土地和实际建设发展起来的非农业生产建设地段，所以城镇空间基本可包括城镇中心及集中居住、医疗、教育等人口集中区域。因此，本研究将城镇空间区域认定为大气环境受体敏感重点管控区。河北省受体敏感区划定的主要依据是城镇开发边界。受体敏感区面积占河北省总面积的 2.89%。

（2）高排放区

本研究根据《“三线一单”编制技术指南（试行）》的要求，将环境空气二类功能区中的工业企业集聚区和排放量较大的乡镇划为高排放区域。高排放区包括省级以上园区及 53 个排放量较大的乡镇，面积占河北省总面积的 5.28%。依据河北省 2017 年大气污染源排放清单，高排放区 SO_2、NO_x、VOCs、$PM_{2.5}$ 工业固定源排放分别占河北省工业固定源总排放的 56%、59%、57%、60%；其中工业园区 SO_2、NO_x、VOCs、$PM_{2.5}$ 工业固定源排放分别占河北省工业固定源总排放的 25%、21%、13%、17%。

（3）布局敏感区

本研究基于大气环境受体敏感重点管控区的分布情况，结合河北省的风向频率特征、气团输移特征等因素，识别了城市上风向、扩散通道、环流通道等布局敏感区域，将这些区域划定为大气环境布局敏感重点管控区。

同时，本研究还利用美国国家海洋局和大气管理局开发的 HYSPLIT 后向轨迹模式，以河北省 14 个地区中心经纬度为目标做了 48 h 后向轨迹聚类分析，分析了河北省各地区 1 月的后向轨迹聚类。本研究应用该模式时使用的气象资料为美国国家环境预报中心（National Center for Environment Prediction，NCEP）的全球资料同化系统（GDAS）数据。

基于后向轨迹聚类分析结果，利用 TrajStat 的 CWT 分析方法进一步对河北省的 $PM_{2.5}$ 浓度展开权重分析，计算河北省内各网格对 14 个地区的浓度权重。

本研究综合后向轨迹聚类分析以及 $PM_{2.5}$ 浓度权重分析结果划定布局敏感区，布局敏感区的面积占河北省总面积的 8.65%。

（4）弱扩散区

在不考虑大气污染物排放的情况下，空气资源是对一个地区的大气扩散、稀释、清除等综合能力的度量，反映大气对污染物的天然自净能力。空气资源主要受地面风速、边界层高度、边界层内平均风速、稳定度参数（M-O 长度）、降水、风向日变化、风向切变和风速切变等多种因素影响，其中风速、边界层高度是影响大气自净能力的关键性指标。因此，本研究将叠加边界层高度较低和风速较小的区域划定为河北省的弱扩散区，该区面积占河北省总面积的 14.88%。

3. 大气环境一般管控区

本研究将除大气环境优先保护区和重点管控区之外的区域均划定为大气环境一般管控区。

综合上述工作，本研究在河北省划定了大气环境优先保护区 53 个、重点管控区 658 个、一般管控区 135 个，这三类区域分别占河北省总面积的 4.33%、23.96%、71.71%（见图 9-4）。雄安新区、承德市、保定市的优先保护区面积占比较高，分别占地区总面积的 20.18%、8.77%、7.58%。定州市、雄安新区、保定市重点管控区面积占比较高，分别占地区总面积的 83.94%、79.82%、50.89%。张家口市、承德市、秦皇岛市一般管控区面积占比较高，分别占地区总面积的 90.62%、83.44%、82.90%（见图 9-4）。

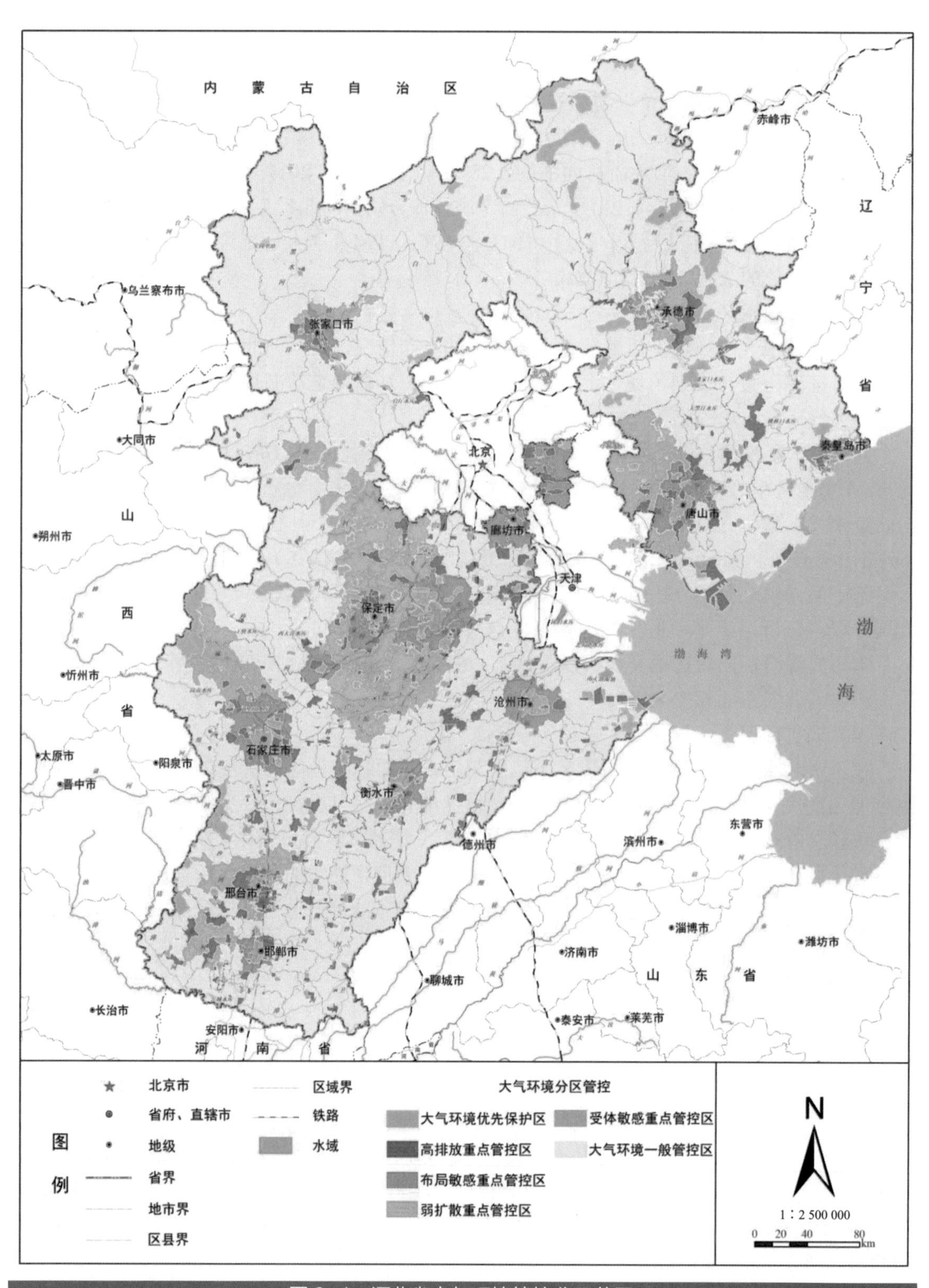

图 9-4 河北省大气环境管控分区范围

（二）分区管控要求

1. 全省普适性要求

本研究根据《“三线一单”编制技术指南（试行）》，结合相关文件要求，从空间布局约束、污染物排放管控、环境风险防控、资源利用效率 4 个方面梳理了优先保护区、重点管控区、一般管控区的管控要求，详见表 9-1、表 9-2 和表 9-3。

表 9-1　优先保护区管控要求

管控类型	管控要求
空间布局约束	禁止新建工业大气污染物排放项目，限制餐饮等产生大气污染物排放的三产活动，涉及工业大气污染物排放的项目逐步退出。对优先保护区内各自然保护区和风景名胜区按现行法律法规执行
环境风险防控	定期评估优先保护区大气环境风险，落实防控措施，强化应急物资储备和救援队伍建设。完善优先保护区应急预案，加强风险防控体系建设

表 9-2　重点管控区管控要求

分区类别	管控类型	管控要求
受体敏感区	空间布局约束	加快重点污染工业企业退城搬迁。以钢铁、水泥、平板玻璃、焦化、化工、制药等行业为重点，加快城市建成区重点污染工业企业搬迁改造或关闭退出；其他不适宜在主城区发展的工业企业，根据实际纳入退城搬迁范围
	污染物排放管控	①$PM_{2.5}$ 年均浓度不达标地区开展大气污染物特别排放限值改造，石化、化工、有色金属（不含氧化铝）等行业现有企业和新建项目严格执行二氧化硫、氮氧化物、颗粒物和挥发性有机物特别排放限值；未规定大气污染物特别排放限值的行业，待相应排放标准修订或修改后，现有企业和新建项目按时限要求执行二氧化硫、氮氧化物、颗粒物和挥发性有机物特别排放限值。地方标准严于国家标准特别排放限值的，执行地方标准。 ②推进钢铁、焦化等重点行业及大型燃煤锅炉超低排放改造，已完成超低排放改造的重点企业，要进一步提高排放标准实施深度治理，实现超低排放；尚未完成超低排放改造的企业要限期达到超低排放要求，逾期达不到的停产治理
	资源利用效率	①禁止新建 35 蒸吨/h 及以下燃煤锅炉。市主城区和县城建成区禁止新建 35 蒸吨/h 及以下生物质锅炉。 ②城市建成区生物质锅炉实施超低排放改造
高排放区	空间布局约束	①严格执行规划环评及其批复文件规定的环境准入条件。 ②严禁新增钢铁、焦化、电解铝、水泥和平板玻璃等产能
	污染物排放管控	①严格落实规划环评及其批复文件制定的环保措施。 ②$PM_{2.5}$ 年均浓度达标之前，二氧化硫、氮氧化物、烟粉尘、挥发性有机物 4 项污染物均需进行 2 倍削减替代。 ③$PM_{2.5}$ 年均浓度不达标地区开展大气污染物特别排放限值改造，石化、化工、有色（不含氧化铝）等行业现有企业和新建项目严格执行二氧化硫、氮氧化物、颗粒物和挥发性有机物特别排放限值；未规定大气污染物特别排放限值的行业，待相应排放标准修订或修改后，现有企业和新建项目按时限要求执行二氧化硫、氮氧化物、颗粒物和挥发性有机物特别排放限值。地方标准严于国家标准特别排放限值的，执行地方标准。 ④加快重点行业超低排放改造。加强工业企业污染排放监督管理，深入实施工业企业排放达标计划。到 2020 年 10 月，全省焦化行业全部完成深度治理，达到超低排放标准。2020 年，全省符合改造条件的钢铁企业全部达到超低排放标准；全省工业企业主要污染物排放量较 2017 年下降 15%以上。新建（含搬迁）钢铁、焦化、燃煤电厂项目全部达到超低排放要求。

分区类别	管控类型	管控要求
高排放区	污染物排放管控	⑤实施燃煤电厂深度治理。实行燃煤电厂和燃煤机组排放绩效管理，对燃煤机组排放绩效进行评估排名，坚决淘汰关停环保、能耗、安全等不达标的30万kW以下燃煤机组。2018—2020年，每年压减退出燃煤机组50万kW，按需完成60万kW等级纯凝机组供热改造，大容量、高参数机组比重达到90%及以上。到2020年，全省火电行业单位发电煤耗及污染排放绩效达到世界领先水平。 ⑥开展工业炉窑专项治理。制定工业炉窑综合整治实施方案，开展工业炉窑拉网式排查，分类建立管理清单。严格排放标准要求，加大对不达标工业炉窑的淘汰力度，加快淘汰中小型煤气发生炉。取缔燃煤热风炉，基本淘汰热电联产供热管网覆盖范围内的燃煤加热、烘干炉（窑）；淘汰炉膛直径3 m以下燃料类煤气发生炉，加大化肥行业固定床间歇式煤气化炉整改力度；集中使用煤气发生炉的工业园区，暂不具备改用天然气条件的，原则上建设统一的清洁煤制气中心；禁止掺烧高硫石油焦。 ⑦开展挥发性有机物污染综合治理。制定石化、化工、工业涂装、包装印刷等VOCs排放重点行业和油品储运销综合整治方案，开展泄漏检测与修复。 ⑧强化无组织排放控制管理。开展钢铁、建材、火电、焦化、铸造等重点行业无组织排放排查工作
	环境风险防控	①严格落实规划环评及其批复文件制定的环境风险防范措施。 ②禁止新建烟花爆竹等存在重大环境安全隐患的民爆类工业项目。 ③禁止建设存在重大环境安全隐患的工业项目。 ④严格执行相关行业企业布局选址要求，禁止在商住、学校、医疗、养老机构、人口密集区和公共服务设施等周边新建有色金属冶炼、化工等行业企业。 ⑤园区应制定环境风险应急预案，成立应急组织机构，定期开展应急演练，提高区域环境风险防范能力
	资源利用效率	①新建项目清洁生产应达到国际先进水平，新建产业园区应按生态工业园区标准进行规划建设。 ②新增耗煤项目要实行煤炭减量替代。 ③新建燃煤发电项目原则上应采用60万kW以上超超临界机组，平均供电煤耗低于300 g标准煤/（kW·h）。 ④对钢铁、建材等耗煤行业实施更加严格的能效和排放标准，新增工业产能主要耗能设备能效达到国际先进水平
布局敏感区	空间布局约束	严格限制新建、扩建钢铁、水泥、化工等污染物排放量大、污染风险高的项目管控，做好敏感区影响论证
	污染物排放管控	$PM_{2.5}$年均浓度不达标地区开展大气污染物特别排放限值改造，石化、化工、有色（不含氧化铝）等行业现有企业和新建项目严格执行二氧化硫、氮氧化物、颗粒物和挥发性有机物特别排放限值；未规定大气污染物特别排放限值的行业，待相应排放标准修订或修改后，现有企业和新建项目按时限要求执行二氧化硫、氮氧化物、颗粒物和挥发性有机物特别排放限值。地方标准严于国家标准特别排放限值的，执行地方标准
	环境风险防控	严格执行相关行业企业布局选址要求，禁止在商住、学校、医疗、养老机构、人口密集区和公共服务设施等周边新建有色金属冶炼、化工等行业企业
弱扩散区	空间布局约束	严格限制新建、扩建钢铁、水泥、化工等污染物排放量大、污染风险高的项目管控
	污染物排放管控	$PM_{2.5}$年均浓度不达标地区开展大气污染物特别排放限值改造，石化、化工、有色（不含氧化铝）等行业现有企业和新建项目严格执行二氧化硫、氮氧化物、颗粒物和挥发性有机物特别排放限值；未规定大气污染物特别排放限值的行业，待相应排放标准修订或修改后，现有企业和新建项目按时限要求执行二氧化硫、氮氧化物、颗粒物和挥发性有机物特别排放限值。地方标准严于国家标准特别排放限值的，执行地方标准

表 9-3　一般管控区管控要求

管控类型	管控要求
空间布局约束	①严禁新增钢铁、焦化、水泥、平板玻璃、电解铝等产能，严防封停设备死灰复燃。严格执行钢铁、水泥、平板玻璃等行业产能置换实施办法。 ②对热效率低下、敞开未封闭，装备简易落后、自动化程度低，布局分散、规模小、无组织排放突出，以及无治理设施或治理设施工艺落后的工业炉窑，依法责令停业关闭，推进炉龄较长、炉况较差的炭化室高度 4.3 m 焦炉淘汰。 ③县级以下一律不再建设新的园区，造纸、焦化、氮肥、有色金属、印染、原料药制造、皮革、农药、电镀、钢铁、水泥、石灰、平板玻璃、石化、化工等高污染工业项目必须入园进区，其他工业项目原则上也不在园区外布局。 ④以钢铁、水泥、平板玻璃、焦化、化工、制药等行业为重点，加快城市建成区重点污染工业企业搬迁改造或关闭退出；其他不适宜在主城区发展的工业企业，根据实际纳入退城搬迁范围。 ⑤禁燃区内不得新建燃烧煤炭、重油、渣油等高污染燃料的设施；现有燃烧高污染燃料的设施，应当限期改用清洁能源；未改用清洁能源替代的高污染燃料设施，应当配套建设先进工艺的脱硫、脱硝、除尘装置或者采取其他措施，控制二氧化硫、氮氧化物和烟尘等排放；仍未达到大气污染物排放标准的，应当停止使用。禁燃区内禁止原煤散烧
污染物排放管控	①到 2020 年，全省钢铁产能控制在 2 亿 t 以内，炼焦产能与钢铁产能比进一步压缩；水泥、平板玻璃、煤炭、焦炭产能分别控制在 2 亿 t、2 亿重量箱、7 000 万 t、8 000 万 t 左右，力争淘汰和置换火电产能 400 万 kW 以上；以 2015 年年底钢铁产能为基数，承德、秦皇岛原则上退出 50%左右的钢铁产能。 ②细颗粒物（$PM_{2.5}$）年平均浓度不达标的城市，二氧化硫、氮氧化物、烟粉尘、挥发性有机物 4 项污染物均需进行 2 倍削减替代（燃煤发电机组大气污染物排放浓度基本达到燃气轮机组排放限值的除外）。 ③对于国家或地方排放标准中已规定大气污染物特别排放限值的行业及锅炉，新受理环评的建设项目执行大气污染物特别排放限值；火电、钢铁、石化、炼焦、化工、有色金属（不含氧化铝）、水泥行业现有企业以及在用锅炉执行二氧化硫、氮氧化物、颗粒物和挥发性有机物特别排放限值；目前国家排放标准中未规定大气污染物特别排放限值的行业，待相应排放标准修订或修改后，全省现有企业一律执行二氧化硫、氮氧化物、颗粒物和挥发性有机物特别排放限值。已发布超低排放标准的，按照标准要求执行超低排放标准。 ④深入实施燃煤锅炉治理，全省基本淘汰 35 蒸吨/h 及以下燃煤锅炉、茶炉大灶以及经营性小煤炉。35 蒸吨/h 以上燃煤锅炉基本完成超低排放改造，全面达到排放限值和能效标准。推广清洁高效燃煤锅炉。禁止新建 35 蒸吨/h 及以下燃煤锅炉（有特殊政策的山区县除外）。城市和县城建成区禁止新建 35 蒸吨/h 及以下生物质锅炉，35 蒸吨/h 以上的生物质锅炉要达到超低排放标准。2020 年 10 月底前，燃气锅炉完成低氮燃烧改造，城市建成区生物质锅炉实施超低排放改造。2020 年年底前，全部关停整合 30 万 kW 及以上热电联产电厂供热半径 15 km 范围内的燃煤锅炉和落后燃煤小热电。 ⑤2020 年采暖季前，在保障能源供应的前提下，传输通道城市平原地区基本完成生活和冬季取暖散煤替代，清洁取暖试点城市主城区清洁取暖率达到 100%。 ⑥提高应对气候变化能力，加强碳排放和大气污染物协同控制，到 2020 年，全省单位生产总值二氧化碳排放比 2015 年下降 20.5%。 ⑦2020 年京津冀钢铁、火电、炼油等能源重化工行业根据环境空气质量改善要求，进一步强化产能规模控制。加大建材、化工和造纸等重污染行业整治提升力度；到 2035 年能源重化工行业进一步压减产能。加快产业升级和工艺设备改造力度，2020 年重点行业能效水耗水平达到全国先进水平，2035 年重点行业能效水耗水平达到国际先进水平；2020 年 75%国家级工业园区和 50%省级工业园区实现循环化改造，2035 年该比例分别达到 100%、80%。推动工业氮氧化物和挥发性有机物协同减排。石化行业全面实施泄漏检测与修复（LDAR）技术，开展 VOCs 暴露的人群健康风险管控试点，2020 年前石化行业生产技术装备、污染物排放控制和企业管理达到国际先进水平。

管控类型	管控要求
污染物排放管控	⑧对保留的工业炉窑开展环保提标改造，配套建设高效脱硫脱硝除尘设施，确保稳定达标排放。对照《钢铁工业大气污染物超低排放标准》（DB 13/2169—2018），加快推进钢铁行业超低排放改造。平板玻璃行业参照《平板玻璃工业大气污染物超低排放标准》（DB 13/ 2168—2020），水泥行业参照《水泥工业大气污染物超低排放标准》（DB 13/ 2167—2020），积极推进污染治理升级改造。鼓励具备条件的陶瓷企业陶瓷窑、喷雾干燥塔烟气参照基准含氧量 18%状态下颗粒物、二氧化硫、氮氧化物排放浓度分别不高于 10 mg/m^3、30 mg/m^3、100 mg/m^3 标准，开展超低排放改造。平板玻璃、建筑陶瓷企业逐步取消脱硫脱硝烟气旁路或设置备用脱硫脱硝等设施，鼓励水泥企业实施全流程污染深度治理。推进具备条件的焦化企业实施干熄焦改造。在保证生产安全前提下，钢铁烧结（球团）、高炉、转炉、轧钢工序实施车间封闭生产。已实现超低排放企业，对标行业先进，持续推动污染物排放总量降低。 ⑨其他已有行业排放标准的砖瓦、石灰、无机盐、铁合金、有色金属等执行行业排放标准，暂未制订行业排放标准的工业炉窑，包括铸造，日用玻璃，玻璃纤维、耐火材料、矿物棉等建材行业，工业硅、金属冶炼废渣（灰）二次提取等有色金属行业，氮肥、电石、无机磷、活性炭等化工行业，全面加大污染治理力度，原则上颗粒物、二氧化硫、氮氧化物排放限值分别不高于 30 mg/m^3、200 mg/m^3、300 mg/m^3，其中日用玻璃、玻璃棉氮氧化物排放限值不高于 400 mg/m^3，铸造行业烧结、高炉工序污染排放控制按照《河北省钢铁工业大气污染物超低排放标准》要求执行。电解铝企业全面推进烟气脱硫设施建设，全面加大热残极冷却过程无组织排放治理力度，建设封闭高效的烟气收集系统，实现残极冷却烟气有效处理。 ⑩参照《低挥发性有机化合物含量涂料产品技术要求》（GB/T 38597—2020），开展低挥发性有机物含量涂料推广替代试点工作，加快推进党政机关单位定点印刷企业率先使用水性油墨、大豆油墨等低 VOCs 含量油墨和胶黏剂。 ⑪开展钢铁，水泥、燃煤电厂、焦化平板玻璃、陶瓷等重点行业无组织排查工作：物料存储运输等全部采用密闭或倒闭形式。 ⑫加快油品质量升级。按照国家部署要求，全省供应符合国六标准的车用汽油和车用柴油，停止销售低于国六标准的汽油柴油，实现车用柴油、普通柴油和部分船舶用油“三油并轨”。加快推广应用新能源汽车。 ⑬到 2020 年，铁路货运比例较 2017 年增长 40%。加快柴油货车治理，推动货运经营整合升级、提质增效，加快规模化发展、连锁化经营。实施清洁柴油车、清洁运输和清洁油品行动，降低污染排放总量。加强机动车监管和尾气治理。排放不达标工程机械、港口作业机械清洁化改造和淘汰，港口、机场新增和更换的作业机械主要采用清洁能源或新能源。加快油品质量升级。按照国家部署要求，全省供应符合国六标准的车用汽油和车用柴油。到 2020 年，全省至少 36 个泊位具备向船舶供应岸电的能力；港口大气污染物得到有效防控，港口船舶污染防治水平得到全面提升。 ⑭积极推进铁路专用线建设，大宗货物及产品年货运量 150 万 t 以上的企业原则上全部修建铁路专用线，具有铁路专线的大宗货物及产品运铁路运输比重比例达到 80%及以上，达不到的采用清洁能源汽车或国六排放标准汽车代替（2021 年年底前可采用国五排放标准汽车）。2022 年年底前具备条件的企业基本完成清洁运输改造。严格落实禁止汽运煤集港政策，严格禁止通过铁路运输至港口附近货场后汽车短驳集港或汽车运输至港口附近货场后铁路集港等行为。推进沿海主要港口和唐山港、黄骅港的矿石、焦炭等大宗货物改由铁路或水路运输。 ⑮深化建筑施工扬尘专项整治，严格执行《河北省建筑施工扬尘防治标准》。加强道路扬尘综合整治。到 2020 年，设区城市和县级城市道路机械化清扫率均达到 85%及以上。全省工业企业料堆场全部实现规范管理；对环境敏感区的煤场、料场、渣场实现在线监控和视频监控全覆盖。实施城市土地硬化和复绿。大规模开展国土绿化行动。 ⑯严禁秸秆、垃圾露天焚烧，控制农业源氨排放
环境风险防控	完善市、县、乡、村网格化环境监管体系，建立信息全面、要素齐全、处置高效、决策科学的省级大气环境监管大数据平台，各市同步建设大气环境监管大数据平台，实现对各级网格和各类污染源的集中在线监测、全程监控和监管指挥

管控类型	管控要求
资源利用效率	①对新增耗煤项目实施减量替代。 ②提高能源利用效率。实施能源消耗总量和强度双控行动。健全节能标准体系，大力开发、推广节能高效技术和产品，实现重点用能行业、设备节能标准全覆盖。 ③加强重点能耗行业节能。持续开展重点企业能效对标提升，在钢铁、焦化、水泥、平板玻璃等重点耗能行业实施能效“领跑者”行动，引导企业对标提升，实施高耗煤行业节能改造，推广中高温余热余压利用、低温烟气余热深度回收、空气源热泵供暖等节能技术，推进能量系统优化，提升能源利用效率。 ④新建项目单位产品能耗达到《河北省主要产品能耗限额和设备能效限定值》准入值要求，鼓励达到先进值。现有企业单位产品能耗达到《河北省主要产品能耗限额和设备限定值》限定值要求，鼓励已达标企业通过节能改造达到先进值。国家或省对重点行业单位产品能源消耗限额进行修订的，行业限定值、准入值、先进值按新标准执行

2. 战略功能区管控要求

冀西北生态涵养区覆盖张家口、承德地区，是京津冀重要生态功能核心区，因此需要重点提升生态保障、水源涵养、旅游休闲、绿色产品供给等功能。该区域污染物排放总量较低，扩散条件较好，主要大气污染物浓度低于全省其他地区。在冀西北生态涵养区，河北省政府要立足于不同的城市功能定位要求，保持空气质量稳定，使之逐步达到国家二级标准或更高要求。该区域管理的重点主要包括减少煤炭消费总量，加快清洁能源替代，按计划有序退出钢铁产能，加大矿山关停整治力度，加强扬尘综合整治。

环京津核心功能区覆盖雄安新区、廊坊、保定、定州地区，既是未来京津冀地区的核心战略发展区之一，也是区域发展与生态环境保障并行区。雄安新区需要进一步清理整治“散乱污”企业，推动工业企业达标排放，积极推进清洁取暖，严控施工和道路扬尘，实现全域高质量、精细化管理。廊坊市产业结构总体偏轻，所以要在已有治理成果基础上，把巩固提升、深挖潜力作为主攻方向，加快钢铁产能全部退出，在全域范围内实现清洁取暖，严格扬尘管控，彻底整治“散乱污”企业，把主要由过境重型柴油车造成的机动车污染治理作为重点。保定、定州地区需要加快推进清洁取暖、散煤治理、推动重点行业去产能、工业企业退城搬迁和污染治理、交通干线绕城运输及重型柴油车排放管控，严格管控扬尘和垃圾秸秆露天焚烧。

冀中南功能拓展区覆盖石家庄、衡水、邢台、邯郸、辛集地区，是京津冀重要产业基地、农产品基地、新型城镇化的示范区。石家庄、邢台、邯郸、辛集地区工业产业结构偏重、能源结构偏化石燃料、交通运输结构偏公路，结构性污染特征明显，区域污染物排放总量较高，远超过该区域环境容量。同时该地区还受太行山前地理区位及气象条件影响，总体扩散条件不利，在秋冬季尤其容易出现较大范围重污染天气。因此，冀中南功能拓展区要加快推进供给侧结构性改革，深度调整产业结构、能源结构、交通运输结构和用地结构，优化产业空间布局，结合大气污染源解析，紧盯污染源头，加快推进清洁取暖、散煤治理、钢铁建材等重点行业去产能、工业企业退城搬迁和污染治理、交通干线绕城运输及重型柴油车排放管控，严格管控扬尘和垃圾秸秆露天焚烧，综合施策，集中攻坚，大幅削减污染物排放。该区域需要全力打好秋冬季大气污染治理攻坚战，严格落实强化减排措施，积极做好采暖季等重点时段重污染天气应对，确保污染物排放强度大幅降低。其中，衡水市要加大散煤治理力度，加强化工、医药等行业工业污染综合治理，减少二次气溶胶前体物形成，加大“散乱污”企业和中小产业集群集中整治；提升城市精细化管理水平，大幅减少扬尘污染。

沿海率先发展区包括秦皇岛、唐山、沧州地区，是京津冀、环渤海地区沿海发展战略区。其中，唐山市的工业污染特征显著，SO_2、NO_2、CO 年均浓度高于河北省其他城市。在唐山市污染物综合指数中，CO、NO_2 两项污染物的占比尤其突出，这两种污染物属于典型的工业和机动车污染排放，这也是制约唐山市退出“后十”的关键因素。因此，本研究建议唐山市大幅压减产能，优化产业布局，调整优化交通运输结构，加强散煤治理，强力推进钢铁、焦化、建材等行业退城搬迁和超低排放升级改造，降低工业生产和运输污染排放，优化机动车过境线路，在京唐港、曹妃甸港等处禁止接受集疏港汽运煤炭。廊坊市产业结构总体偏轻，要在已有治理成果的基础上，把巩固提升、深挖潜力作为主攻方向，确保钢铁产能全部退出，全域实现清洁取暖，严格扬尘管控，彻底整治“散乱污”企业，把机动车污染治理特别是过境重型柴油车管控作为重点。沧州市的石化、化工行业较为集中，沿海地区是污染物排放的集中区域，挥发性有机物污染显著。因此，沧州市需要把清洁取暖、工业结构调整和空间布局优化作为主攻方向，加快交通干线绕城工程，重点开展散煤治理、涉 VOCs 排放工业企业污染整治和交通运输污染综合整治，坚决整治“散乱污”企业，严格管控扬尘和垃圾秸秆露天焚烧。秦皇岛市要把调整优化产业结构、空间布局和加强散煤治理作为主攻方向，重点加快重污染企业搬迁，大幅削减钢铁、建材行业产能，调整优化港口功能布局，实现转型发展。

第二节　水环境质量底线及分区管控研究

一、水环境控制单元划定

依据《关于上报〈重点流域水污染防治“十三五”规划〉优先控制单元名单的函》和《河北省碧水保卫战三年行动计划（2018—2020 年）》等文件，在水污染防治“十三五”规划中河北省共涉及 71 个国家划分的控制单元。正在开展的京津冀地区“十四五”水污染防治规划共划定了 177 个水环境控制单元。

本研究衔接已有的水环境控制单元划定成果，根据区域水系统环境管理需求，充分衔接水功能区划、河北省国省控水质考核断面、城市排水分区等因素，补充部分跨地市及入海监测断面，基于 ArcSWAT 模型，以乡镇或街道为最小单元，对流域汇水单元进行了边界调整与细化。

本研究综合考虑水文传输、水环境质量、经济产业发展等因素，在不同区域确定不同的细化程度，主要针对涉及饮用水水源地、现状超标、工业园区所在的区域进行高精度细化。平原地区依据 DEM 数据进行汇水单元分析较为困难，本研究中参照道路、人工河道、行政边界等特征，采用人机交互方式进行划分。对同一乡镇内存在多个汇水单元的，本研究结合行政中心位置判断其主导汇水单元，将其划至某一个完整的水环境控制单元。最终，河北省共划分了 512 个水环境控制单元，控制单元平均面积为 366 km^2，各流域控制单元数量如表 9-4 所示。

表 9-4　河北省各流域水环境控制单元划分结果

流域水系	单元数量/个	平均面积/km^2
滦河及冀东沿海水系	111	409.5
大清河水系	97	331.89
子牙河水系	136	211.3
黑龙港运东水系	75	268.7
永定河水系	28	660.5
北三河水系	39	457.7
漳卫南运河水系	16	315.8
辽河水系	3	1 321.4
内蒙古内陆河水系	5	2 063.1
徒骇河马颊河水系	1	344.0
渤海水系	1	54.8
河北省总计	512	366

二、水环境质量目标设定

本研究充分衔接国家、区域、流域及本地区的相关规划计划等对水环境质量的改善要求，结合流域上下游目标，明确了 512 个水生态环境管控单元 2020 年、2025 年和 2035 年 COD、氨氮、总磷控制目标。2025 年各单元水环境质量目标如图 9-5 所示。除常规污染物外，唐山、沧州及秦皇岛沿海地区还需明确各单元总氮指标的要求，对未纳入水（环境）功能区划的重要水体，考虑现状水质与水体功能要求，补充制定水环境质量目标。

三、主要水污染物允许排放量测算

（一）环境容量核算

在核算环境容量时，要以各控制单元水环境质量目标为约束，以《全国水环境容量核定技术指南》和《水体达标方案编制技术指南（试行）》为主要依据，根据水文气象条件、水质特征、污染源量及分布特征等进行核算。本研究采用了控制断面达标的一维水质模型与污染源分析模型耦合，建立了污染排放与水体水质之间的定量响应关系，对水文水动力参数、污染排放及入河参数、污染物降解参数等进行率定校核，同时结合在已有水环境承载力、水体达标方案成果，根据未来区域水资源综合规划、重点河流生态补水方案等，测算了河北省各流域控制单元的 COD、氨氮、总氮、总磷等主要污染物环境容量。

河北省海河南系在非汛期时，河流基本处于不流动状态，因此当上游来水不断积累超过一定水位线时，地方需要基于河流安全管理要求适时开闸放水。污染物排入水体后通过稀释和水体自净降解而达到稳定，因此，非汛期时海河南系河流环境容量计算时宜采取总体达标的水质模型。在测算白洋淀淀区水环境容量时，本研究采用浅水湖泊污染物水环境容量计算方法，同时参考《白洋淀水环境容量核算及上游容量分配》研究成果进行校正。

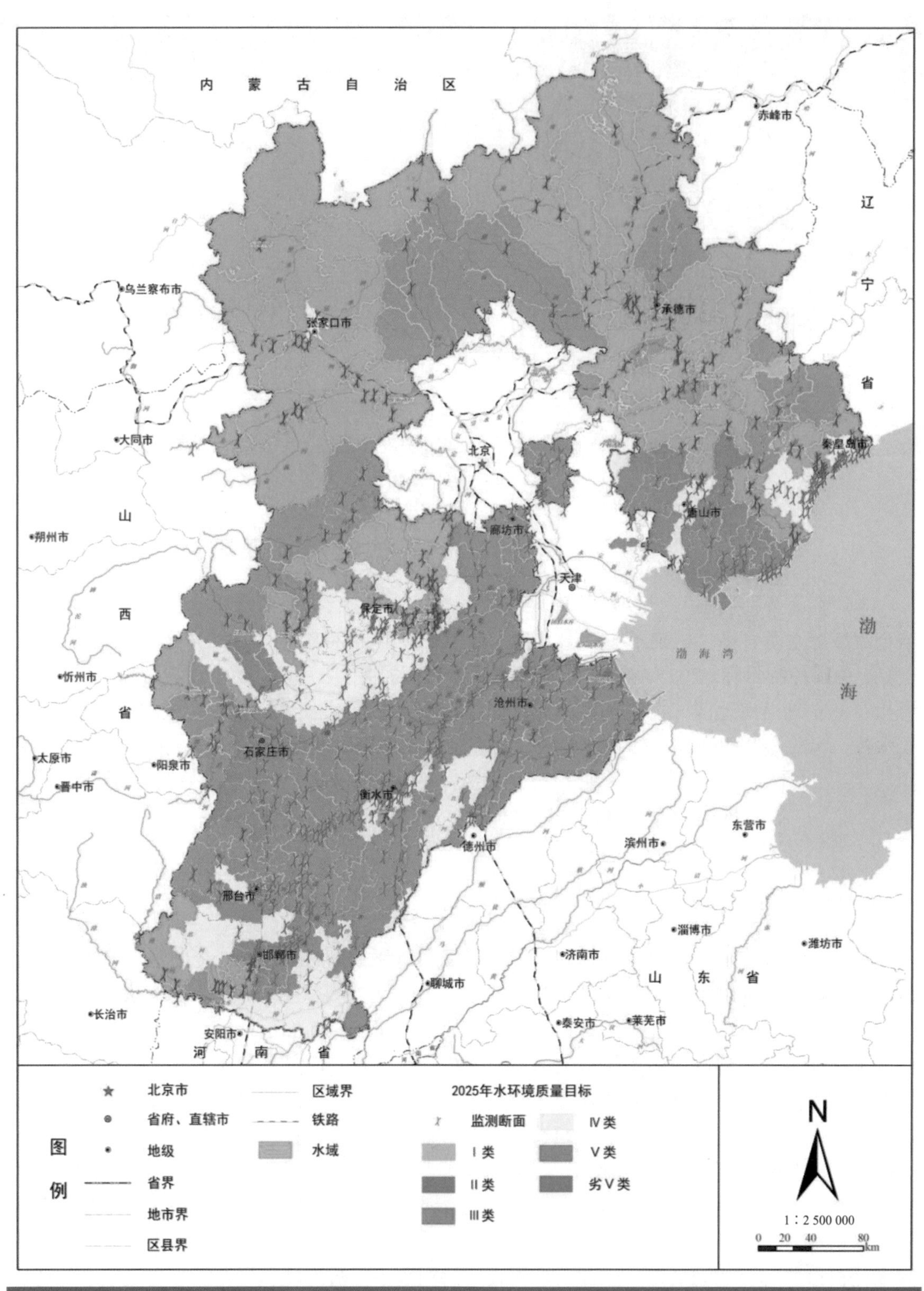

图 9-5　河北省 2025 年水环境质量目标

本研究选择多年平均流量作为模型输入条件，对于有水文站点的河段采用 2010—2017 年《中华人民共和国水文年鉴》第 3 卷“海河流域水文资料”中的流量数据；对于无水文站点的河段，综合采用内插法与水文比拟法相结合的方式进行设计流量的计算。对于有实测资料的水环境功能区单元，依据实测流速资料，确定对应水期的平均流速作为设计条件下的流速；对于无实测资料的水环境功能区单元，基于各水文站点多年水文监测数据确定流量-流速公式经验系数，进而推算流速。

对于模型中采用的 COD、氨氮等主要污染物的综合降解系数，本研究参考河北省和类似北方地区相关研究成果，根据水力特征、污染状况及地理、气象条件近似河流的资料，进行类比分析后确定取值，并采用实测水质资料校核验证。

本研究在分析河北省生态流量时，衔接了《京津冀区域水环境质量综合管理与制度创新研究》研究成果，针对常年断流的 76 个水生态环境管控单元，分析河段干涸的起始时间、干涸河长以及时长变化，结合水源补给条件，提出断流河流逐步恢复生态流量的计划。依据初步计划，2020 年、2025 年、2035 年计划恢复有水单元数分别为 18 个、22 个、36 个。此外，“十四五”期间计划对滦河、沙河、白河、潮河、拒马河、北运河、唐河等河流，以及白洋淀等应达到水利部门提出生态流量（水位）底线要求。

本研究结合河北省河湖生态补水计划，核算了河北省各流域水环境容量。2020 年 COD 为 145 425.2 t、氨氮为 19 173.2 t。2025 年，COD 为 135 574.6 t、氨氮为 11 407.6 t。2035 年，COD 为 122 676.1 t、氨氮为 9 977.4 t。

（二）允许排放量测算

本研究梳理了河北省发布的《河北省水污染防治工作方案》《河北省碧水保卫战三年行动计划（2018—2020 年）》、各流域水污染防治规划与标准文件及各地市生态环境保护规划、水污染防治工作方案、碧水保卫战等文件中已有的水环境管理目标、水污染控制要求、环境治理工程及设施建设情况，将其作为河北省水环境基准污染控制情景，开展了全口径污染排放核算。在此基础上，本研究通过“控制断面—控制河段—对应陆域—污染排放—水质变化”的污染排放与控制断面水质之间的响应机制研究，评估了在基准污染控制情景下的水环境目标的可达性。在基准污染控制情景下不能达到水环境目标时，将针对重点污染源提出强化治理方案，形成强化污染控制情景，确保区域水环境目标可达，并结合各水环境控制单元的环境容量，参照《环境影响评价技术导则　地表水环境》（HJ 2.3—2018）预留一定的安全余量，确定各控制单元的水污染物允许排放量及削减比例。

1. 水污染物排放量预测

本研究根据基准污染控制情景预测了河北省水污染物排放量。2020 年，河北省 COD、氨氮和总磷的入河量分别为 13.7 万 t、1.24 万 t 和 0.40 万 t，分别较 2017 年下降 12%、18%和 6%。2025 年，河北省 COD、氨氮和总磷的入河量分别为 13.4 万 t、1.19 万 t 和 0.40 万 t，分别较 2017 年下降 14%、22%和 7%。2035 年，河北省 COD、氨氮和总磷的入河量分别为 12.3 万 t、1.08 万 t 和 0.39 万 t，分别较 2017 年下降 21%、29%和 9%。在各流域中，子牙河水系、北三河水系、大清河水系和黑龙港运东水系污染物削减比例较大。

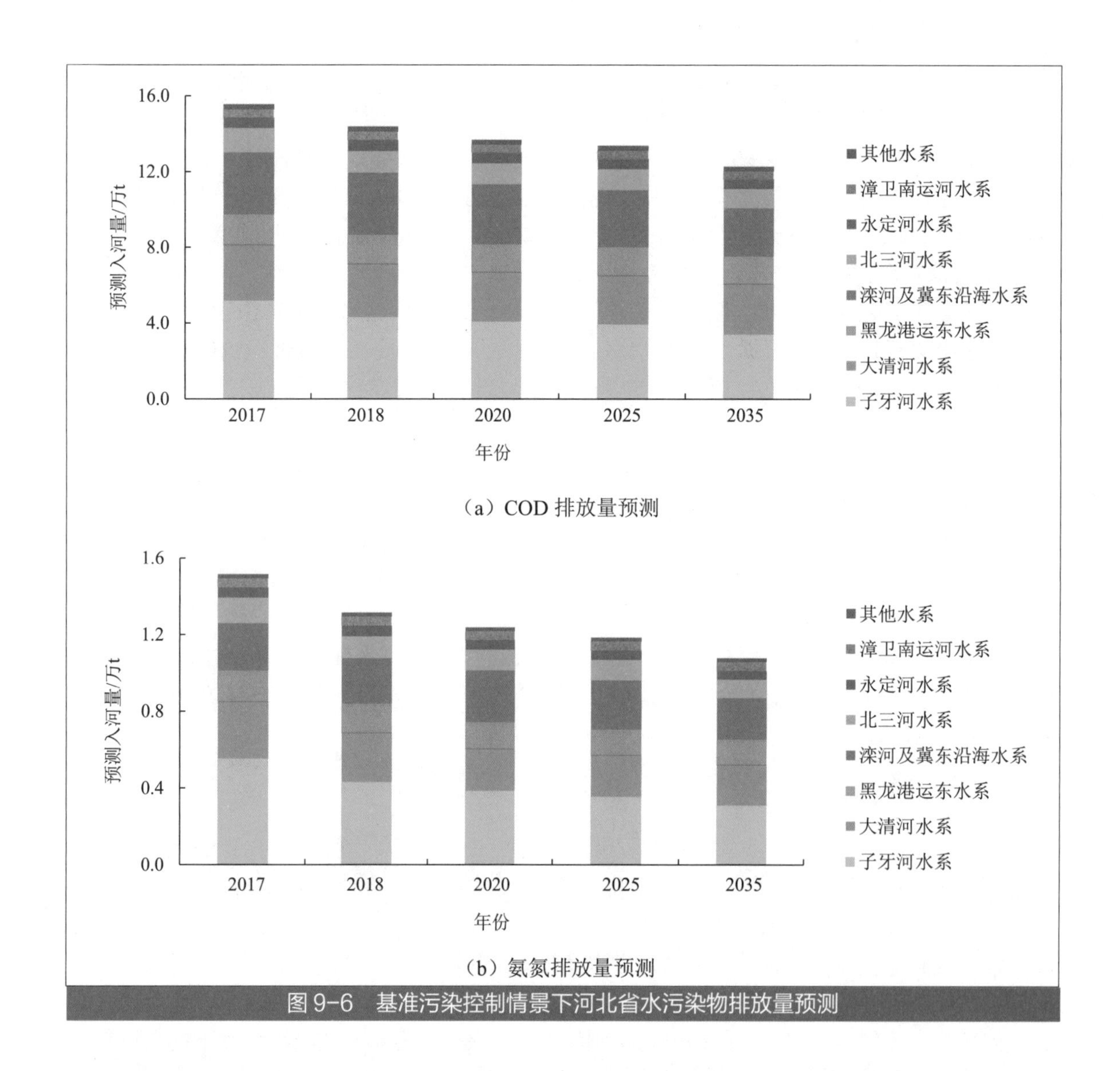

（a）COD 排放量预测

（b）氨氮排放量预测

图 9-6 基准污染控制情景下河北省水污染物排放量预测

2. 目标可达性分析

本研究对比了各控制单元可利用的水环境容量与基础污染排放情景下预测量，针对存在超载风险的水环境控制单元，结合其现状排放与控制情况、发展规划与减排潜力分析，提出了强化控制要求。在基础污染排放情景下，2020 年河北省有 163 个控制单元存在超载或断流风险，约占总面积的 18.6%，针对存在超载风险的单元提出强化控制措施。在强化情景下，2035 年河北省仍可能有 136 个控制单元存在超载风险，约占总面积的 16.6%，远期需考虑生态补水及强化措施。

3. 水环境污染物允许排放量

本研究以实现水生态环境管控单元目标为前提，综合了各单元环境容量核算和水环境排放预测情况，估算了河北省的水环境污染物允许排放量。基础污染排放情景下可满足水生态环境管控单元目标的，则以该情景下的排放量作为单元水环境污染物允许排放量；基础污染排放情景无法满足的，以强化情景下的污染物排放量作为单元水环境污染物允许排放量；强化情景仍然存在超载风险的，结合河北省生态补水计划重新核算水环境容量并预留一定的安全余量，作为控制单元的水环境污染物允许排放量。

经核算，2020 年，河北省 COD、氨氮允许排放量分别为 117 960.3 t 和 10 541.8 t，分别较 2018 年削减 18.0%、19.7%，水环境污染贡献结构仍以城镇生活源、工业源为主。部分地区污染物排放强度仍较高，大清河、子牙河、滦河及黑龙港运东水系污染物允许排放量占全省总排放量的 70%。石家庄是子牙河流域的主要排放源，石家庄排放的 COD、氨氮分别占整个流域的 42%、45%。2025 年，河北省 COD、氨氮允许排放量分别为 108 768.6 t 和 9 300.5 t，分别较 2018 年削减 24.3%、29.1%；2035 年河北省水污染物允许排放量 COD、氨氮分别为 82 639.4 t 和 6 807.2 t，分别较 2018 年削减 42.5%、47.9%（见表 9-5）。

表 9-5　2020 年、2025 年和 2035 年河北省水污染物允许排放量　单位：t/a

流域	COD			氨氮		
	2020 年	2025 年	2035 年	2020 年	2025 年	2035 年
子牙河水系	30 545.9	28 096.9	21 461.3	3 044.4	2 610.3	1 860.4
北三河水系	10 430.4	9 469.7	7 164.8	956.5	906.0	672.9
大清河水系	23 489.3	21 838.1	16 490.4	2 054.9	1 733.3	1 188.8
黑龙港运东水系	13 352.6	12 392.0	8 569.5	1 225.6	1 129.2	771.8
滦河及冀东沿海水系	28 981.0	26 073.9	20 385.3	2 198.6	1 946.8	1 536.4
永定河水系	4 682.1	4 743.4	3 544.4	437.0	428.3	325.4
漳卫南运河水系	3 861.1	3 571.4	2 622.4	423.6	349.9	264.5
其他水系	2 617.9	2 583.2	2 401.4	201.3	196.5	187.0
河北省	117 960.3	108 768.6	82 639.4	10 541.8	9 300.5	6 807.2

四、水环境分区及管控要求

（一）水环境管控分区划定

1. 水环境优先保护区

根据《“三线一单”编制技术指南（试行）》，需要将水源保护区、湿地保护区、江河源头、珍稀濒危水生生物及重要水产种质资源的产卵场、索饵场、越冬场、洄游通道、河湖周边一定范围的生态缓冲带等水体作为水环境优先保护区。本研究据此划定了河北省水环境优先保护区（见图 9-7），主要涉及以下几种：水源保护区、湿地保护区、江河源头、河湖生态缓冲带以及白洋淀淀区、衡水湖及大浪淀水库优先保护区。涉湿地保护区与江河源头的自然保护区共 13 处，总面积为 3 132.3 km^2；湖库型水源保护区共 18 处，总面积为 2 382.1 km^2；河湖生态缓冲带总面积为 3 544.3 km^2；白洋淀淀区、衡水湖、大浪淀水库及重要饮用水水源上游汇水区所在的水环境优先保护区总面积为 26 095.0 km^2。扣除重复计算部分，河北省水环境优先保护区共 3.73 万 km^2，约占河北省总面积的 19.8%。

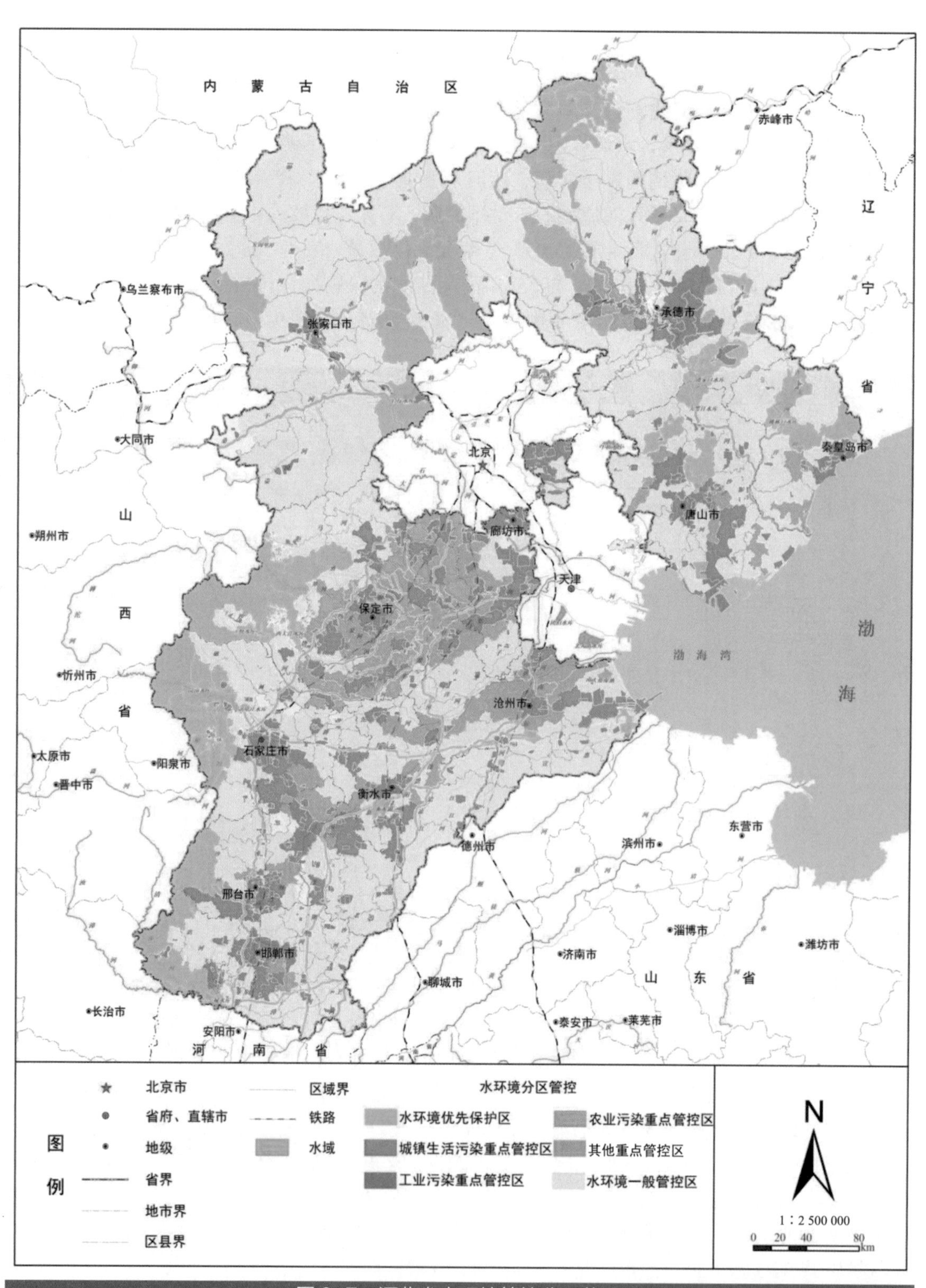

图 9-7 河北省水环境管控分区范围

2. 水环境重点管控区

本研究根据《"三线一单"编制技术指南（试行）》，依据水环境评价和污染源分析结果，考虑重点河道水生态与水功能的重要性等因素，将以工业源为主的控制单元、以城镇生活源为主的超标控制单元和以农业源为主的超标控制单元划定为水环境重点管控区。

在河北省的512个水生态环境管控单元中，共有169个水环境重点管控单元，其中工业污染重点管控单元共9个，城镇生活重点管控单元共88个，农业污染重点管控单元共56个，其他重点管控单元共16个。河北省水环境重点管控单元总面积为4.38万km^2，约占河北省总面积的23.3%。

3. 水环境一般管控单元

本研究将其余区域划分为水环境一般管控区。一般管控区共涉及290个水环境可控制单元，总面积为10.7万km^2，占河北省总面积的56.9%。

（二）分区管控要求

1. 优先保护区

河北省水环境优先保护区主要涉及饮用水水源保护区、湿地保护区、江河源头、河湖生态缓冲带以及白洋淀淀区、衡水湖等优先保护区。

（1）饮用水水源保护区

落实《中华人民共和国水污染防治法》《饮用水水源保护区污染防治管理规定》《河北省水污染防治条例》中的相关规定，在饮用水水源保护区内禁止设置排污口，禁止一切破坏水环境生态平衡的活动以及破坏水源林、护岸林、与水源保护相关植被的活动，禁止向水域倾倒工业废渣、城市垃圾、粪便及其他废弃物，运输有毒有害物质、油类、粪便的船舶和车辆一般不准进入保护区，必须进入者应事先申请并经有关部门批准、登记并设置防渗、防溢、防漏设施，禁止使用剧毒和高残留农药，不得滥用化肥，不得使用炸药、毒品捕杀鱼类。

相关的具体要求如下：①饮用水水源一级保护区内禁止新建、改建、扩建与供水设施和保护水源无关的建设项目，已建成的与供水设施和保护水源无关的建设项目，由保护区所在地县级人民政府责令拆除或者关闭；禁止从事网箱养殖、旅游、游泳、垂钓或者其他可能污染饮用水水体的活动。②饮用水水源二级保护区内禁止新建、扩建向水体排放污染物的建设项目，已建成的排放污染物的建设项目，由县级以上人民政府责令拆除或者关闭；禁止从事网箱养殖等可能污染饮用水水体的活动，从事旅游等活动应当按照规定采取措施防止污染饮用水水体。③饮用水水源准保护区内禁止新建、扩建对水体污染严重的建设项目；改建建设项目，不得增加排污量。

河北省应尽快完成全省县级以上集中式饮用水水源保护区勘界，规范保护区标志和标识，对饮用水水源一级保护区实施隔离防护，在集中式饮用水水源保护区建设生态沟渠、植物隔离条带、净化塘、地表径流积池等设施，以减缓农田氮磷流失，减少对水体环境的直接污染。县级以上城市地表水型集中式饮用水水源均要编制完成突发环境事件应急预案。

（2）湿地保护区

在自然保护区的核心区和缓冲区内，不得建设任何生产设施。在自然保护区的实验区内，不得建设污染环境、破坏资源或者景观的生产设施；建设其他项目，其污染物排放不得超过国家和地方规定的污染物排放标准。在自然保护区的实验区内已经建成的设施，其污染物排放超过国家和地方规定的排放标准的，应当限期治理；造成损害的，必须采取补救措施。在自然保护区的外围保护地带建设的项目，不得损害自然保护区内的环境质量；已造成损害的，应当限期治理。在湿地内禁止从事下列活动：开（围）垦、填埋或者排干湿地；永久性截断湿地水源；挖沙、采矿；倾倒有毒有害物质、废弃物、垃圾；破坏野生动物栖息地和迁徙通道、鱼类洄游通道，乱采滥捕野生动植物；引进外来物种；擅自放牧、捕捞、取土、取水、排污、放生；其他破坏湿地及其生态功能的活动。

（3）江河源头

在重要饮用水水源地补给区，要严格控制化学原料和化学制品制造、医药制造、制革、造纸、焦化、化学纤维制造、石油加工、纺织印染等项目环境风险。河北省需要对岗南、黄壁庄、桃林口、洋河、石河、陡河、上关、西大洋、王快、朱庄、四里岩等湖库型水源地的主要入库河流实施生态整治，在主要河道的入库口采取生态修复措施，在湖库上游实施清洁小流域建设、水土流失治理、水源涵养林建设、矿山整治等治理措施，保障森林覆盖率不降低。禁止侵占自然湿地等水源涵养生态空间，对被侵占的水源涵养生态空间予以恢复，强化水源涵养林的建设与保护，开展湿地保护与修复，加大退耕还林、还草、还湿力度。

（4）河湖生态缓冲带

在河湖生态缓冲带，要以生物多样性维护、减少入河湖污染物为重点，通过流域综合治理以及跨流域调水，实现江河湖泊沟通，维护和重建内陆淡水湿地生态系统，逐渐恢复流域内珍稀濒危野生动植物及其栖息地。应依据《南水北调中线一期工程总干渠河北段饮用水水源保护区划定和完善方案》，加强南水北调沿线保护区规范化建设，建设水生态廊道，保障输水河流水质安全，推进面源污染防治，有效防范尾矿库、交通流动源等环境风险，提升水质安全保障水平。应在引黄和南水北调工程沿线等环境敏感区建设生态沟渠、植物隔离条带、净化塘、地表径流积池等设施，减缓农田氮磷流失，减少对水体环境的直接污染。

（5）白洋淀淀区

在白洋淀淀区，应重点落实以下要求。①全面封堵非法和超标排污口，直排入淀排污口出水达到 COD≤20 mg/L、氨氮≤1.0 mg/L、总磷≤0.2 mg/L。②加快调整种植结构，推进生态绿色种植，减少农药化肥使用量，降低氮、磷等污染物排放，沿河沿淀 1 000 m 范围内禁止施用化肥农药；建成农田生物拦截带、沿河沿湖植被缓冲带和隔离带，有效减少农业面源污染物入河入淀。③对 39 个淀中村实施污水治理，出水水质达到河北省《农村生活污水排放标准》一级 A 排放标准；完成淀中村的生活污水治理工作，农村生活污水收集处理率达 100%。④规范发展生态旅游，严格控制淀区船舶数量，严禁新增汽、柴油动力装置船舶入淀，完成对白洋淀淀区汽、柴油动力船舶油改气、油改电技术攻关及配套设施完善工作。⑤综合淀泊连通性恢复、水动力改善、淀区生态治理、淀泊风貌保护等方面要求，在确保淀区水质达标的前提下，有序清除补水通道内影响水动力连通的围堤围埝及道路，对枣林庄闸前开卡除埝清理重点区域阻水围埝，对光淀张庄水域、圈头东部水域、采蒲台北部水域进行航道疏浚整治，逐步恢复淀区水动力条件和泄洪能力。⑥实施常态化长效补水，保障入淀河流生态流量和淀区水质改善需求，确保每年入淀水量达到 3 亿～4 亿 m^3，淀区正常水位保持 7.0 m 左右。

（6）衡水湖

在衡水湖应重点落实以下要求。①禁止在衡水湖设置排污口，对于已建成的排污口，由市、有关县级人民政府责令限期拆除或者关闭；禁止通过暗管、渗井、渗坑等方式向衡水湖排放水污染物。②禁止网箱养殖，现有养殖全部改为生态养殖，恢复和保护野生渔业资源，禁止使用炸鱼、毒鱼、电鱼等破坏渔业资源方法进行捕捞，违反关于禁渔区、禁渔期的规定进行捕捞，或者使用禁用的渔具、捕捞方法和小于最小网目尺寸的网具进行捕捞。③优先保护区内农田逐步退耕，暂未实现退耕的农田严格化肥农药施用管理，推进农田排水和地表径流净化工程，利用现有沟、塘、窑等，配置水生植物群落、格栅和透水坝，建设生态沟渠、污水净化塘、地表径流集蓄池等设施，减少农田退水污染。④治安、海事、渔政、抢险、工程等工作船只外，禁止非清洁能源的机动船只进入衡水湖。⑤对衡水湖及入湖引水河道水面漂浮物、水生植物和动物尸体应及时打捞、清运，并进行无害化处置。⑥与引水河道上游流域设区的市政府建立水污染事故应急联动机制，完善水质保护联动和协商机制，待位山引黄水的水质达到或接近Ⅲ类时，适时开展衡水湖生态补水，保证引水时段入湖引水河道石津干渠、清凉江、卫千渠水体不受污染。制定衡水湖及入湖引水河道水污染突发事件总体应急预案。

2. 重点管控区

（1）城镇生活污染重点管控区

加强城镇生活源、城镇面源控制，流域内城市建成区实现污水管网全覆盖，重点镇具备污水处理能力，进一步提高污水收集率。污水处理厂执行《城镇污水处理厂污染物排放控制标准》（GB 18918—2002）一级 A 排放标准，位于流域重点控制区的污水处理厂执行特别排放限值。在 2025 年污水处理率进一步提高，有流域排放限值的所有排放单位全部执行流域排放限值。在 2035 年实现城镇生活污水全收集全处理。

（2）工业污染重点管控区

严格控制高污染、高耗水行业新增产能，加强工业源污染排放控制。产能过剩行业实行新增产能等量替代、涉水主要污染物排放同行业倍量替代。对造纸、氮肥、化工、印染、农副食品加工、原料药制造、制革（皮毛硝染鞣制）、农药、电镀等重点行业，新建、改建、扩建项目实行新增主要污染物排放倍量替代。对上一年度水体不能达到目标要求或未完成水污染物总量减排任务的区域暂停审批新增排放水污染物的建设项目。新建重污染工业项目必须入园进区，化工、装备制造等污染行业必须提高再生水回用率。各工业园区必须配备污水厂，污水处理厂排放不低于《城镇污水处理厂污染物排放控制标准》（GB 18918—2002）一级 A 排放标准，流域排放限值的所有排放单位全部执行流域排放限值。

（3）农业污染重点管控区

加强农村生活源、农业面源、畜禽养殖管控，科学划定流域禁养区；所有规模化畜禽养殖场全部配套建设粪便污水贮存、处理、利用设施或外委处理；重污染低容量的控制单元提高粪尿利用水平。散养密集区要实行畜禽粪便污水分户收集、集中处理利用。远期畜禽养殖污染粪便、污水基本达到全部综合利用。

3. 一般管控区

一般管控区的水环境污染控制要求按照各阶段的基准污染控制情景执行。

（三）分流域/区域管控要求

本研究针对河北省分流域、分战略功能区、分地市的情况，分别提出了相应的区域管控要求。其中分流域管控要求详见表 9-6。

表 9-6 河北省分流域水环境管控要求

水系	重点保护对象	管控要求
大清河水系	白洋淀	①入淀河流实施总氮排放控制，执行《大清河流域水污染物排放标准》，雄安新区与保定城区实现污水 100%收集处理； ②新区高排放行业、流域内涉重行业全部关停迁出，禁止新建造纸、印染、制革； ③加强面源治理，开展河道两侧 1 km 内农村环境治理，实施环淀截污通过生态补水扩大流域纳污能力
子牙河水系	南水北调	①执行《子牙河流域水污染物排放标准》，提高流域再生水回用率，适时开展污水处理厂提标改造与扩容； ②开展引调水线路周边面源污染治理，确保引调水水质安全； ③通过生态补水扩大流域纳污能力
黑龙港运东水系	南运河	①执行《黑龙港及运东流域水污染物排放标准》； ②强化石化行业管控，加强沿海面源控制，泊头市、青县划为休耕区； ③依托大运河生态带，开展生态补水，扩大流域纳污能力
永定河水系	冬奥场地	①推进河湖生态保护与修复，确保京津冀水源水质安全； ②到 2020 年，奥运场馆、奥运村污水实现全处理。崇礼城区污水集中处理率达到 90%及以上
北三河水系	潮白河、北运河	①加强北潮白河等生态廊道保护，确定密云水库、于桥水库上游来水水质； ②廊坊市主城区和北三县污水处理厂执行京标 B 类标准，实施污水处理厂提标与扩容； ③北三县全域禁止新建和扩建畜牧业
滦河及冀东南沿海水系	滦河	①保障上游水源涵养区水质； ②唐山、秦皇岛实施总氮排放总量控制，严控入海排放； ③提高城镇生活污水收集处理率及再生水回用率
漳卫南运河水系	大运河	①开展农村生活污水治理，2020 年年底前农村生活污水村庄治理率达到 30%及以上； ②控制畜禽养殖污染。到 2025 年，散养密集区畜禽粪便污水达到全收集、全处理

第三节 近岸海域环境质量底线及分区管控研究

一、近岸海域环境质量目标设定

（一）总体目标设定

《河北省碧水保卫战三年行动计划（2018—2020 年）》提出，在 2020 年使河北省的水质优良比例达到 87.5%。《河北省海洋环境保护规划（2016—2020 年）》提出，在 2020 年使河北省的水质优良比例达到 80%，功能区水质达标率上升至 90%。《河北省渤海综合治理攻坚战实施方案》提出，到 2020 年确保全省近岸海域水质优良（一类、二类海水水质）比例达到 80%及以上，秦皇岛近岸海域水质优良比例达到 90%及以上，唐山近岸海域水质优良比例达到 80%及以上，沧州近岸海域水质优良比例达到 70%及以上。《沧州市海洋功能区划（2015—2020 年）》提出沧州市海洋基本功能区环境质量达标率要达到 80%。

本研究根据上述文件提出的要求，选取近岸海域水质优良比例和基本功能区环境质量达标率两项指标作为管控目标。其中水质优良比例指标用海洋一类、二类水质面积来进行评估，与国家海洋局管理要求一致；基本功能区环境质量达标率指标，参照海洋功能区划要求，以海洋功能片区的水质达标情况来核算。坚持环境质量持续改善不恶化的原则，考虑海陆统筹及省市现状，本研究确定了河北省及沿海 3 市 2020 年、2025 年和 2035 年的目标要求。

（二）各海域功能区目标设定

《河北省海洋环境保护规划（2016—2020 年）》明确指出了各级海域应执行的水质质量标准。海洋自然保护区、自然岸线、国家湿地公园海域等重点保护区需要执行一类海水水质标准。控制性保护利用区包括重要海洋生态功能区和生态敏感区。其中，重要海洋生态功能区包括滨海旅游区、海洋渔业保障区和后备资源保留区。滨海旅游区执行不劣于二类海水水质质量标准；渔业资源利用区（养殖区）执行不劣于二类海水水质质量标准；渔业资源利用区（捕捞区）执行一类海水水质质量标准。后备资源则保留与执行不劣于现状海水水质质量标准。

河北省的生态敏感区包括重要河口和重要滨海湿地，在该区域执行二类海水水质质量标准。监督利用区包括工业与城镇监督利用区、港口航运监督利用区、矿产与能源监督利用区、渔业基础设施监督利用区和海洋倾废监督利用区。工业与城镇监督利用区执行不劣于三类海水水质质量标准。港口航运监督利用区（港池区）执行不劣于四类海水水质质量标准，港口航运监督利用区（航道、锚地区）执行不劣于三类海水水质标准，港口航运监督利用区（其他港口区域）执行不劣于二类海水水质质量标准。矿产与能源监督利用区（油气勘探区）执行不劣于三类海水水质质量标准，矿产与能源监督利用区（盐业利用区）原料海水执行不劣于二类海水水质质量标准。渔业基础设施监督利用区执行不劣于三类海水水质质量标准。海洋倾废监督利用区执行不劣于三类海水水质质量标准。

二、近岸海域污染物排放管控及目标可达性分析

（一）基准情景污染物排放量预测

本研究以近岸海域监测数据为准，适当考虑海洋部门监测数据，系统分析近岸海域污染现状，开展现状及关键问题识别。本研究依据河北省社会经济发展水平预测结果和相关规划空间布局调整结果，对河北省近岸海域 2020 年、2025 年和 2035 年的污染源进行了调整和重新概化，对未来污染源按照位置类型进行合并，共计算出 38 个污染源。

本研究开展全口径污染源排放量核算，采用了资料调查法、排污系数法、查询参考资料和综合分析法，收集主要河流入海口、入海排污口的径流量和污染物浓度，核算了海洋船舶污染源的主要排污量。同时，本研究还依据河北省社会经济发展水平预测结果和地表水环境预测结果，结合污染物控制技术水平，分析了现状近岸海域污染物减排潜力，在此基础上预测河北省 2020 年、2025 年、2035 年近岸海域 COD、TN、TP、石油类 4 种污染物的排放量。

（二）基准情景污染物排放影响

本研究采用 MIKE 21 二维潮流数学模型，模拟并分析评价了河北省近岸海域的水动力水

质，以研究海洋资源开发和海洋环境污染对河北省近岸海域生态环境的影响。本研究根据海图资料、实测水深数据和海岸线，建立了河北省近岸海域流场模型，并验证流场的准确性。此次模拟范围包括河北省全部近岸海域、天津市近岸海域及附近渤海海域，范围 117.2°E～120.1°E，38.1°N～41.2°N，网格数为 20 277 个，平均网格面积 8 km^2，开边界由模型自带全球潮汐预测模型数据取得。

本研究在 MIKE 21 FM 海洋水动力模拟的基础上，加入“Transport”模块，模拟海洋污染物的输移扩散。严格来讲，本研究不细究污染物复杂的物理化学变化，而是采用线性降解的对流扩散方程作为污染物输移的控制方程。河北近岸海域沿岸共计有 23 条主要入海河流，8 个入海排污口。本研究的数据主要以河北省的实际情况为依据，入海径流量数据选取了 2017 年河北省实测径流量月平均数据，出水量数据选取了河北省污水处理厂 2017 年度的实际处理量，出水水质按实测浓度或《城镇污水处理厂污染物排放标准》（GB 18918—2002）一级 A 排放进行计算。本研究将港口船舶类污染源概化成 4 个点源，按预测吞吐量和集装箱标准箱数核算了船舶排污量，出水水质按《船舶水污染物排放控制标准》（GB 3552—2018）排放进行计算。本研究将海水养殖区按养殖区域和养殖类别概化为 3 个点源，污染物排污量按照养殖产量和《第一次全国污染源普查——畜禽养殖业源产排污系数手册》中的排污系数进行估算。

本研究对不同情景下河北省的近岸海域环境污染进行了预测。本研究的分析结果表明：在近岸海域，污染物影响浓度的空间分布和时变过程明显随潮变化，在整个潮周期内，都能形成各类超标准区。本研究按照情景设置，分别模拟了 2020 年、2025 年、2035 年的 COD、无机氮、活性磷酸盐和石油类的浓度分布。模拟结果显示，2020 年、2025 年、2035 年在基准情景下，河北省近岸海域 COD 浓度基本小于 4 mg/L，满足 2020 年、2025 年和 2035 年目标要求。

模拟结果显示，2020 年无机氮超标海域面积共计 722 km^2，主要分布在沧州部分海域、唐山丰南区大部分海域、大清河入海口、滦河入海口附近海域，其中最大浓度为 0.75 mg/L，超出四类标准 0.5 倍。2025 年无机氮超标海域面积共计 412 km^2，主要分布在沧州部分海域、唐山丰南区大部分海域附近，其中最大浓度为 0.66 mg/L，超出四类标准 0.3 倍。2035 年无机氮超标海域面积共计 125 km^2，主要分布在沧州部分海域和规划丰南港附近海域，其中最大浓度为 0.62 mg/L，超出四类标准 0.2 倍。

模拟结果显示，2020 年活性磷酸盐超标海域面积共计 132 km^2，主要分布在大清河入海口和乐亭污水厂排放口附近区域。2025 年活性磷酸盐超标海域面积共计 127 km^2，主要分布在大清河入海口和乐亭污水处理厂排放口附近区域。2035 年活性磷酸盐超标海域面积共计 35 km^2，主要分布在规划丰南港港区附近区域。

模拟结果显示，2020 年石油类超标海域面积共计 292 km^2，主要分布在沧州海域种质资源保护区、唐山丰南区部分区域。2025 年石油类超标海域面积共计 250 km^2，主要分布在沧州海域种质资源保护区、唐山丰南区附近区域。2035 年石油类超标海域面积共计 203 km^2，主要分布在沧州海域种质资源保护区、曹妃甸至涧河口农渔业区附近区域。

（三）目标可达性分析

本研究根据排污口数量和空间距离分布，在河北省辖区内的海域设置了 67 个水质控制点，其中唐山海域辖区内 35 个点位，秦皇岛海域辖区内 14 个点位，沧州海域辖区内 18 个点位。

本研究将每个点的现状模拟值和预测情景下的未来模拟预测值进行对比，确定了各个点位的污染物因子的污染指数。在处理各个等级的水质控制点时，本研究以相应网格中污染物浓度平均值作为水质控制值，根据海洋功能区划确定了水质控制值的大小，并按照《海水水质标准》（GB 3097—1997）对水质进行了单因子评价。

本研究模拟分析了河北省在 2020 年、2025 年、2035 年的 COD、无机氮、活性磷酸盐和石油类四项指标的污染指数。COD 污染指数最大值分别为 1.37、1.28、0.98，超标点位数量分别为 6 个、3 个、0 个，超标率分别为 9.0%、4.5%和 0，满足各情景年海洋环境质量目标的要求。无机氮的污染指数最大值分别为 2.83、2.64、2.10，辖区海域的无机氮浓度将呈下降趋势，但无机氮超标现象仍然存在，超标点位数量分别为 11 个、9 个、5 个，超标率分别为 16.4%、13.4%和 7.5%，无机氮浓度不能满足各情景年海洋环境质量目标的要求。活性磷酸盐的污染指数最大值分别为 1.72、1.51、0.96，辖区海域的活性磷酸盐浓度将呈下降趋势，但超标现象仍然存在，超标点位数量分别为 5 个、3 个、0 个，超标率分别为 7.5%、4.5%和 0，活性磷酸盐浓度能够满足各情景年海洋环境质量目标的要求。石油类污染指数最大值分别为 1.83、1.44、1.36，辖区海域的石油类污染物浓度将呈下降趋势，但超标现象仍然存在，超标点位数量分别为 7 个、3 个、0 个，超标率分别为 10.4%、4.5%和 0，石油类污染物浓度能够满足各情景年海洋环境质量目标的要求。

（四）强化情景污染物排放量预测及影响

河北省需要考虑进一步降低入海河流和入海排污口的总氮排放量，并降低海水养殖和海洋船舶总氮总磷的排放量。本课题组建议，具体可采取以下措施：①将城镇生活污水处理厂 TN 出水标准提高至 10 mg/L，以降低入海河流的入海总氮浓度；②海水养殖采用混养综合养殖、循环养殖等模式，利用养殖生物间的代谢互补来消耗有害有机物，减少氮磷类污染物的排放，从而减少养殖生物对水体的污染；③将海洋船舶污染物排放中的 TN 出水标准提高至 15 mg/L。

在强化污染控制情况下，本研究预测河北省在 2020 年、2025 年、2035 年的无机氮污染指数最大值分别为 1.89、1.56、1.00，超标点位数量分别为 6 个、3 个、0 个，超标率分别为 9.0%、4.5%和 0，无机氮浓度能够满足各情景年海洋环境质量目标的要求。

（五）污染物允许排放量预测

本研究在进行各项合理削减后，预测河北省在 2020 年、2025 年、2035 年的各类污染物排放量如下。COD 排放量分别为 52 075.8 t、47 253.8 t、43 659.7 t，较现状年的削减率分别为 9.4%、17.8%和 24.1%；总氮的排放量分别为 6 927.6 t、6 143.2 t、4 786.2 t，较现状年的削减率分别为 27.9%、36.1%和 50.2%；总磷的排放量分别为 556.1 t、518.2 t、494.4 t，较现状年分别增加 19.4%、11.3%和 6.2%；石油类的排放量分别为 166.2 t、148.4 t、147.1 t，较现状年增加 79.9%、60.6%和 59.2%。削减 COD 和总氮排放量后，河北省海域 2020 年的水质功能区达标率为 91.0%，2025 年水质功能区达标率为 94%，2035 年水质功能区达标率为 95.5%，均满足所在功能区的海水水质标准要求。

本研究确定了河北省沿海 3 市在 2020 年、2025 年、2035 年的 COD、总氮、总磷和石油类的允许排放量。2020 年、2025 年、2035 年经秦皇岛市入海 COD 允许排放量分别为 1.40 万 t、

1.34 万 t 和 1.29 万 t，分别较现状年削减 7.9%、12.1%和 15.3%；总氮允许排放量分别为 2 590 t、2 388 t 和 1 901 t，分别较现状年削减 26.2%、31.9%和 45.8%。

2020 年、2025 年、2035 年经唐山市入海 COD 允许排放量分别为 2.15 万 t、2.05 万 t 和 1.94 万 t，分别较现状年削减 9.6%、14.0%和 18.8%；总氮允许排放量分别为 2 590 t、2 388 t 和 1 901 t，分别较现状年削减 18.0%、25.0%和 45.6%。

2020 年、2025 年、2035 年经沧州市入海 COD 允许排放量分别为 1.65 万 t、1.34 万 t 和 1.14 万 t，分别较现状年削减 10.5%、27.5%和 38.1%；总氮允许排放量分别为 2 590 t、2 388 t 和 1 901 t，分别较现状年削减 43.6%、56.4%和 62.3%；总磷的排放量分别为 120 t、109 t、102 t，分别较现状年削减 13.5%、21.4%和 26.8%。

（六）主要污染物减排比例

本研究以实现全省近岸海域水质目标为前提，结合各地市允许排放量，明确了沿海 3 市入海河流水质目标及直排海污染物减排比例要求。本研究经过分析得出以下结论。河北省需要强化石河、戴河、洋河及滦河的水质监管，使之稳定达到地表水 III 类管控要求。在未来，河北省沿海市可能受到港口吞吐量增加和沿海人口产业集聚的影响，直排入海污染物允许排放量会有所增加。因此，需要本着环境质量不恶化的基本原则，对各地区的不同污染提出总量不增加的要求，加强陆海污染联动防控，严控陆源污染物排海总量和船舶污染物排放总量，维持海洋资源可持续利用，保持海洋生态系统结构和功能稳定（见表 9-7）。

表 9-7 河北省入海河流分阶段水质目标要求

入海河流	2020 年	2025 年	2035 年
石河、戴河、洋河、滦河	地表水Ⅲ类	地表水Ⅲ类	地表水Ⅲ类
汤河、新开河、青龙河、沙河、陡河	地表水Ⅳ类	地表水Ⅳ类	地表水Ⅳ类
饮马河、人造河、二滦河、长河、大清河、小清河、溯河、双龙河等其他入海河流	地表水Ⅴ类	地表水Ⅴ类	地表水Ⅴ类
南排河、宣惠河入海河流	COD≤50 mg/L，其他Ⅴ类	地表水Ⅴ类	地表水Ⅴ类

三、近岸海域管控分区及管控要求

（一）管控分区划定

本研究按照“海陆统筹、以海定陆”的原则，根据河北省海洋功能区划、环境功能区划，综合考虑河北省近岸海域在开发利用中面临的环境问题，综合考虑各水生态环境管控单元的环境容量、近岸海域入海河流水质要求、城镇水环境质量改善需求、污染物排放量预测和减排潜力等因素，划分出了海洋优先保护区、重点管控区、一般管控区。划分出的各管控区共有 74 个管控单元（见图 9-8），优先保护区共计 22 个，重点管控区共计 33 个，一般管控区共计 19 个。

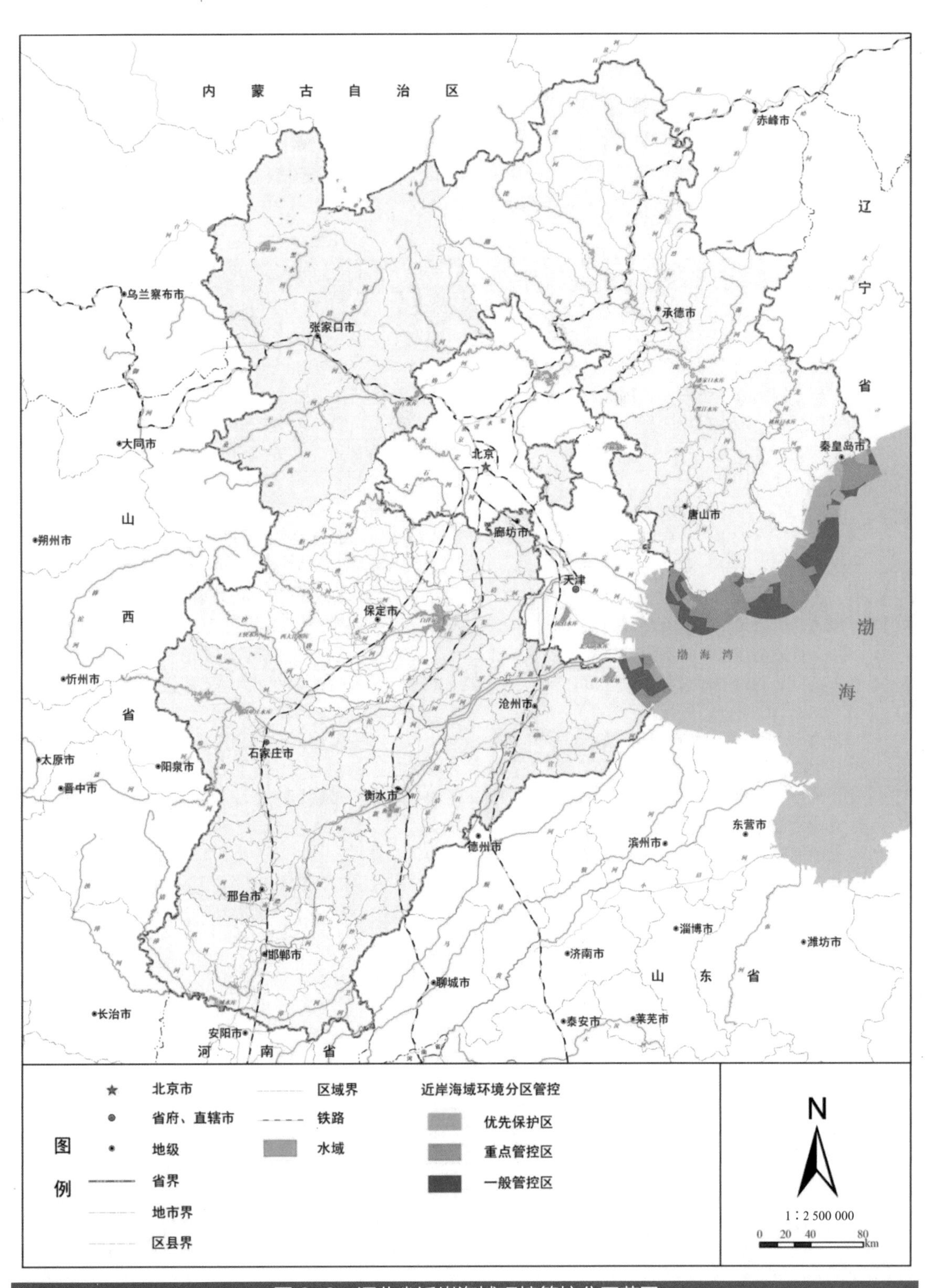

图 9-8　河北省近岸海域环境管控分区范围

（二）分区管控要求

近岸海域是一个多功能综合体。为降低近岸海域水环境污染风险，切实维护海洋生态服务功能，本研究提出河北省近岸海域水环境分区差异化管控对策（见表 9-8）。建议河北省加强陆海污染联动防控，严控陆源污染物排海总量和船舶污染物排放总量，维持海洋资源可持续利用，保持海洋生态系统结构和功能稳定。

表 9-8 河北省近岸海域环境管控分区管控要求

管控分区		管控要求
优先保护区	海洋特别保护区	①保护河口生态系统、滨海湿地和鸟类、滦河口潟湖-沙坝海岸景观、七里海潟湖生态系统、自然沙质岸滩、石臼坨诸岛海岛生态系统等。 ②严格控制陆域入海污染物排放，污水达标排放和生活垃圾科学处置；保护海水质量。 ③保护金山嘴附近褐牙鲆、红鳍东方鲀、刺参等种质资源黄金海岸文昌鱼及其栖息地
	沙源保护区	①保护海底地形地貌、海洋动力条件、海水质量，禁止开展可能改变或影响沙源保护海域自然属性的开发建设活动。 ②禁止在沙源保护海域内构建永久性建筑、采挖海沙、围填海、倾废等可能诱发沙滩蚀退的开发活动。 ③实施严格的水质控制指标，入海直排口污染物达标排放，重点控制入海总氮排放量
	重要旅游休闲区	①保护山海关、北戴河沙质岸滩，大清河口潟湖-沙坝生态系统，减缓岸滩侵蚀退化。 ②按生态环境承载能力控制旅游开发强度，严格实施污水达标排放和生活垃圾科学处置，控制总氮和总磷排放量，确保海洋环境及海域生态安全。 ③保护海岛岸线、提高海岛植被覆盖率，改善海岛生态环境，满足公众亲海要求
	水产种质资源保护区	①秦皇岛北戴河海域保护褐牙鲆、红鳍东方鲀、刺参等种质资源，南戴河海域保护栉江珧、魁蚶、毛蚶、竹蛏等水产种质资源。 ②唐山海域保护滨海湿地，青蛤、四角蛤蜊、光滑蓝蛤潮间带底栖生物和中国明对虾、三疣梭子蟹等水产种质资源。 ③沧州海域保护光滑蓝蛤、光滑狭口螺、日本大眼蟹等潮间带底栖生物和中国明对虾、小黄鱼、三疣梭子蟹等水产种质资源。 ④除国家重点项目外，全面禁止围填海。禁止截断洄游通道、设置直排排污口等开发活动，特别保护期内不得从事捕捞、爆破作业以及其他可能对保护区内生物资源和生态环境造成损害的活动
重点管控区	港口航运区	①保护港口、航道水深条件；保护水域宽度，防止淤积；保护河口水动力环境；曹妃甸海域加强深槽及水动力环境监控，减少对海洋水动力环境、岸滩及海底地形地貌的影响。 ②禁止捕捞和养殖等与港口作业无关、有碍航行安全的活动；禁止在船舶定线制警戒区、通航分道及其端部的附近水域锚泊。 ③强化污染物控制，提高粉尘、废气、油污、废水处理能力，港区设油污水、煤污水、集装箱污水处理站，实施废弃物达标排放，控制总氮和总磷排放量。 ④锚地区保护海底管线。 ⑤保证船舶停靠、装卸作业、避风和调动、通航所需海域。 ⑥加强海洋环境风险防范，确保毗邻海洋生态敏感区、亚敏感区的海洋环境及海域生态安全
	工业与城镇用海区	①保护河口地形地貌，保护海水地形和海洋动力条件，减少对滩涂湿地及海底地形地貌的破坏，保证海洋水交换能力。 ②强化污染物控制，粉尘、废气、油污、废水等废弃物达标排放，控制总氮和总磷排放量。 ③实施河口海域综合整治，提高防灾减灾和通航能力。大清河口、小河子入海口、溯河口等海域开发利用须保障行洪安全。 ④除国家重大项目外，全面禁止围填海。实施围填海区综合整治，改善工程地质条件，提高防灾减灾能力。 ⑤加强海岸生态廊道建设和海洋环境风险防范，降低对毗邻海洋生态敏感区、亚敏感区的影响

管控分区		管控要求
重点管控区	矿产与能源区	①保护周边海域海岸地貌、水文地形和海洋动力条件，保持河口生态系统结构和功能的稳定，维护海域自然纳潮和水交换能力。 ②维持盐田潮间带生态系统稳定，严格控制生态过程中废弃物的排放，保护海水质量，降低对毗邻的农渔业区和滨海湿地的海洋生态环境影响。 ③加强海洋环境风险防范，严格控制矿产能源区内生产过程中废弃物的排放，制定油气泄漏应急预案和快速反应系统，确保毗邻海洋生态敏感区、亚敏感区的海洋环境及海域生态安全。 ④油气勘探开采和储运设施周边海域禁止与油气开采作业无关、有碍生产和设施安全的活动。非生产区的渔业生产活动须保障油田作业船舶通行安全
一般管控区	旅游休闲区	①保护砂质岸滩、海水质量。 ②严格实施污水达标排放和生活垃圾处置，确保海洋环境及海域生态安全。 ③禁止与旅游休闲娱乐无关的活动，按生态环境承载能力控制海岛旅游开发强度
	农渔业区、养殖区	①禁止建设与渔船作业和观光游览无关的其他永久性设施，生产活动须避免对相邻的特殊利用区、海洋保护区产生影响，保证海上航运安全。 ②防治外来物种侵害，防治养殖自身污染和水体富营养化，严格控制氮磷类污染物排放，科学控制养殖规模，生产布局和养殖容量。 ③开展陆源污染治理，海岸和潮间带整理，保护海洋生态环境，保护海水质量，维持盐田潮间带生态系统稳定
	保留区	①保护海岸沙滩地貌，严格限制改变海域自然属性，涉海工程建设需征求相关部门意见。 ②加强保留区管理和环境质量监控，维护海洋资源、环境的相对稳定
	特殊利用区	涉海工程建设需征求相关部门意见

第四节　土壤环境风险防控底线及分区管控研究

一、土壤环境质量目标设定

本研究按照《“三线一单”编制技术指南（试行）》和《“三线一单”编制技术要求（试行）》等要求，衔接《土壤污染防治行动计划》《关于加强涉重金属行业污染防控的意见》《河北省“净土行动”土壤污染防治工作方案》等要求，以受污染耕地及污染地块安全利用为重点，秉持不断优化的原则，设定了土壤环境质量目标，分别明确河北省及各地区 2020 年、2025 年和 2035 年受污染耕地安全利用率目标和污染地块安全利用率目标。

二、土壤环境管控分区及管控要求

（一）管控分区划定

1. 农用地优先保护区

根据国家“土十条”和河北省“土五十条”要求，河北省政府逐步开展了土壤污染状况详查工作。在完成农用地土壤详查并建立农用地分类清单之前，目前尚不具备识别和划分农用地优先保护区和污染风险管控区的工作基础，现阶段本研究将永久基本农田划为农用地优先保护区，后续将结合土壤详查推进情况进行调整。

2. 农用地污染风险重点管控区

现阶段本研究暂时将污灌区和土壤详查中超标的农用地区域纳入农用地污染风险重点管控区，后续将结合"土十条"实施进度进行调整。

3. 建设用地污染风险重点管控区划定

本研究根据河北省建设用地土壤污染风险管控和修复名录，识别出 5 个污染地块。开展初步摸排，全面梳理曾用于生产、使用、贮存、回收、处置有毒有害物质的地块，以及曾用于固体废物堆放、填埋的地块，与河北省全口径涉重金属重点行业企业清单进行对照，并结合现有工作基础，识别出重点风险源 1 263 个，其中重点企业 956 家（包括在产和关停），生活垃圾处置场 117 家，危废处置场 42 家，重点监管尾矿库 148 家。重点风险企业主要分布在保定市、衡水市、承德市、唐山市、沧州市、张家口市、辛集市和石家庄市等地，在这 7 个城市分布了河北省 70%以上的重点风险源。

本研究进行了仔细排查，筛选出主导行业涉及钢铁（冶炼）、石化、化工、电池制造、制革、焦化行业的省级工业园区 42 个。这些工业园区集中在唐山、石家庄和邯郸，这 3 个城市的园区占比 63.6%。其中在唐山市的 12 个园区主要涉及石化、钢铁冶金行业；在石家庄市的 10 个园区主要为化工行业；在邯郸市的 6 个园区以钢铁、化工业为主。

河北省在"十二五"期间确定了 6 个重金属重点防控区域，包括国家级重点防控区域 4 个，涉及无极县、辛集市、安新县、徐水区；省级重点防控区域 2 个，包括保定市清苑区和蠡县。

本研究综合污染地块、重金属污染防控重点区、重点风险源区域识别情况，对各管控分区进行归类、叠加、整合，最终划定建设用地土壤环境风险管控分区。

本研究叠加农用地优先保护区、农用地污染风险重点管控区、建设用地污染风险管控区，将其他区域划为一般管控区，确定了河北省土壤风险防护管控分区。其中优先保护区、重点管控区及一般管控区分别占全省面积的 28.6%、1.9%、69.5%。

（二）总体管控要求

1. 优先保护区

在优先保护区内，河北省需要严格控制新建有色金属冶炼、石油加工、化工、焦化、电镀、制革等排放有毒有害物质的行业企业。还应划定缓冲区域，禁止新增排放重金属和多环芳烃、石油烃等有机污染物的开发建设活动。河北省政府有责任督促相关行业企业加快升级改造步伐，并建立退出机制、制订治理方案及时间表。为保障优先保护类耕地质量，河北省还需要大力推广秸秆还田、增施有机肥、少耕免耕、粮豆轮作、标准农膜使用与回收利用。农用地优先保护区管控要求见表 9-9。

表 9-9　农用地优先保护区管控要求

管控类型		管控措施
空间布局约束	禁止活动	①在永久基本农田集中区域，不得新建可能造成土壤污染的建设项目；已经建成的，应当限期关闭拆除。 ②禁止任何单位和个人占用基本农田发展林果业和挖塘养鱼。 ③禁止任何单位和个人在基本农田保护区内建窑、建房、建坟、挖砂、采石、采矿、取土、堆放固体废物或者进行其他破坏基本农田的活动。 ④禁止向农用地排放重金属或者其他有毒有害物质含量超标的污水、污泥，以及可能造成土壤污染的清淤底泥、尾矿、矿渣等。 ⑤禁止将重金属或者其他有毒有害物质含量超标的工业固体废物、生活垃圾或者污染土壤用于土地复垦。 ⑥法律法规禁止的其他行为
	限制活动	①实行严格保护，确保其面积不减少、土壤环境质量不下降，除法律规定的重点建设项目选址确实无法避让外，其他任何建设不得占用。 ②对优先保护类耕地面积减少或土壤环境质量下降的区县进行预警提醒，并依法采取环评限批等限制性措施
	退出活动	严格控制在优先保护类耕地集中区域新建有色金属冶炼、石油加工、化工、焦化、电镀、制革等行业企业，有关生态环境主管部门依法不予审批可能造成耕地土壤污染的建设项目环境影响报告书或者报告表
环境风险防控		①优先保护类耕地集中区域现有可能造成土壤污染的相关行业企业应当按照有关规定采取措施，防止对耕地造成污染。 ②加强农业灌溉用水水质监测，防止未经处理或达不到农田灌溉水质标准的废（污）水进入农田灌溉系统。 ③全省产粮（油）大县和蔬菜产业重点县要制订土壤环境保护方案。各地要推广实施秸秆还田、增施有机肥、少耕免耕、粮豆轮作、标准农膜使用与回收利用等措施，切实保障优先保护类耕地质量。 ④严格控制畜禽养殖废弃物造成土壤污染，严格控制饲料中抗生素、激素以及铜、砷、镉、锌等重金属添加量。 ⑤严格控制各种农用地的农药使用量，禁止使用高毒、高残留农药。完善生物农药、引诱剂管理制度，加大使用推广力度。农业投入品生产者、销售者和使用者应当及时回收农药、肥料等农业投入品的包装废弃物和农用薄膜，并将农药包装废弃物交由专门的机构或者组织进行无害化处理

2. 重点管控区

（1）农用地污染风险重点管控区

在农用地污染风险重点管控区，河北省的工作重点在于制订安全的利用方案。本研究为河北省提出如下具体建议：调整种植结构与种植方式，推广高效农业模式，选择种植替代以降低农产品超标风险；建立农产品质量安全检测制度，定期开展农产品质量抽样检测，及时掌握土壤质量和农产品质量；加强区域周边涉重金属污染等风险源管控，纳入常规土壤污染风险监管名录；对于长期污灌的地区，要根据土壤详查结果进行相应处理；如果是重金属浓度超标或邻近风险值的地区，需要进行严格管控，调整种植结构，禁止食用农作物生产，制订合理的污染整治方案，降低污灌风险，加强地表河流和地下水监管，禁止使用超标水质或污水直接灌溉。河北省农用地污染风险重点管控区管控要求见表 9-10。

表 9-10 河北省农用地污染风险重点管控区管控要求

管控类型		管控措施
空间布局约束	禁止活动	划定特定农产品禁止生产区域，明确界线，设立标识，严禁种植食用农产品和饲草。 禁止使用不符合农用标准的灌溉用水灌溉农田。加强农业灌溉用水水质监测，防止未经处理或达不到农田灌溉水质标准的废（污）水进入农田灌溉系统。加大农村坑、塘、沟、渠污染治理，落实灌溉水输送过程中的污染防治措施
	其他	按照国家统一要求，制定实施重度污染耕地种植结构调整或退耕还林还草计划
环境风险防控		①对存在土壤污染风险的农用地地块，进行土壤污染状况调查。土壤污染状况调查表明污染物含量超过土壤污染风险管控标准的农用地地块应进行土壤污染风险评估，并按照农用地分类管理制度管理。 ②加强对农用地土壤污染风险区域，特别是重点监管企业和工业园区周边农用地土壤的监测。 ③优先采取不影响农业生产、不降低土壤生产功能的生物修复措施，阻断或者减少污染物进入农作物食用部分，确保农产品质量安全。鼓励采取调整种植结构、退耕还林还草、退耕还湿、轮作休耕、轮牧休牧等风险管控措施。 ④定期开展农产品质量安全监测和调查评估，实施跟踪监测，根据监测和评估结果及时优化调整农艺调控措施

（2）建设用地污染风险重点管控区

在建设用地污染风险重点管控区，河北省需要严格环境准入标准，强化清洁生产和污染物排放标准等环境指标约束。具体来讲，本课题组认为河北省可以从以下 5 个方面入手：①制定涉重金属、持久性有机物等有毒有害污染物工业企业的准入条件。②鼓励涉重金属企业进行资源整合和产业升级改造，禁止新建落后产能或产能严重过剩行业的建设项目。鼓励过剩产能企业主动退出，并防范相关企业在拆除过程中造成污染，对未完成淘汰任务的地区，暂停其新增涉重金属建设项目审批。③重点监管企业和工业园区周边的土壤环境，定期开展监测，重点监测重金属和持久性有机污染物。综合整治电镀、皮毛鞣制、化工、炼焦等工业园区重金属环境。④重点监管垃圾场周边土壤环境，定期开展监督性监测，重点监测重金属和持久性有机污染物。⑤污染地块经治理与修复，并符合相应规划用地土壤环境质量要求后，方可进入用地程序。建立污染地块开发利用后环境监管机制，开展治理修复效果评估。河北省建设用地污染风险重点管控区管控要求见表 9-11。

表 9-11 河北省建设用地污染风险重点管控区管控要求

管控类型	管控要求
一、污染地块	
空间布局约束	①污染地块未经治理与修复，或者经治理与修复但未达到相关规划用地土壤环境质量要求的，有关生态环境主管部门不予批准选址涉及该污染地块的建设项目环影响报告书或者报告表。 ②列入建设用地土壤污染风险管控和修复名录的地块，不得作为住宅、公共管理与公共服务用地。对达到土壤污染风险评估报告确定的风险管控、修复目标的建设用地地块，土壤污染责任人、土地使用权人可以申请省级人民政府生态环境主管部门移出建设用地土壤污染风险管控和修复名录。 ③建立建设用地分段管控和修复名景，列入名录且未完成治理修复的地块不得作为住宅、公共管理与公共服务用地。 ④列入建设用地土壤污染风险管控和修复名录的地块，不得作为住宅、公共管理与公共服务用地。对达到土壤污染风险评估报告确定的风险管控、修复目标的建设用地地块，土壤污染责任人、土地使用权人可以申请省级人民政府生态环境主管部门移出建设用地土壤污染风险管控和修复名录。 ⑤未达到土壤污染风险评估报告确定的风险管控、修复目标的建设用地地块，禁止开工建设任何与风险管控、修复无关的项目

管控类型		管控要求
环境风险防控		①根据污染地块名录确定暂不开发利用或现阶段不具备治理修复条件的污染地块，并组织制订污染地块风险管控年度计划，督促相关责任主体编制实施风险管控方案。 ②对暂不开发利用的污染地块，实施以防止污染扩散为目的的风险管控，对拟开发利用为居住用地和商业、学校、医疗、养老机构等公共设施用地的污染地块，实施以安全利用为目的的风险管控。 ③根据建设用地土壤环境调查评估结果，建立污染地块名录及联动监管机制，污染地块名单实行动态更新。将建设用地土壤环境管理要求纳入用地规划和供地管理，严格控制用地准入，强化暂不开发污染地块的风险管控。严格土壤污染重点行业企业搬迁改造过程中拆除活动的环境监管。 ④土地使用权人在转产或者搬迁前，应当清除遗留的有毒、有害原料或者排放的有毒、有害物质。禁止将未经环境风险评估的潜在污染场地土壤或者经环境风险评估认定的污染土壤擅自转移倾倒。 ⑤各级国土、规划等部门在编制土地利用总体规划、城市总体规划、控制性详细规划等相关规划时，应充分考虑污染地块的环境风险，合理确定土地用途
二、重点风险源企业		
空间布局约束		①加强空间规划和建设项目布局论证，推进重点行业统一规划、集聚发展，推动重点行业企业实现园区化、专业化管理。严格执行相关行业企业布局选址要求，禁止在居民区、学校、医疗和养老机构等周边新建有色金属冶炼、焦化等行业企业；结合推进新型城镇化、产业结构调整和化解过剩产能。 ②结合区域功能定位和土壤污染防治需要，科学布局城乡生活垃圾处理、危险废物处置、废旧资源再生利用等设施和场所，合理确定畜禽养殖布局和规模
环境风险防控		①严控涉重金属行业新增产能，对排放重点重金属的新增产能和淘汰产能实行“等量置换”或“减量置换”。对涉重金属行业新建、改（扩）建项目实行新增重金属污染物排放等量或倍量替代。 ②实施重点监管企业土壤监测，列入全口径涉重金属重点行业企业清单的企业每年开展至少 1 次土壤环境监测；对重点监管企业和工业园区周边土壤环境，定期开展监督性监测。 ③推动涉重金属企业实施清洁生产技术改造，优先采用易回收、易拆解、易降解、无毒无害或低毒低害的材料及先进的技术、工艺和设备，对涉重金属企业实施清洁生产强制审核。火电、工业锅炉、水泥等行业在实施脱硫、脱硝、除尘提标改造中，加强对重金属、苯系物等有毒有害化学物质的协同处置。 ④严防矿产资源开发污染。加大矿山地质环境保护与治理恢复力度，新建和生产矿山逐步实现全面治理、全面复垦，加快推进闭坑和历史遗留矿山地质环境治理和土地复垦工程。加强尾矿库安全监管，防止发生安全事故造成土壤污染，设有尾矿库的企业要开展环境风险评估，完善污染治理设施，储备应急装备、物资。 ⑤全面整治尾矿、煤矸石、粉煤灰、冶炼渣、工业副产石膏、铬渣、赤泥、电石渣，以及脱硫、脱硝、除尘等产生固体废物堆存场所，完善防扬散、防流失、防渗漏等设施。加强工业固体废物综合利用，推动实施尾矿提取有价组分、粉煤灰高附加值利用、钢渣处理与综合利用、工业副产石膏高附加值利用等重点工程，逐步扩大利用规模。 ⑥危险废物产生企业和利用处置企业要根据土壤污染防治相关要求，完善突发环境事件应急预案内容，并向所在地生态环境部门备案。 ⑦防范企业拆除活动污染。有色金属冶炼、石油加工、化工、焦化、电镀、制革、制药、铅酸蓄电池等行业企业在拆除前，要制定原生产设施设备、构筑物和污染治理设施中残留污染物清理和安全处置方案，出具符合国家标准要求的监测报告，报所在地县级生态环境、工业和信息化部门备案，并储备必要的应急装备和物资，待生产设施拆除完毕后方可拆除污染防治设施。拆除过程中产生的废水、废气、废渣和拆除物，须按照有关规定安全处理处置
三、重金属污染防控重点区域		
空间布局约束	禁止活动	①禁止在生态红线控制区、生态环境敏感区、人口聚集区新建涉及重金属排放的项目。 ②法律法规禁止的其他行为
	限制活动	①严守环境准入底线，落实国家和河北省有关涉重金属产业环境准入规定，新建涉重金属排放企业应在工业园区内选址建设。 ②法律法规限制的其他行为

<table>
<tr><th>管控类型</th><th colspan="2">管控要求</th></tr>
<tr><td rowspan="2">空间布局约束</td><td>退出</td><td>①新、改、扩建电镀生产线原则应进入电镀集中加工区。现有涉重企业要采用新技术、新工艺，加快提标升级改造步伐，满足行业规范要求。
②法律法规退出的其他行为</td></tr>
<tr><td>其他</td><td>涉重金属产业发展规划必须开展规划环境影响评价，合理确定涉重金属产业发展规模和空间布局。推进涉重金属企业园区化工作，强化园区重金属污染集中防控</td></tr>
<tr><td>环境风险防控</td><td colspan="2">①雄安新区范围内严禁新建重金属冶炼等项目。
②进一步严格环境准入，禁止向涉重金属落后和过剩产能行业提供土地。严格执行重金属污染物排放标准与总量控制指标，严格控制重金属污染物排放增量。强化重金属污染治理，对达不到行业准入条件的企业进行工艺升级改造或依法关闭。推进铅酸蓄电池、电镀等重点行业企业入园。严格执行涉重金属排放建设项目周边安全防护距离相关规定。
③严格控制重金属排放总量，坚持重金属项目新增产能与淘汰产能“等量置换”或“减量置换”原则，凡新建重金属项目，未申报取得总量指标不审批其环评；强化重金属企业排污许可和总量管理，企业必须按照排污许可证的规定排放重金属污染物。实施重金属减排工程，将涉重金属行业的重金属排放纳入排污许可证管理</td></tr>
</table>

3. 一般管控区

在一般管控区，河北省需要严格执行重金属污染物相关排放标准，落实总量控制指标。具体来说，需要加强农用地土壤环境管理，实施农药、化肥总量控制，禁止使用高毒、高残留农药和重金属等有毒有害物质超标的肥料。管控要求见表 9-12。

<table>
<tr><th colspan="2">表 9-12　河北省一般管控区管控要求</th></tr>
<tr><th>管控类型</th><th>管控要求</th></tr>
<tr><td>空间布局约束</td><td>①严格建设项目环境准入。在规划和建设项目环评中，强化土壤环境调查，增加对土壤环境影响评价内容，明确防范土壤污染具体措施，纳入环保“三同时”管理。
②加强未利用地环境管理。未利用地的开发应符合土地整治规划，经科学论证与评估，依法批准后方可进行。拟开发为农用地的，有关县（市、区）政府要组织开展土壤环境质量状况评估，达不到相关标准的，不得种植食用农产品和饲草。拟开发为建设用地的未利用地，符合土壤环境质量要求的地块，方可进入用地程序。
③结合区域功能定位和土壤污染防治需要，科学布局城乡生活垃圾处理、危险废物处置、废旧资源再生利用等设施和场所，合理确定畜禽养殖布局和规模</td></tr>
<tr><td>环境风险防控</td><td>①各类涉及土地利用的规划和可能造成土壤污染的建设项目，应当依法进行环评。环评文件应当包括对土壤可能造成的不良影响及应当采取的相应预防措施等内容。
②生产、使用、贮存、运输、回收、处置、排放有毒有害物质的单位和个人，应当采取有效措施，防止有毒有害物质渗漏、流失、扬散，避免土壤受到污染。
③开展建设用地调查评估。对已搬迁、关闭企业原址场地土壤污染状况进行排查，建立已搬迁、关闭企业原址场地的潜在污染地块清单，并及时更新。
④健全垃圾处理处置体系。鼓励生活垃圾分类投放收集和安全处置，推进石家庄市、邯郸市等国家确定的生活垃圾强制分类试点工作，尽快建成城市垃圾分类减量化、无害化、资源化和产业化体系。结合全省美丽乡村建设，统筹规划村镇生活垃圾处理设施，扩大农村环境连片规模整治成效。整治非正规垃圾填埋场（点），清理现有无序堆存的生活垃圾。推进水泥窑协同处置生活垃圾试点，鼓励开展利用建筑垃圾生产建材等资源化利用示范</td></tr>
</table>

（三）战略功能区管控要求

冀西北生态涵养区是京津冀地区的生态涵养区和生态功能区，因此河北省应严格控制张家口、承德坝上高原生态防护区、燕山-太行山生态涵养区、国家公益林等重点林区、水土流失重点预防区和水土流失重点治理区、固体矿产资源开发及工业企业重金属排放量。

环京津核心功能区分布有 4 个重金属重点防控区。未来将在该区域实施严格的产业准入标准和高污染高能耗产业转移淘汰政策，退城搬迁遗留的地块数量将呈上升趋势。本研究建议该区域严格实施准入管理，强化产业引导，避免企业交叉污染。

冀中南功能拓展区区域地势平缓，地貌类型以平原为主，集中分布永久基本农田，是河北省农业主产区。同时该片区城市化快速发展，工业密集，污染场地及土壤污染潜在风险源数量众多。综合以上情况，本研究建议该区域推动工业棕地治理修复进程，加强地块的环境风险管控，优化涉重产业布局，实现集聚发展。

沿海率先发展区地势平缓，地貌类型有平原、洼地和滩涂。该区域应加强对承接产业的环境准入要求，加强石化产业发展引导与管控，强化对沿海未利用地的保护。

在全省总体管控要求和功能区管控要求的基础上，本研究进一步细化提出了各地区土壤环境管控要求。

第五节　地下水环境风险防控底线及分区管控研究

一、地下水风险防控目标设定

本研究基于河北省地下水环境监测数据，分析了河北省地下水水质分布现状，并结合全省重点污染企业普查数据，评估了各行政单元的污染负荷，进一步分析了地下水水质存在的潜在风险。本研究还衔接了地下水环境质量标准及地下水污染防治相关规划、实施方案、工作方案等要求，分时期为河北省地下水风险防控的不同阶段制定了相应的目标。

2020 年，初步建立河北省地下水环境监测体系，持续开展河北省地下水环境状况调查评估工作，基本掌握全省地下水污染分布范围和主要污染源，加快重点污染源和重点区域地下水污染防治，初步遏制地下水水质恶化趋势，将全省地下水质量极差比例控制在5%以内，初步遏制地下水污染加剧趋势。

2025 年，全面建立河北省地下水质量和污染源监测网，基本完成河北省地下水环境状况调查评估工作，全面掌握全省地下水污染状况，地下水饮用水水源水质明显改善，地级及以上城市集中式地下水型饮用水水源水质达到或优于Ⅲ类比例稳步提升，地下水环境监管能力全面提升，地下水污染风险得到有效防范，地下水污染加剧趋势得到有效遏制。

2035 年，力争全省地下水环境质量总体改善，地下水生态系统功能基本恢复。

二、地下水风险管控分区及管控要求

(一)管控分区划定

本研究基于地下水现状环境评价，计算出了河北省各类地下水的分布面积。结果表明Ⅰ类、Ⅱ类、Ⅲ类（良好区）、Ⅳ类（较好区）、Ⅴ类（较差区）的面积分别约为 12.5 万 km^2、4.9 万 km^2、1.3 万 km^2，分别占全省土地面积的 66.63%、26.16%和 7.21%。

本研究充分结合了第二次全国污染源普查、全国土壤污染状况调查和详查以及环境影响评估报告等资料，参考了《地下水污染防治实施方案》《地下水污染防治重点区划分技术指南（试行）》《重点行业企业用地调查信息采集技术规定》等文件的要求，开展了河北省地下水污染源荷载分析。基于《在产企业地块风险筛查与风险分级技术规定（试行）》和《关闭搬迁企业地块风险筛查与风险分级技术规定（试行）》中确定的中轻度污染源的划分标准，结合河北省在企业用地调查信息采集阶段的工作成果，本研究将地下水污染源划分为重度污染源、中度污染源和轻度污染源三类。

本研究结合地下水环境质量现状评估分区和地下水污染源荷载分区，将河北省地下水环境风险管控划分为优先保护区、重点管控区、一般管控区（见图 9-9）。本研究将涉水自然保护区及水源地纳入优先保护区，将地下水环境质量现状为Ⅴ类水质的区域和地下水重度污染源的所在区域纳入重点管控区，将其余区域划定为一般管控区。本研究在河北省全域内划定的优先保护区、重点管控区及一般管控区的面积分别约为 1.1 万 km^2、0.6 万 km^2、17.2 万 km^2，分别约占全省土地面积的 5.65%、3.04%和 91.30%。

(二)地下水环境风险管控要求

河北省在防控地下水环境风险时，应主要围绕保障地下水安全目标，完成"一保、二建、三协同、四落实"工作任务。

"一保"，即确保地下水型饮用水水源环境安全。为此，河北省需要加强城镇地下水型饮用水水源规范化建设，加快完善地下水饮用水水源保护区划定，建立地下水饮用水水源风险防范机制，严格地下水饮用水水源保护与环境执法，针对人为污染造成水质超标的地下水型饮用水水源地，组织制定、实施地下水修复（防控）方案，开展地下水污染修复（防控）工程示范。强化农村地下水型饮用水水源保护，加快农村饮用水水源调查评估和保护区划定，开展农村饮用水水源周边化工、造纸、冶炼、制药等风险源和生活污水、垃圾、畜禽养殖等风险源进行排查。

"二建"，即建立地下水污染防治法规标准体系、河北省地下水环境监测体系。为此，河北省需要完善地下水污染防治规划体系，按地下水污染防治工作流程，在调查、监测、评估、风险防控、修复等方面，研究制定符合本省实际情况的地下水污染防治相关技术规范、导则、指南等，还需要进一步完善地下水环境监测网，构建全省地下水监测信息平台，强化地下水监测技术力量。

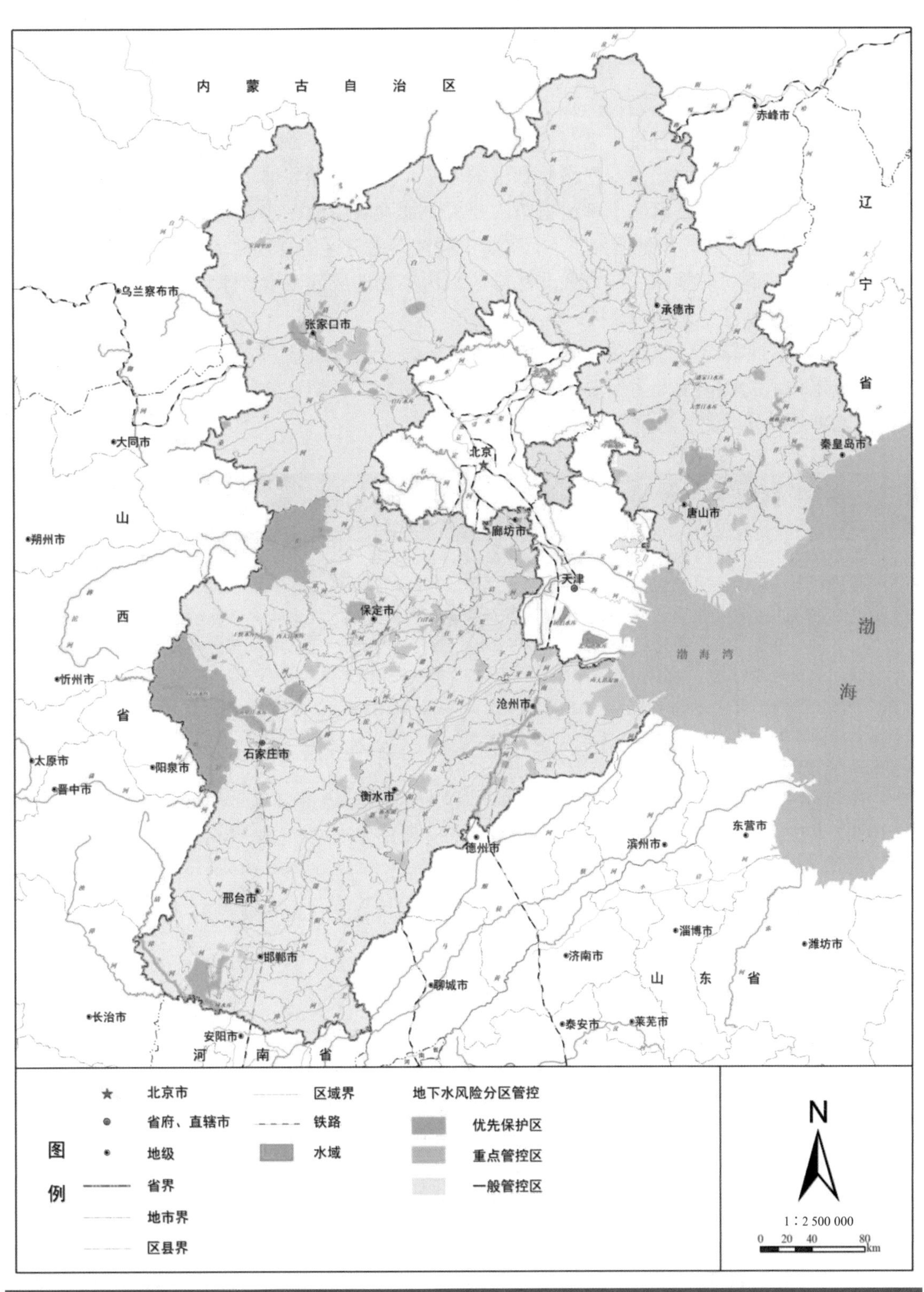

图 9-9　河北省地下水风险管控分区范围

“三协同”，即协同地表水与地下水、土壤与地下水、区域与场地污染防治。河北省需要根据地下水环境风险管控分区方法，在全省范围内进行地下水环境风险管控分区划分，针对不同的分区提出相应要求。具体来说，地表水与地下水协同是指河北省应推动城市管网普查，建设管网渗漏，严格使用再生水灌溉的农业用水标准，避免在土壤渗透性强、地下水位高、地下水露头区进行再生水灌溉，严格控制施药施肥。推动土壤与地下水协同，河北省应对接土壤风险管控要求，严格落实土壤污染防治要求，加强农用地、建设用地污染风险防控。此外，河北省应加强区域与场地污染防治，落实不同地下水分区的管控要求，加强对利用渗井、渗坑、裂隙、溶洞、其他渗漏等方式非法排放水污染物造成地下水含水层直接污染的管控，并加强对土壤污染修复地块的监控。

“四落实”，即落实“水十条”确定的重点任务，开展调查评估、防渗改造、修复试点、封井回填工作。为此，河北省需要对地下水进行不同分区，结合分区特征，重点关注区域内保护与治理的差异，落实分区管控要求（见表 9-13）。

表 9-13　地下水环境风险管控分区管控要求

管控分区	管控对策建议
优先保护区	禁止在优先保护区内新建、扩建对水体污染严重的建设项目；改建建设项目，不得增加排污量。禁止建设城市垃圾、粪便和易溶、有毒有害废物的堆放场所，因特殊需要建立转运站的必须经有关部门批准并采取防渗漏措施；化工原料、矿物油类及有毒有害矿产品的堆放场所必须有防雨、防渗措施；不得使用不符合《农田灌溉水质标准》（GB 5084—2021）的污水进行灌溉。其余技术要求参照《集中式饮用水水源地规范化建设环境保护技术要求》（HJ 773—2015）执行
重点管控区	开展污染源排查，必要时开展地下水环境状况调查，确定污染来源和路径，并进行污染风险评估。针对风险不可接受的区域开展修复或风险管控方案制订，确定修复目标或风险管控目标，启动地下水污染修复工作
一般管控区	排查区域内污染源地下水防渗措施运行情况，定期开展环境监测；若水质持续恶化则需开展调查评估，并采取相应的防控措施阻止污染进一步扩散，如减少新建项目或开展防渗改造等；一旦发现地下水污染风险不可接受，将划分为重点管控区

第十章

资源利用上线及分区管控

在资源利用管控方面，本研究充分衔接自然资源、生态环境、水利、发改等部门提出的关于总量和强度的管控要求，以保障生态安全、改善环境质量为核心，突出生态流量控制、煤炭等高污染燃料管控、岸线资源利用管控等重点，体现水资源—水环境、能源—大气环境、土地—土壤污染防控、岸线—水生态的协同管控，合理划定高污染燃料禁染区、地下水超采管控区、生态补水区及岸线管控分区等，提出了分区管控要求。

第一节　水资源利用上线及分区管控

一、水资源利用上线

本研究衔接河北省及各地市水利等部门的相关要求，明确各地区（含雄安新区、辛集市、定州市）用水总量、效率、地下水压采等要求，对接省域水环境、水生态保障要求，以保障重点河流生态流量（大清河及下游、滦河、滹沱河等），确定生态用水补给量，纳入水资源上线及分区管控要求。

本研究依据《河北省实行最严格水资源管理制度红线控制目标分解方案（2016—2020 年）》，对河北省、各地市和重点地区 2020 年用水总量及用水效率指标提出了要求。2020 年，河北省年用水总量控制在 220 亿 m^3 以内，较 2017 年增长 21%，地下水用水量控制在 104.6 亿 m^3 以内，较 2017 年下降 10%；万元 GDP 用水量控制在 46 m^3/万元，较 2017 年下降 12.4%；万元工业增加值用水量控制在 12 m^3/万元，较 2015 年下降 23%；农田灌溉水有效利用系数提高至 0.675。远期河北省应满足全国下达的用水总量和强度双控要求。

本研究基于经济社会发展情景，综合考虑各部门各行业用水效率的提高，衔接河北省国土空间规划初步成果及京津冀战略环境评价研究成果，对 2025 年、2035 年河北省用水总量和效率提出了初步要求。2025 年，河北省用水总量应控制在 199.9 亿 m^3 以内，将地下水开采量控制在95.6亿m^3以内，并确保万元GDP用水量较2015年下降36%。2035年，河北省用水总量应控制在219.8亿m^3以内，将地下水开采量控制在95.6亿m^3以内，确保万元GDP用水量较2015年下降51%。需要说明的是，本研究对2025年、2035年河北省用水总量和效率提出的初步要求，仅作为全省及各地区水资源红线设定的参考，不作为约束性指标考核。

二、水资源利用分区及管控要求

（一）水资源利用分区划定

本研究根据河北省流域水资源利用、生态功能保障、水环境改善需求，将需要进行生态补水的河道及湖库划为生态用水补给区（见图10-1），将地下水严重超采区、已发生严重地面沉降、咸水入侵等区域划为地下水开采重点管控区（见图10-2），将其余区域划为一般管控区。具体来讲，生态用水补给区包括白洋淀及8条入淀河流白沟引河、瀑河、漕河、府河、唐河、孝义河、潴龙河。同时，本研究将地下水开采重点管控区进一步划分，分为浅层地下水严重超采区和深层承压水严重超采区。

（二）分区管控要求

本研究建议河北省强化生态补水保障和地下水管控要求，建立用水结构调整、效率提升、准入及市场经济等多方面管控系统。

1. 生态用水补给区

《关于地下水超采综合治理的实施意见》指出，2022年，统筹调度引江水、引黄水和上游水库水，力争年生态补水量达到15亿～23亿m^3，其中通过南水北调中线相机补水10亿～13亿m^3，南水北调东线一期应急北延和引黄相机补水3亿～6亿m^3，利用雨洪资源、上游水库补水2亿～4亿m^3。通过多水源联合调试，可实现19条补水河流实现季节性有水，新增河湖和湿地水面150～200 km^2，丰水年力争一级、二级河流主要河段不断流，回补地下水8亿～13亿m^3。2035年，充分利用南水北调东线、中线后续工程，扩大河湖补水范围，力争年均河湖生态补水30亿～40亿m^3，努力打造河湖贯通、水系相连、水清岸绿的水生态环境。

本研究建议河北省加强生态用水补给区的管控，在保障正常供水的前提下，相机为主要河流、湖泊、湿地进行生态补水，加大水源涵养林修复提质力度，逐步恢复河湖水系、填补地下水亏空水量，增加地下水补给量，恢复地下水水位，修复河流、湖泊、湿地的生态状况，合理调度水资源，通过采取引水、补水、限制取水等措施，维持湖泊湿地合理水位。

2. 地下水超采区

针对地下水超采的问题，河北省需尽快推动达成以下目标。累计压减地下水超采量51.6亿m^3，回补地下水8亿～13亿m^3，总体实现全省地下水采补平衡，城镇地下水位全面回升，浅层地下水超采问题得到解决，深层地下水开采量大幅压减。2035年，河北省需要进一步采取节约用水、加大非常规水利用、优化产业结构等措施，充分利用南水北调东线、中线后续工程，逐步填补地下水亏空水量，全面实现地下水采补平衡，地下水利用管控能力进一步提升，地下水利用与保护长效机制进一步完善。

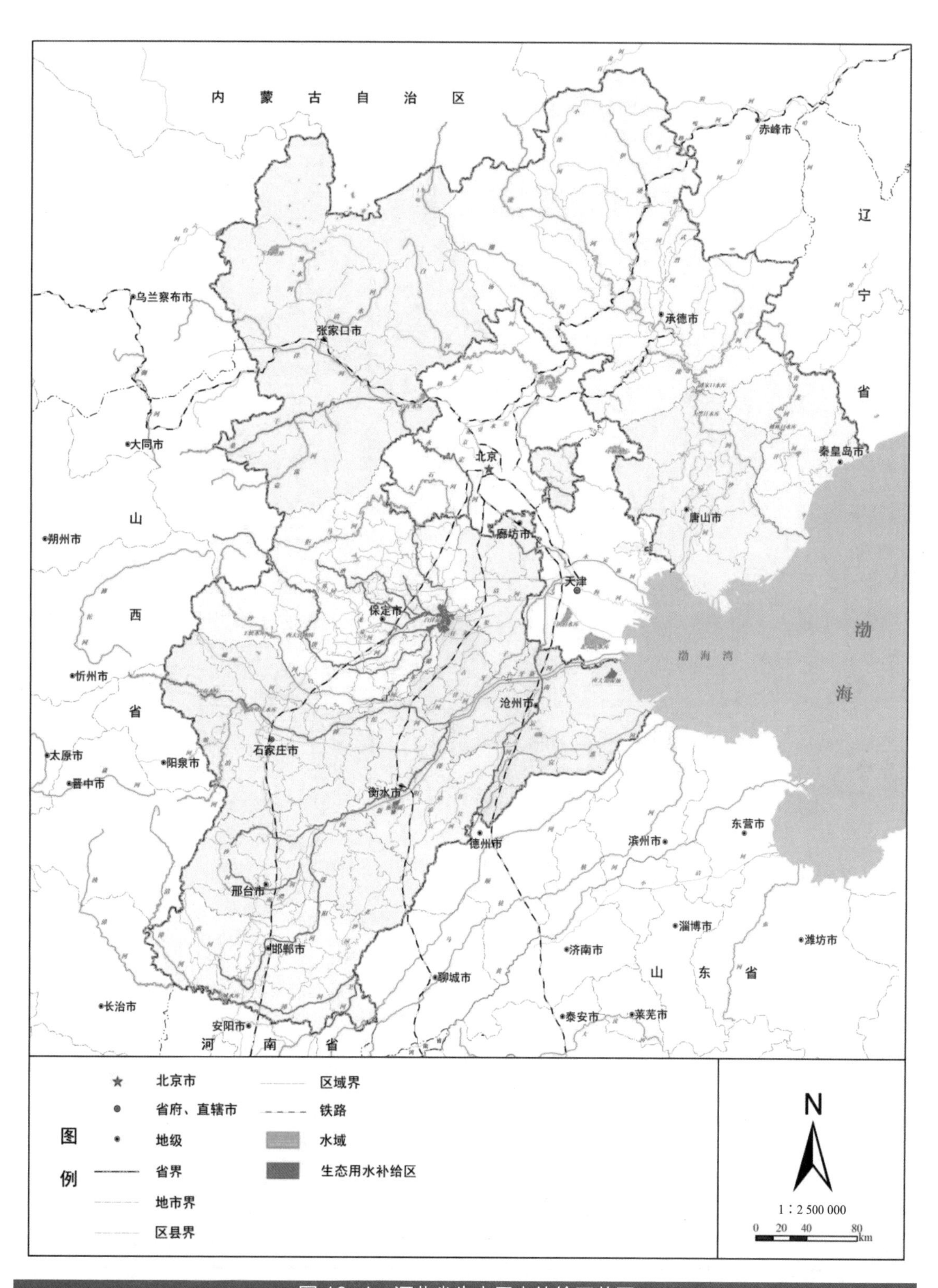

图 10-1　河北省生态用水补给区范围

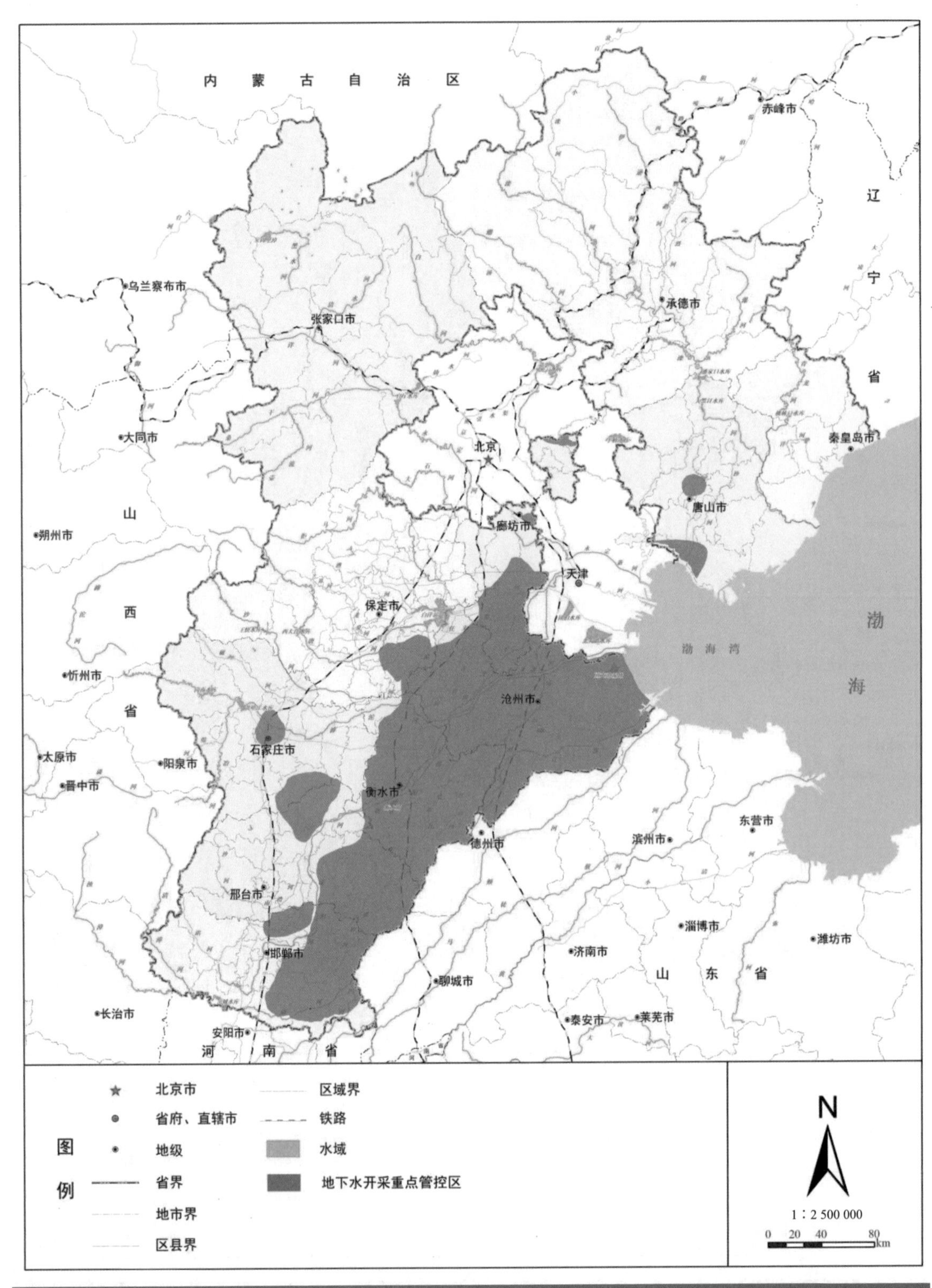

图 10-2 河北省地下水开采重点管控区范围

在进行管控时，河北省有必要参照《华北地区地下水超采综合治理行动方案》《河北省人民政府关于公布地下水超采区和禁止开采区、限制开采区范围的通知》《关于地下水超采综合治理的实施意见》等文件的相关要求，具体包括：

①河北省需要落实最严格的水资源管理制度，强化地下水利用监管，加强对禁采区和限采区的管理。在地下水禁采区，除临时应急供水和无替代水源的农村地区少量分散生活用水外，严禁取用地下水，已有的要限期关闭；在地下水限采区，一律不新增地下水开采量。除应急供水和生活用水更新井外，限制新建和扩建取用地下水的建设项目。确需取用地下水的，按照建 1 减 2 的比例削减地下水开采量①，直至地下水采补平衡。按照“应关尽关、关管并重、能管控可应急”的原则，着力推进超采区机井封填工作。在南水北调受水区城市，用水需尽快实现地下水与引江水替换，并关停南水北调受水区县城以上的所有自备井。对成井条件好、出水稳定、水质达标的予以封存，作为应急备用水源。在南水北调受水区和有地表水水源的地区一律不再审批工业取用地下水许可。

②河北省需要用好引江、引黄等外调水，增强水源调蓄能力，扩大供水管网覆盖范围，置换城镇、工业和农村集中供水区地下水开采，推进农业水源置换，有效减少地下水开采量。河北省应尽力挖掘再生水、雨水、微咸水等非常规水资源潜力，推广微咸水规模化利用技术和海水利用技术，加大城镇污水收集处理及再生利用设施建设，逐步提高再生水利用率，结合海绵城市建设，因地制宜实施雨水集蓄利用改造。

③为切实减少用水，河北省需要着力推进农业节水，从以下几方面进行努力。调整农业种植结构，严格控制发展高耗水农作物，扩大低耗水和耐旱作物品种的种植比例。推进适水种植和量水生产，退减冬小麦夏玉米双季种植面积。在无地表水水源置换和地下水严重超采地区，实施轮作休耕、旱作雨养，在洼地、滨湖滨河及无地表水水源灌溉条件的耕地，实行退耕还林还草还水。加快灌区续建配套建设和现代化改造，依托高标准农田建设项目统筹推进高效节水灌溉规模化、集约化，通过喷微滴灌和高标准低压管灌等高效节水灌溉技术，压减农业超采地下水；实施灌区渠首的用水计量监控。开展农业用水精细化管理，科学合理确定灌溉定额；积极推广测墒灌溉、保水剂应用等农艺节水措施，推行水肥一体化；在利用地表水灌溉水源有保障的区域和退耕实施雨养旱作的区域，对农业灌溉机井实施封填；在深层承压水漏斗区，对农业灌溉取用深层承压水的机井有计划地予以关停；改井灌为渠灌或双灌。实施规模养殖场节水改造和建设，发展节水渔业。

本研究建议河北省加强城镇节水降损，推动城镇居民家庭节水，普及推广节水型用水器具，在省内的工业生产、城市绿化、道路清扫、车辆冲洗、建筑施工及生态景观等优先使用再生水。河北省需要深入推进工业节水，严格限制高耗水产业发展，定期开展水平衡测试及水效对标，对超过取用水定额标准的企业，限期实施节水改造。对具有地表水水源条件的超采区农村乡镇和集中供水区，河北省可鼓励其加快置换水源。

① 即新增取水量 1 m^3，要在项目所在行政区域内，通过压减产能、关停自备井、高效节水和停产限产等措施，同步削减其他水量 2 m^3，保证区域内用水总量呈逐年下降趋势。

第二节　能源利用上线及分区管控

一、能源利用上线

本研究在能源利用现状及问题分析的基础上，衔接国家、省、市能源利用的相关要求，明确河北省各地区的能源利用总量和效率要求，并对接大气环境质量底线，衔接大气污染物减排潜力分析，明确各地区煤炭控制总量要求；同时衔接各地区已划定的高污染燃料禁燃区，明确全省及各地区能源利用上线和高污染燃料禁燃区及管控要求。

（一）能源消费总量与强度预测

《河北省节能“十三五”规划》要求，2020 年河北省能源消费总量控制在 32 785 万 t 标准煤以内，万元国内生产总值能耗下降 17%；《河北省“十三五”能源发展规划》要求，2020 年河北省煤炭实物消费量控制在 2.6 亿 t 以内。《河北省优化调整能源结构实施意见（2019—2025 年）》要求严格执行双控政策，2019—2025 年，能源消费总量年均增长 1.7%；煤炭消费持续下降，占能源消费比重降至 66%，实物量消费压减 1 000 万 t。

本研究测算表明，在 2025 年和 2035 年，河北省的全社会能源消费量将分别达到 3.8 亿 t 和 4.6 亿 t，河北省的能耗强度将持续下降，在 2025 年和 2035 年预计分别达到 0.86 t 标准煤/万元和 0.70 t 标准煤/万元。

（二）煤炭消费总量预测

《河北省“十三五”能源发展规划》要求在 2020 年河北省煤炭实物消费量控制在 2.6 亿 t 以内，还要求河北省大力降低排放，压减分散燃煤至 1 000 万 t 以内。河北省各设区市 2017 年大气污染源排放清单表明，河北省（不含定州市、辛集市）2017 年民用燃烧源煤炭消费量为 1 894 万 t。本研究测算表明，在 2025 年和 2035 年河北省煤炭消费总量持续下降，预计分别达到 2.85 亿 t 和 2.55 亿 t。

（三）碳排放总量与强度评估

河北省人民政府在《河北省“十三五”控制温室气体排放工作实施方案》中提出，加强碳排放和大气污染物排放协同控制，努力构建清洁低碳、安全高效的现代能源体系，2020 年，全省单位生产总值二氧化碳排放比 2015 年下降 20.5%。中国在《中美气候变化联合声明》中宣布，计划在 2030 年左右实现二氧化碳排放峰值且将努力早日达峰，同时计划到 2030 年提高非化石能源占一次性能源消费比重到 20%左右。

本研究采用文献研究的方法，通过一次能源消费碳排放来评估碳排放与能源消费总量、能源消费结构的关系，核算河北省碳排放总量与强度。

$$C = E \times \sum_{i=1}^{4} \mathrm{ES}_i f_i$$

式中，E 为一次能源消费总量；ES_i 为第 i 种能源消费占能源消费总量的比重，即能源消费结构；f_i 为第 i 种能源的碳排放系数。由于假定各种能源的碳排放系数为常数，则单位能源消费的碳排放量，即能源综合碳排放系数，在一定程度上可反映能源消费结构的低碳化演进情况。需要注意的是，本研究暂未考虑植被、海洋等碳汇影响。

河北省是全国重要的重工产业基地，经济发展诉求强烈。经过核算，本研究认为河北省的能源总量将大幅增长，2020 年能源总量较 2005 年增长 66%。同时由于河北省大力推进产业结构调整，本研究判断在 2020 年，河北省的碳排放总量较 2005 年增长 35%，碳排放强度日益优化。河北省受过剩产能调整、煤炭总量管控及一系列大气污染治理等影响，能源总量仍将持续升高，但是本研究认为，河北省的碳排放总量增速将持续放缓，预计在 2030 年达到峰值，其时河北省的单位 GDP 碳排放强度较 2005 年将降低 79.2%。

（四）能源利用上线

本研究衔接《河北省“十三五”能源发展规划》《河北省节能“十三五”规划》《河北省应对气候变化“十三五”规划》《河北省国民经济和社会发展第十三个五年规划纲要》《河北省优化调整能源结构实施意见（2019—2025 年）》等要求，结合碳排放总量与强度评估结果，明确河北省各地市 2020 年能源利用总量、结构和利用效率要求。本研究还充分对接大气达标要求，明确河北省煤炭总量控制要求。此外，本研究研究提出了 2025 年、2035 年河北省能源总量、煤炭总量和效率的初步要求。

二、能源利用分区及管控要求

（一）高污染燃料禁燃区划定

河北省于 2016 年 3 月 1 日起开始实施《河北省大气污染防治条例》，该条例在禁燃区划定方面提出了以下规定。设区的市政府应当根据大气环境质量改善要求，将不低于城市建成区面积 80%的范围划定为高污染燃料禁燃区。县（市、区）政府可根据实际情况划定高污染燃料禁燃区范围。禁燃区内不得新建燃烧煤炭、重油、渣油等高污染燃料的设施；现有燃烧高污染燃料的设施，应当限期改用清洁能源；未改用清洁能源替代的高污染燃料设施，应当配套建设先进工艺的脱硫、脱硝、除尘装置或者采取其他措施，控制二氧化硫、氮氧化物和烟尘等排放；停止使用仍未达到大气污染物排放标准的设施。在禁燃区内禁止原煤散烧。

目前，河北省各市均划定了高污染燃料禁燃区，并对高污染燃料种类作出了明确要求。本研究据此整合确定了河北省高污染燃料禁燃区（见图 10-3），占河北省土地面积的 14.67%。高污染燃料禁燃区内任何单位不得新建、扩建高污染燃料燃用设施，不得将其他燃料燃用设施改造为高污染燃料燃用设施。

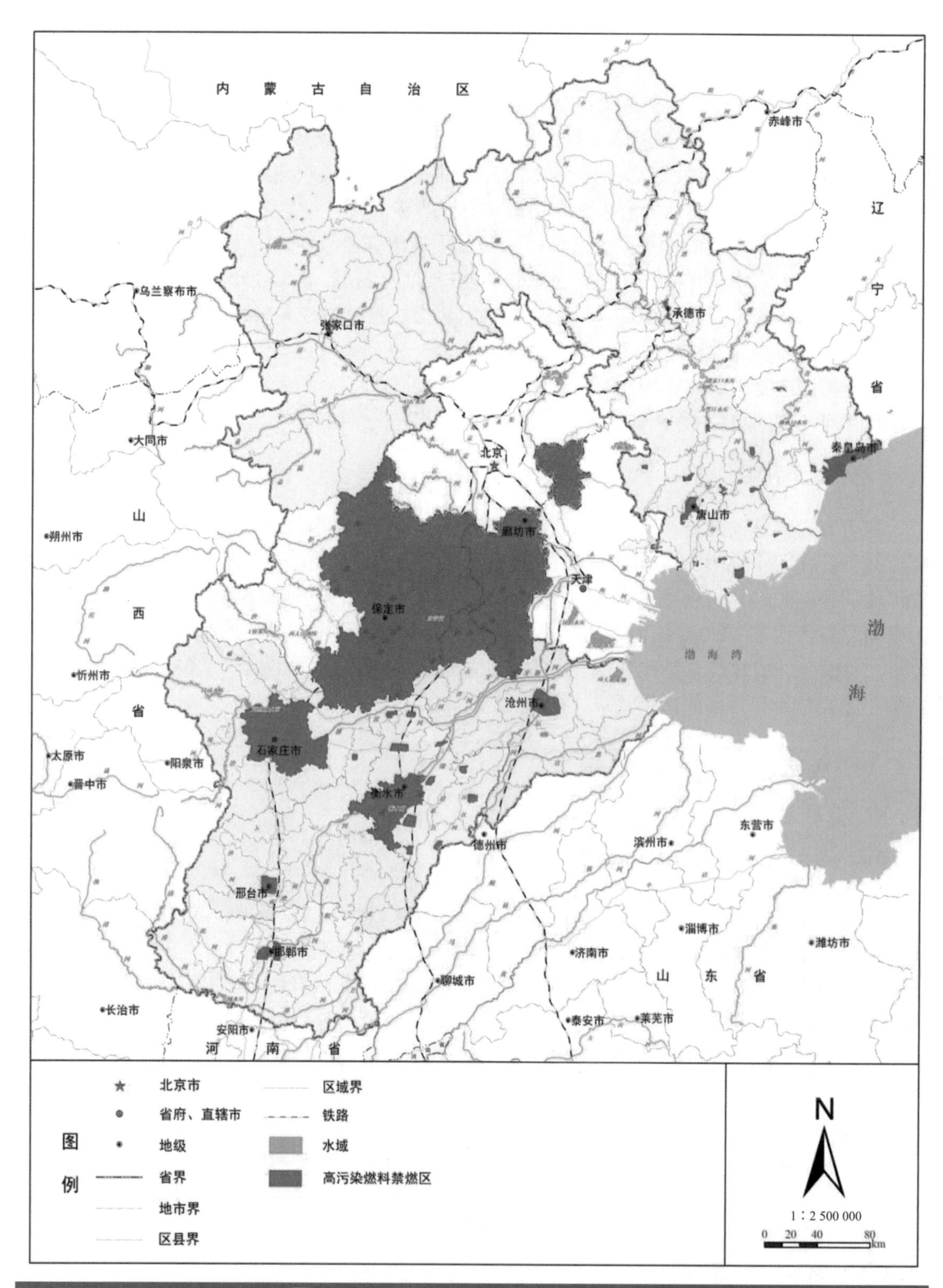

图 10-3 河北省高污染燃料禁燃区范围

（二）分区管控要求

河北省需要全面实施能源节约和梯次利用，具体措施如下：强化能源消费约束，严格实施能源消费总量和强度“双控”，落实节能目标责任制，严控高耗能产业发展，实施高耗能企业能耗“天花板”制度，协同推进产业结构和用能结构优化调整，严格节能审查制度，强化节能标准约束，坚决限制不合理用能，有效调控新增用能。加强重点领域节能，以工业、建筑和交通运输领域为重点，深入推进技术节能和管理节能，实施重点用能单位“百千万”行动，加强工业领域先进节能工艺和技术推广，开展既有建筑节能改造，新建建筑严格执行75%节能标准，推进大宗货物运输“公转铁”，建设绿色交通运输体系，鼓励开展合同能源管理等节能服务，加强电力需求侧管理，全面提高能效水平。完善节能措施引导，完善峰谷电价、阶梯气价等价格政策，扩大差别电价实施范围，加大惩罚性电价实施力度，实施非居民用气季节性差价、可中断气价；探索用能权初始分配制度，创新用能权有偿使用，培育发展交易市场，促进能源资源优化配置高效流动。

河北省需要从以下几个方面入手优化煤炭消费结构。①继续压减煤炭消费，深化政策限煤、工程减煤、提效节煤、清洁代煤，综合施策、精准发力，逐步降低高耗煤行业用煤总量和强度，推动产业结构向高新高端产业转变，推进钢铁、焦化、水泥等重点行业去产能，对电力供热等行业实施改造提升和节煤挖潜，实施工业窑炉、燃煤锅炉等集中供热替代和清洁能源置换，对新增耗煤项目严格执行煤炭减（等）量替代。②大力实施散煤替代，因地制宜采取集中供热、改电、改气和改新能源等方式，加快替代居民生活、工业、服务业、农业等领域分散燃煤，传输通道平原地区尽快完成生活和采暖散煤替代，山坝等边远地区推广使用洁净煤。③严格执行国家强制性标准《商品煤质量　民用散煤》（GB 34169—2017）“无烟1号”规定，确保供应河北省的工业用燃料煤质量必须符合河北省地方标准《工业用燃料煤质量要求》（DB13/T 2081—2022），加强劣质散煤管控。④深入推进煤炭清洁高效利用，依托省内煤矿，配套原煤洗选设施，改造提升洗选技术水平，到2025年，原煤入洗率达到95%；稳定煤电装机规模，加快淘汰落后产能，利用淘汰关停煤电机组容量，等容量减煤量减排放替代建设大型高效机组，力争电煤占煤炭消费比重提高到45%；构建高端煤化工产业链条，积极发展醇基燃料，科学有序推进煤制油、煤制气。

河北省还可通过以下措施着力扩大清洁能源利用。①推动新能源规模化利用，发展以清洁能源为主的多能互补分布式能源系统，积极推进太阳能供暖、制冷技术在建筑领域的应用，提高太阳能、风能、生物质能就地消纳水平，有效控制弃风弃光率，充分发挥张家口、承德可再生能源作用，结合受电通道建设，加大消纳利用省外水电等清洁能源电力，持续提高非化石能源消费占比。②大力实施电能替代，以居民采暖、公共建筑、生产制造、交通运输为重点，扩大电力消费，提升电气化水平。③推广应用电蓄热、电蓄冷设备和热泵等节能高效新技术、新设备，促进电力负荷移峰填谷。④扩大电锅炉、电窑炉技术在工业领域应用，推广靠港船舶使用岸电和电聚动货物装卸，推广空港陆电等新兴项目，加快充换电基础设施建设，到2025年形成200万辆电动汽车充电服务能力。⑤拓展天然气消费，结合新型城镇化和乡村振兴战略实施，扩大天然气利用规模，优先保障民生用气，同步拓展公共服务、商业、交通用气，鼓励发展天然气分布式能源，有序发展天然气调峰电站。

第三节　土地资源利用上线及分区管控

一、土地资源利用上线

本研究在开展土地资源利用现状分析的基础上，充分衔接《河北省土地利用总体规划（2006—2020 年）》《河北省土地利用总体规划（2006—2020 年）调整方案》等，明确各地区（含雄安新区、辛集市、定州市）土地资源利用总量、效率的管控要求，设定 2020 年河北省各地市土地利用上线，包括基本农田、建设用地、城乡建设用地、城镇工矿用地总量及人均城镇工矿用地指标；根据河北省国土空间规划成果，明确 2025 年和 2035 年土地利用控制要求。

二、土地资源利用分区及管控要求

（一）土地资源重点管控区

本研究衔接生态保护红线与一般生态空间、土壤污染风险防控底线专题内容，充分考虑土地—土壤污染防控的协同管控，将农用地、建设用地污染地块或重度污染农用地集中等区域确定为土地资源重点管控区（见图 10-4），基本农田集中区划为优先保护区。其中保定市和辛集市重点管控区面积占比较高。

（二）分区管控要求

本研究建议河北省在土地资源管控方面重点推进以下工作。严格环境准入标准，强化清洁生产和污染物排放标准等环境指标约束，制定涉重金属、持久性有机物等有毒有害污染物工业企业的准入条件。鼓励涉重金属企业进行资源整合和产业升级改造，禁止新建落后产能或产能严重过剩行业的建设项目，鼓励过剩产能企业主动退出，对退出企业要防范企业拆除过程污染。暂停审批未完成淘汰任务地区的新增涉重金属建设项目。重点监管企业和工业园区周边土壤环境，定期开展监督性监测，重点监测重金属和持久性有机污染物，开展电镀、皮毛鞣制、化工、炼焦等工业园区重金属环境综合整治。重点监管垃圾场周边土壤环境，定期开展监督性监测，重点监测重金属和持久性有机污染物。污染地块在经过治理与修复后，必须符合相应规划用地土壤环境质量要求，方可进入用地程序。建立污染地块开发利用后环境监管机制，开展治理修复效果评估。

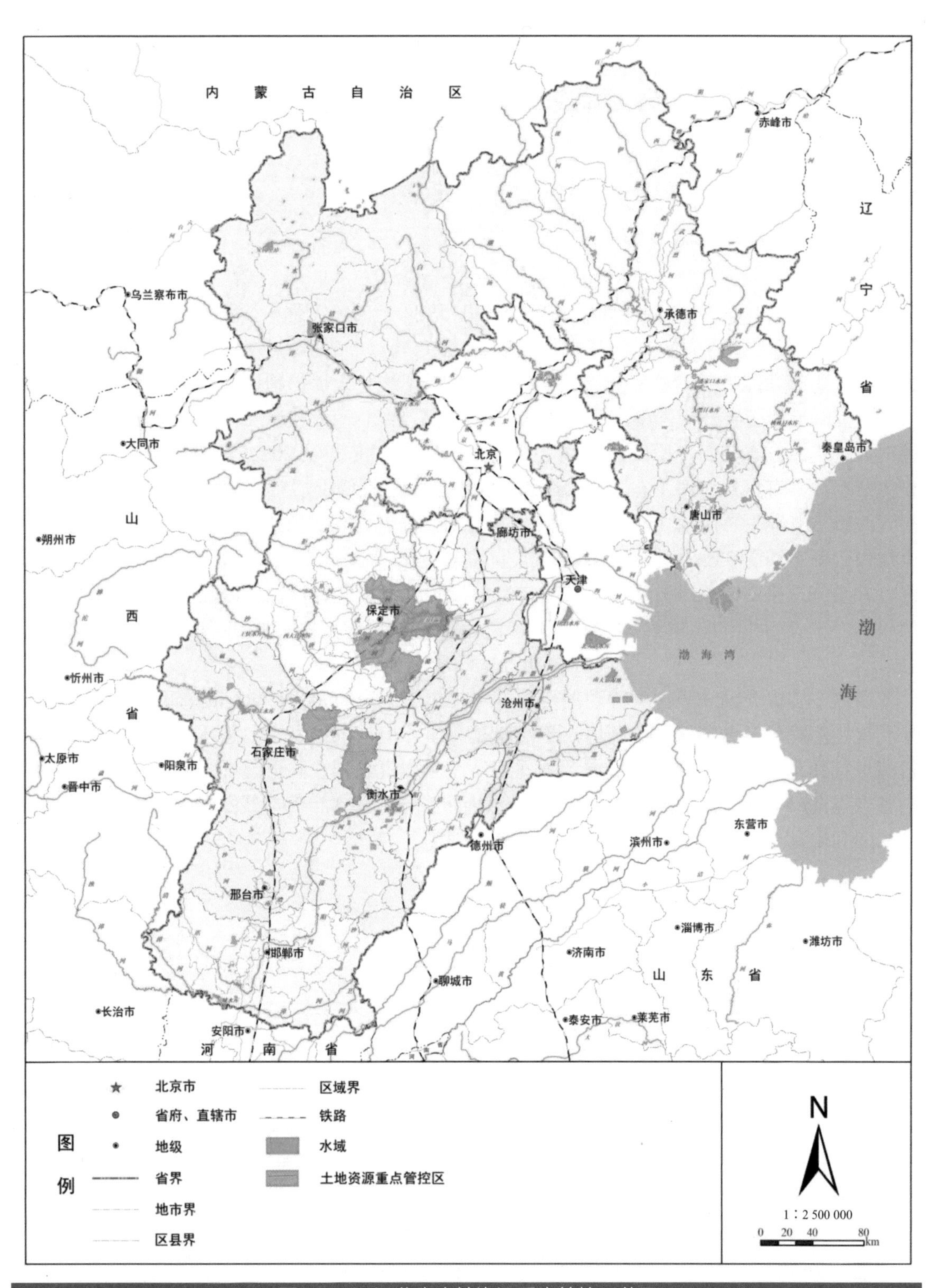

图 10-4 河北省土地资源重点管控区范围

第四节　岸线资源利用上线及分区管控

一、岸线资源利用上线

《河北省海岸线保护与利用规划（2013—2020 年）》提出为保护珍贵的自然海岸资源，统筹兼顾，有序开发渔业、港口、工业、城镇、旅游、矿产与能源等岸线空间；恢复、维护和提升海岸生态功能，整治修复受损海岸线；实施海岸线分级保护制度，明确海岸线分区管理措施，控制海岸开发规模强度，至 2020 年大陆自然岸线保有率不低于 35%，实现促进资源利用向高效集约方式转变。《河北省海洋主体功能区规划》提出至 2020 年大陆自然岸线（包括整治修复后具有自然海岸生态功能的岸线）保有率力争不低于 35%，海洋生态系统健康状况得到改善，海洋生态服务功能得到增强。《河北省渤海环境保护治理与实施方案》提出，自然岸线保有率不低于 35%。《河北省海洋功能区划》提出保留海域后备空间资源划定专门的保留区，并实施严格的阶段性开发限制，为未来发展预留海域空间，保留区面积不低于管辖海域面积的 2.5%，大陆自然岸线（包括整治修复后具有自然海岸生态功能的岸线）保有率不低于 35%。

为进一步提升河北省海岸管理的科学性，优化岸线空间布局，合理配置海岸线资源，引导和促进海岸线资源节约集约利用，整治修复海岸环境，维护海岸生态环境功能，实现海域资源可持续利用，本研究统筹考虑各项规划，在岸线资源开发利用现状分析的基础上，确定全省重点湖库（白洋淀、衡水湖等）、唐山、沧州、秦皇岛 3 市海岸线（不含岛屿岸线）保护与开发利用目标要求。

二、岸线资源利用分区及管控要求

（一）岸线资源利用分区

本研究根据《“三线一单”编制技术要求（试行）》和《“三线一单”岸线生态环境分类管控技术说明》，结合岸线保护开发定位、相邻海域和陆域生态环境功能目标等差异性特征，充分衔接相关法律、法规、规划、计划及其他政策文件要求，将海岸线划分为优先保护岸线、重点管控岸线和一般管控岸线（见图 10-5）。

河北省优先保护岸线包括目前自然形态保持较好、生态功能重要与资源价值显著的自然岸线（包括基岩岸线、沙质岸线、粉沙淤泥质、修复整治后具有自然海岸形态特征和生态功能的岸线及河口岸线），与《河北省海洋生态红线》划定自然岸线相冲突的岸线，以及有生态修复计划的岸线。河北省共划定优先保护岸线 78 个，总长 184.83 km，占河北省岸线的 35.50%。

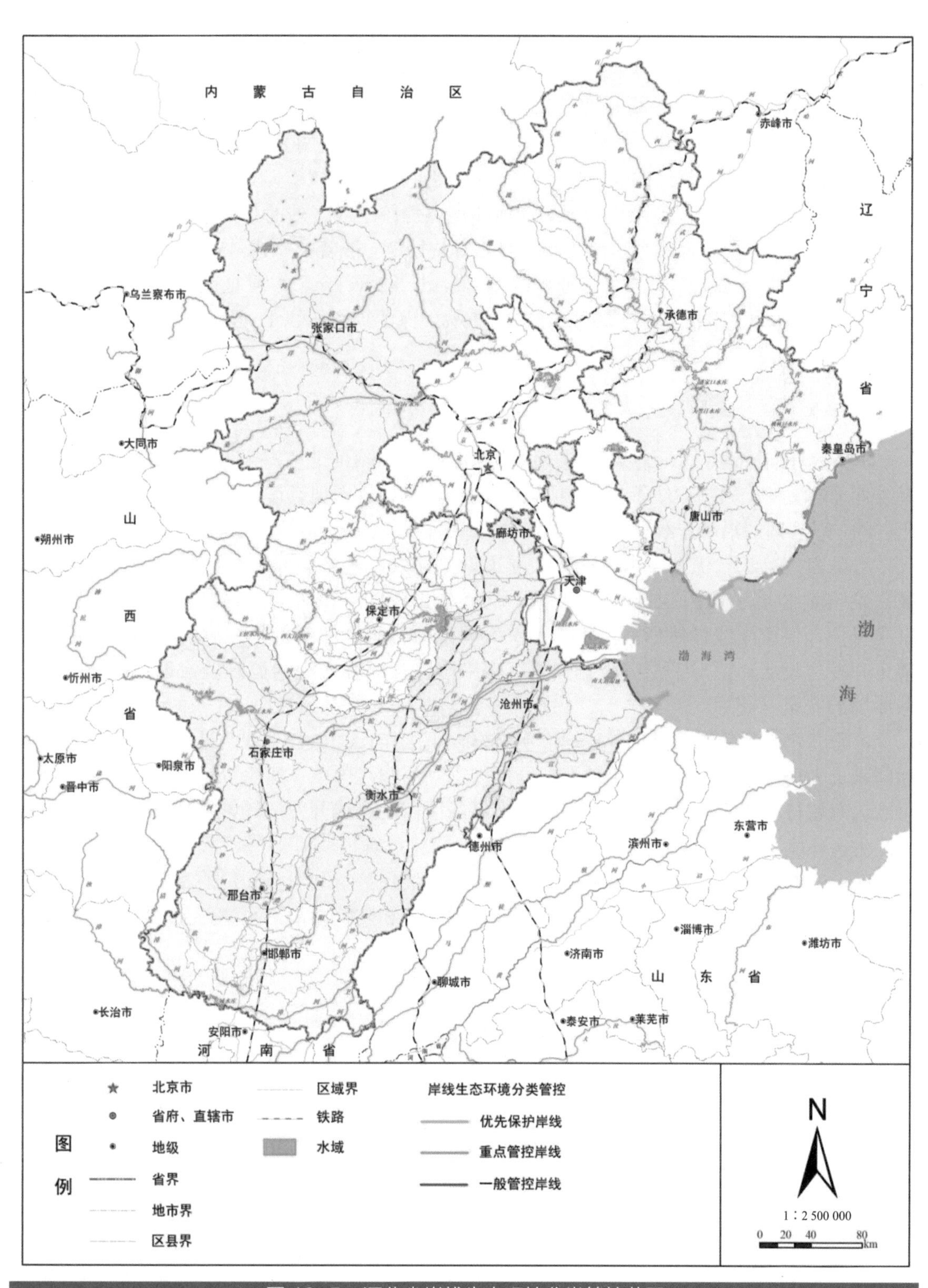

图 10-5　河北省岸线生态环境分类管控范围

河北省重点管控岸线包括人工化程度较高、规划开发利用的海岸线，主要是工业与城镇、港口航运设施等所在岸线和位于海洋生态红线区沿岸的岸线。河北省共划定重点管控岸线 37 段，总长 239.53 km，占河北省岸线的 46.24%。其中，港口岸线 15 段，长 163.73 km，占河北省岸线的 31.62%；工业岸线 11 段，长 45.79 km，占河北省岸线的 8.84%，城乡建设岸线 5 段，长 17.41 km，占河北省岸线的 3.36%。

河北省一般管控岸线是除优先保护岸线和重点管控岸线之外的其他岸线区段。主要包括渔业岸段、旅游岸段、保留预留岸段等。河北省共划定一般管控岸线 45 段，总长 93.39 km，占河北省岸线的 18.26%。其中，渔业岸线 28 段，长 82.66 km，占河北省岸线的 15.97%；旅游岸线 6 段，长 3.91 km，占河北省岸线的 0.76%，保留预留岸线 11 段，长 6.82 km，占河北省岸线的 1.32%。

（二）分区管控要求

本研究仔细梳理了《河北省海岸线保护与利用规划》《河北省海洋保护规划》等关于海洋岸线管理的文件，根据岸线管控区类型的不同，结合河北省现存岸线利用存在的问题，为河北省制定了合理的沿海岸线管控要求。

本研究为河北省优先保护岸线管控提出以下建议：对于纳入沿海生态红线范围内的区域，参照河北省海洋生态红线管理要求，严格禁止开发建设活动；对于其他区域，应加强岸线保护，保留岸线自然形态，除国家重大建设项目和经法定批复的岸线利用外，原则上禁止开发建设活动；对于沿岸直排口进行集中整治，加强入海河流污染治理，保证沿岸生态环境的安全。

本研究建议河北省在重点管控岸线应做好以下工作：①加强工业、港口人工岸线监管，除国家重大项目外，全面禁止围填海，开展人工利用岸线固废、废水等污染综合整治，降低对周边海域与功能的影响；②加强海洋生态红线区内的岸线开发活动管控，限制影响生态红线区生态环境安全的开发建设活动，禁止布局污染排放管控。

在一般管控岸线，河北省可参照《河北省海岸线保护与利用规划》的相关要求，在开展渔业养殖和旅游开发等活动时需保持合理的开发强度和防护距离，尽量避免对沿海岸线生态和水环境造成影响。

第十一章

生态环境准入清单编制

第一节　生态环境管控单元划定

一、划定原则及方法

（一）划定原则

本研究遵循《“三线一单”编制技术指南（试行）》《“三线一单”编制技术要求（试行）》《“三线一单”成果数据规范（试行）》等文件的要求，综合考虑河北省主体功能区、生态功能区、生态环境重点问题及未来发展意愿，确定了河北省“三线一单”生态环境分区管控陆域生态环境管控单元。具体来讲，本研究在划定管控单元时采取了以下原则。

①生态环境管控单元划定成果应体现河北省主体功能区、生态功能定位和环境保护战略要求，聚焦实际生态环境重点问题及区域，形成分区管控体系，突出差异性特点。

②根据河北省社会经济发展现状和规划等情况，以“生态优先”为原则，考虑各要素分区，叠加生态、环境要素及自然资源要素图层时进行适当取舍，避免生态环境管控单元过于破碎，但保留要素分区的相关属性和管控要求。

（二）划定方法

本研究在划定河北省生态环境管控单元时，以“生态优先”为原则，参照河北省已发布的生态保护红线方案（后续自然资源部门重评估后进一步衔接其成果），将本研究划定的一般生态空间、水环境优先保护区、大气环境优先保护区等划为优先保护区，并用自然保护区、风景名胜区、饮用水水源保护区、重要的引水补水通道、京津冀水库上游江河源头区等具有重要生态功能的区域边界进行校核。

本研究叠加水环境、大气环境、土壤环境及自然资源各要素评价的重点区域，并拟合行政区划边界，划定了重点管控区。其中水环境重点管控区包括城镇、工业、农业、畜禽重点管控区；大气环境重点管控区包括大气环境高排放重点管控区、大气环境受体敏感重点管控区、大气环境布局敏感重点管控区及大气环境弱扩散重点管控区。自然资源类重点管控区包括地下水风险区、生态补水区、高污染燃料禁燃区等。

一般管控单元以大气、水环境一般管控区为骨架进一步细化，保留其他要素分区的管控要求。在单元划定过程中，本研究将 1 km^2 以下的破碎斑块进行融合，在不破碎区县边界的前提下，将其融合到相邻的面积最大的斑块中。

二、生态环境管控单元划定

本研究在河北省划定了 1 906 个陆域生态环境管控单元（见表 11-1 和图 11-1），平均单元面积为98.81 km^2。其中优先保护单元732 个，面积为8.29 万 km^2，占全省陆域土地面积的44.00%；重点管控单元 1 058 个，面积为 5.11 万 km^2，面积占比为 27.15%；一般管控单元共 116 个，面积为 5.43 万 km^2，面积占比为 28.85%。

表 11-1 河北省陆域生态环境管控单元划定总体情况

单元	面积/km^2	比例/%	数量/个	平均面积/km^2
优先保护单元	82 856	44.00	732	113.19
重点管控单元	51 125	27.15	1 058	48.32
一般管控单元	54 344	28.85	116	468.48

分区域来看，河北省四大战略功能区生态环境管控单元划定情况与主体功能区、生态功能区的分区情况相符。冀西北生态涵养区以优先保护单元为主，面积为 4.95 万 km^2，占区域土地面积的 64.93%，占河北省优先保护单元面积的 59.80%，重点管控单元和一般管控单元面积分别占区域土地面积的 6.36%和 28.71%；环京津核心功能区、沿海率先发展区和冀中南功能拓展区以重点管控单元为主，占区域土地面积的 48.73%、37.06%和 40.96%。

分地区来看，承德市、张家口市、秦皇岛市及保定市以优先保护单元为主，定州市、雄安新区、辛集市、廊坊市、唐山市、衡水市、沧州市、邢台市等地以重点管控单元为主。

分类别来看，在河北省陆域优先保护单元中，以一般生态空间及生态保护红线为主，其次为各类自然保护地、水环境优先保护区、各类廊道及水源地等。在河北省陆域重点管控单元中，以大气环境重点管控为主，其次为水环境重点管控等，地下水及自然资源类相对较少。河北省大气环境重点管控单元集中在廊坊、保定、石家庄及邯郸、邢台一线，即太行山前地带；水环境重点管控单元主要分布在邯郸、邢台、衡水、沧州及唐山等地，集中于子牙河、黑龙港等流域。

本研究在河北省共划定了 81 个海洋生态环境管控单元，总面积为 6 725.74 km^2，单元平均面积为 83.03 km^2。其中优先保护单元 28 个，面积为 2 276.25 km^2，占比 33.84%；重点管控单元 42 个，面积为 3 070.05 km^2，占比 45.65%；一般管控单元 11 个，面积为 1 379.44 km^2，占比 20.51%。河北省沿海 3 市中，海域面积最大的唐山市以重点管控单元为主，秦皇岛市以优先保护单元为主，沧州市海域以一般管控单元为主。

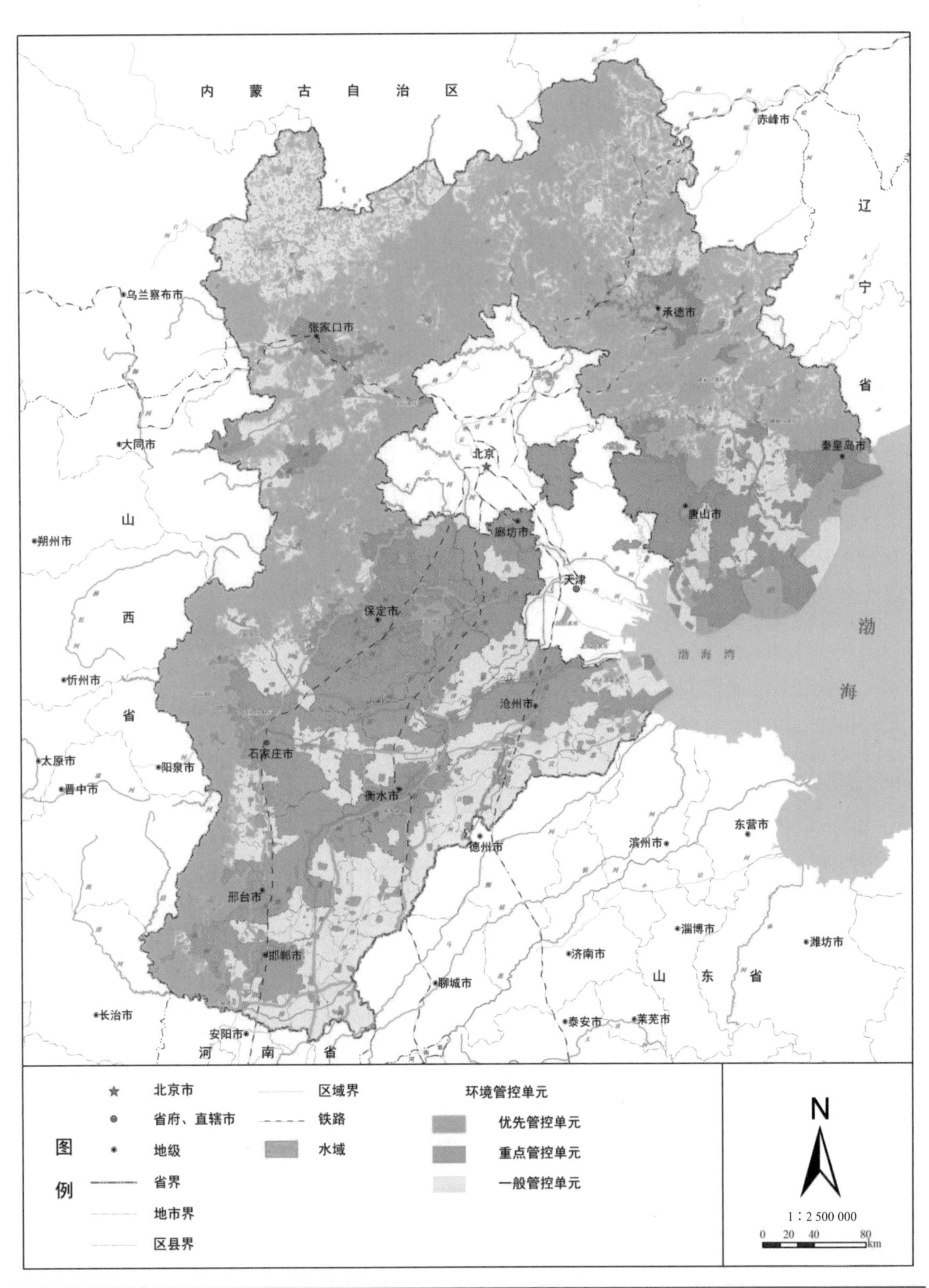

图 11-1　河北省陆域生态环境管控单元

第二节　生态环境准入清单

一、编制思路及原则

（一）编制思路

本研究在生态环境管控单元的基础上，以“三线”识别出的限制性因子和约束性因子为导向，结合现状评价的重点环境问题，以国家、河北省发展与生态环境定位为依托，衔接经济社会发展、产业发展规划、环境保护各类规划、计划、方案等文件，制定了河北省普适性生态环境准入要求。

本研究结合各单元区位的特点、发展定位、发展目标，梳理发展现状及问题，综合考虑各区域的环境目标、质量现状及存在的问题，针对各地市的不同生态环境管控单元，逐一提出了差异化环境准入清单，技术思路如图 11-2 所示。

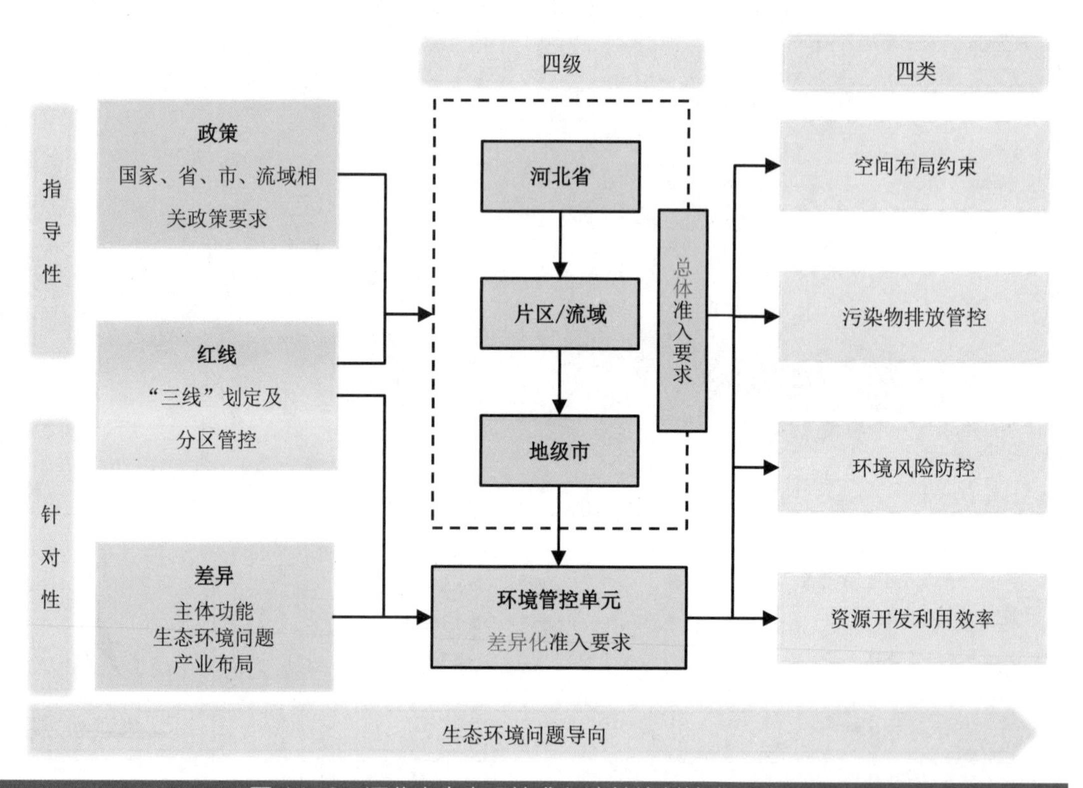

图 11-2　河北省生态环境准入清单编制技术思路

本研究从省域、战略功能区及各地市等不同维度，分别梳理了相关法律法规和各类规划、计划、政策文件以及战略/规划环评成果，衔接集成关于空间布局约束、污染物排放管控、环境风险防控、资源开发效率等既有管理要求，制定了适合全市层面或某功能区层面的总体管控要求清单。在此基础上，本研究根据“三线”工作成果，识别区域突出的环境问题，将生态、环境、资源等管控要求全部汇集到各个管控单元中，制定了基于单元的差异化管控要求清单。

此外，本研究中生态环境准入清单的编制充分结合了地方实际需求。上位清单编制要立足区域、流域，充分统筹各地市、各区县的经济发展诉求，生态环境问题，提出相对合理管控要求，积极对接各地区、区县乃至乡镇行政主体，积极吸纳各级反馈的意见，逐一比对筛查、验证，既保障清单要求的科学性、系统性，又满足地方的可操作、可落地的要求。

（二）基本原则

本研究在编制准入清单时遵循了规范性原则、可操作性原则、针对性原则、动态更新原则。

规范性原则是指以技术指南和技术要求为指引，规范清单内容、表达方式和格式，以法律法规为基本要求，符合法律法规、政策文件、环境标准、技术规范等相关要求。

可操作性原则是指与全省及各地区社会经济发展相结合，符合社会经济和产业发展状况和相关规划，与省、市、县多级政府及相关部门进行对接，充分考虑各地区资源禀赋、环境容量、产业基础和发展意愿。

针对性原则是指以生态环境管控单元为载体，环境问题为导向，集成“三线”工作成果，重点提出解决环境问题的对策措施，体现差别化的环境管控要求以服务环境管理为工作目标，清单符合环境管理实际要求。

动态更新原则是指随着地区绿色发展推进，环境治理与保护工作的开展，结合最新的生态环境改善的目标要求，对各地区生态环境准入清单的相关内容进行逐级完善、动态更新。

二、总体生态环境准入清单

（一）全省总体要求

本研究梳理了国家、京津冀、河北省及各地市的各类文件，充分衔接了既有的环境管理要求，按生态、水、大气、土壤等要素及产业准入、重点行业等进行分类梳理（见表 11-2），形成全省、战略功能区/流域及各地市基础性、底线性的总体管控要求清单。

本研究建议河北省突出区域发展与生态环境保护要求，以目标和问题为具体指引，从生态环境及产业等方面入手，加强综合管控，在此基础上制定全省生态、大气、水环境等要素及重点产业总体准入要求。

1. 生态方面

战略定位与目标：全国重要水源涵养与水土保持区，京津冀重要的生态屏障、重要湖泊湿地等。以加强生态空间分区管控，严格保护区域和首都生态安全，保障京津用水安全为目标。

<table>
<caption>表 11-2　总体管控要求梳理思路</caption>
<tr><th colspan="2" rowspan="2">管控对象</th><th colspan="3">管控分区</th><th rowspan="2">管控尺度</th></tr>
<tr><th>优先保护区</th><th>重点管控区</th><th>一般管控区</th></tr>
<tr><td rowspan="5">管控属性</td><td>生态</td><td>①生态保护红线
②一般生态空间
③分生态空间类别</td><td>—</td><td>—</td><td rowspan="9">①全省；
②四大战略功能区（含重点流域）；
③各地市</td></tr>
<tr><td>水</td><td>①涉水自然保护区
②饮用水水源保护区
③引水通道</td><td>①工业源污染；②农业源污染（含畜禽）；③城镇生活源污染；④沿海污染</td><td>其他区域</td></tr>
<tr><td>大气</td><td>一类功能区</td><td>①受体敏感区；②高排放区；
③弱扩散区；④布局敏感区</td><td>其他区域</td></tr>
<tr><td>土壤</td><td>基本农田</td><td>①建设用地污染风险防控区；
②农用地污染物风险防控区</td><td>其他区域</td></tr>
<tr><td>资源</td><td>岸线优先保护区</td><td>①生态水补给区；②地下水超采区；
③高污染燃料禁燃区；④岸线资源重点管控区</td><td>其他区域</td></tr>
<tr><td rowspan="4">管控类别</td><td>空间布局</td><td>①禁止/限制开发活动
②退出要求</td><td>①禁止/限制开发活动；②允许开发的建设活动</td><td rowspan="4">参照要素整体管控要求</td></tr>
<tr><td>污染排放管控</td><td>—</td><td>①超标超载区域的削减要求；
②特定区域（园区）管理要求；
③重点行业、产业、污染物</td></tr>
<tr><td>环境风险</td><td>—</td><td>①特定管控属性、区域；
②高风险行业</td></tr>
<tr><td>资源高效利用</td><td>—</td><td>资源开发利用效率</td></tr>
</table>

主要问题：①燕山-太行山局地受城镇、产业发展扰动；②海岸线过度开发，生态功能退化严重。

综合管控策略：①严格坝上高原生态防护区、燕山-太行山生态涵养区用途管控，加强坝上地区农业生产管控，推动标准化草原示范区建设，退耕还草、低质低效土地流转收储等；②开展闪电河、察罕卓尔湿地公园等生态修复工程；③加强拒马河、永定河、潮白河和北运河廊道生态修复与保护，加快白洋淀生态环境治理与修复保护；④加强密云水库、官厅水库、潘家口-大黑汀水库等源头区防护，严格南水北调、引黄入冀补淀等引水通道廊道区安全保护；⑤严格岸线开发管控。

2. 大气方面

战略定位与目标：京津冀大气环境重点治理区。2020 年全省设区城市细颗粒物（$PM_{2.5}$）平均浓度达到 49 μg/m³，2025 年达到 44 μg/m³，2035 年实现区域大气环境根本好转，$PM_{2.5}$ 年均浓度达到 35 μg/m³。

主要问题：①冀中南多个地市多年位于全国空气质量排名后十位；②颗粒物、二氧化氮及臭氧的复合污染特征显著；③以钢铁、电力、化工等为主的重工业和交通贡献突出；④沿太行山传输带和唐山地区污染贡献突出；⑤人居安全风险突出。

综合管控策略：①深化重点行业去产能，强化大气环境通道城市污染治理，有序推动钢铁、化工等向沿海、区域外转移；②强化控煤为重点的能源清洁化战略；③强化船舶和区域交通源管控；④加强大气污染整治，推动钢铁、焦化、化工等产业升级，加强工业氮氧化物（NO_x）和挥发性有机物（VOCs）协同减排；⑤引导敏感区重点行业转型升级、搬迁退出。

3. 地表水

战略定位与目标：首都水源涵养区、京津补水通道区、水环境重点治理区。到 2020 年 118 个国省考点位地表水III类水质以上断面比例达到45%及以上，劣V类水体断面比例控制在20%以内；127 个“十四五”国控点位地表水III类水质以上断面比例达到 48%以上，劣V类水体断面比例控制在 2%以内；到 2035 年，127 个“十四五”国控点位地表水III类水质以上断面比例达到 60%及以上，基本消除劣V类水体。

主要问题：①水生态退化严重，冀中南地区河流长期断流；②水污染严重，劣V类水体长期占比在 25%以上，下游劣V类比例高达 80%；③污染分布时空不均，子牙河、黑龙港及运动水系承担了全省近 50%的污染排放。

综合管控策略：①加强城镇生活源和面源治理，推动设施、海绵城市建设；加强工业污水整治，践行绿色生态农业，强化畜禽粪污处理和综合利用；②针对北部入淀河流，冀中南滹沱河、滏阳河等河流，提出生态补水要求；③针对岗南、黄壁庄等水库、南水北调、引黄入冀等引水通道，明确源头保护区和清水廊道维护区。

4. 土壤及地下水

战略定位与目标：华北平原地区重要的农产品提供区。摸清污染底数，保障农业生产与人居安全。2025 年，受污染耕地安全利用率和污染地块安全利用率分别达到 93%、93%。2035 年，受污染耕地安全利用率和污染地块安全利用率分别达到 97%、97%。

主要问题：受产业重工化、污灌等影响，局地土壤、地下水超标。

综合管控策略：①加强农用地风险防控；②强化监管钢铁、焦化、电镀等企业及重点园区土壤及地下水污染风险；③对农用地污染地块和建设用地污染地块的再利用进行严格监管。

5. 资源利用方面

战略定位与目标：构建高效、绿色、平衡的资源利用体系，缓解地下水超采、环境污染、生态退化。

主要问题：①资源利用结构失衡问题突出，大气环境污染和地下水超采漏斗问题严重；②海岸线过度开发。

综合管控策略：①强化控煤为重点的能源清洁化战略；②优化用水结构，减缓环境地下水超采压力；③加快重点河口湿地等维育，海陆统筹，强化工业、港口、城镇岸线监管。

6. 产业方面

战略定位与目标：产业转型与高质量发展的战略区，京津冀协同发展重要支撑区。

主要问题：①典型的产业重化和县域经济发展模式；②钢铁、焦化、石化等产业比重高；③区域内企业数量繁多、布局分散，产城混杂现象问题突出。

综合管控策略：①优化产业结构；②严格环评审批；③强化产业入园管理；④推动重化及污染突出的产业/项目退城搬迁。

（二）战略功能区管控要求

本研究结合河北省各不同战略功能分区环境现状污染现状、生态环境压力评估及区域功能定位，以生态环境战略问题为导向，将生态环境分区分类管控提出的管理要求转化为管控措施，从污染管控、风险防护、人居安全保障等多方面制定了各战略分区管控要求，以指导地市生态环境管理，实现分区差异性管理，有效保障措施的落地性。

1. 冀西北生态涵养区

生态环境问题：①河流上游水源涵养区水环境安全保障压力大；②中心城区产城混杂布局，局部大气环境问题突出；③城镇建设、工业生产和矿产资源开发与生态环境保护存在冲突。

管控要求：①严格水污染排放项目的环境准入要求；加强河流上游地区水源涵养和生态修复；加大主要河流沿线和重点水库周边生态环境综合整治；②严格管控空间用地开发，推动钢铁、石化等重污染企业搬迁，加快园区整合与中心城区产业搬迁转移；③加强自然森林抚育，加强水源涵养林生态修复与自然抚育，禁止侵占水面的行为。

2. 环京津核心功能区

生态环境问题：①流域性水资源短缺、水污染严重、水生态恶化；地下水超采严重；②区域复合型大气污染严重，机动车和散煤燃烧贡献高；③城镇开发挤占了湿地、河流廊道等重要生态空间；④人居安全保障压力突出。

管控要求：①完善城镇污水处理系统，执行《大清河流域水污染物排放标准》；开展雨水资源化利用，推动海绵城市建设；②实施污染物"倍量削减"；逐步完成钢铁、火电、石化、建材行业的搬迁转移；在城市规划区禁止燃煤、重油等高污染工业项目；加强交通管控；③严格控制城市发展边界，结合环首都国家公园体系建设，进一步加强区域生态安全格局建设。大力修复保护永定河、拒马河、大清河和潮白河、北运河廊道生态，加强自然森林抚育；④严格规范危险化学品管理，严格管理污染地块的治理、修复与再利用。

3. 冀中南功能拓展区

生态环境问题：①地下水超采严重，流域性水污染问题突出；②河北省内大气污染最严重的区域；③太行山水源涵养功能有待提升；④人居安全和粮食安全风险较高。

管控要求：①加大地下水压采力度，推进海绵城市建设；调整农业生产方式和空间布局；完善处理污水的设施，执行子牙河、黑龙港运东水系流域排放标准。②禁止新建、扩建新增产能的钢铁、冶炼、水泥项目以及燃煤锅炉。加强能源结构调整。严格控制产业的环境准入。③加强水源涵养林生态修复与自然抚育。④加强产城统筹和空间布局的优化，推动重污染行业退城；重点保障南水北调中线、引黄入冀工程清水通道的安全。强化污染地块及搬迁遗留污染棕地再利用监管，加强农业用地监管。

4. 沿海率先发展区

生态环境问题：①能源重化工产业集聚，船舶、港口集疏运系统大气污染严重；②近岸海域水质差；③生态岸线被占用；④人居安全隐患较大。

管控要求：①实施统一的产业规划、环境保护规划，加强自然岸线和滨海湿地保护。向园区内集中布局，强化钢铁、石化等行业空间布局管控。优化港口集疏运系统。②制定重点海域污染物排海总量控制目标，永定新河、滦河、陡河等主要入海河流实施总氮、总磷排放总量控制试点，制订并实施主要入海河流断面水质保护管理方案。③实施海域海岛海岸带整治修复保护工程。④严格规范危险化学品管理，加强居住区生态环境防护。

三、差异性生态环境准入清单

立足单元问题，根据“三线”工作成果，将生态保护红线的空间布局约束要求，水和大气环境质量底线污染物排放等要求，土壤、地下水环境风险防控要求，水资源、土地资源、能源等开发利用效率方面的要求，集成到各生态环境管控单元，结合“二污普”、排污许可证，逐一核实各单元的编号、名称、要素类别/等级、特征与问题，提出针对性的管控要求，形成基于生态环境管控单元的差异化清单。

对于优先保护单元，河北省需严格落实生态保护红线管理要求，除有限人为活动外，依法依规禁止其他城镇和建设活动。一般生态空间应突出生态保护，严禁不符合主体功能定位的各类开发活动，严禁任意改变用途。

建议河北省在重点管控单元进一步落实分类管控。对于城镇重点管控单元，管控重点包括：优化工业布局，有序实施高污染、高排放工业企业整改或搬迁退出；强化交通污染源管控；完善污水治理设施；加快城镇河流水系环境整治；加强工业污染场地环境风险防控和开发再利用监管。对于省级以上产业园区重点管控单元，管控重点在于：严格产业准入，完善园区设施建设，推动设施提标改造；实施污染物总量控制，落实排污许可证制度；强化资源利用效率和地下水开采管控。对于农业农村重点管控单元，管控重点在于：优化规模化畜禽养殖布局，加快农村生态环境综合整治，逐步推进农村污水和生活垃圾治理；减少化肥农药施用量，优化农业种植结构，推动秸秆综合利用；控制地下水超采区农业地下水开采。对于近岸海域重点管控单元，管控重点在于：优化石化、钢铁等重化行业布局；严格海洋岸线开发；强化船舶、港区污染物控制；加强近岸海域及港口码头环境污染风险防控。

第十二章

成果应用与实施保障机制

第一节　加快“三线一单”生态环境分区管控成果应用

一、促进产业转型和高质量发展

为推动“三线一单”生态环境分区管控生态环境准入清单细化和落地，各主体各地区都应做好相应的工作。各地各部门要将“三线一单”生态环境分区管控要求作为区域资源开发、产业布局和结构调整、城镇建设、重大项目选址的重要依据。各类开发建设活动要将生态环境保护红线、环境质量底线、资源利用上线等管控要求融入决策和实施全过程。各地在制定相关政策、规划、方案时，需说明与“三线一单”生态环境分区管控的符合性，在地方立法、政策制定、规划编制、执法监管等过程中不得降低标准。

二、优化国土空间发展布局

各市要加强“三线一单”生态环境分区管控与国土空间规划数据和成果衔接，要与生态保护红线评估、自然保护地调整、国土空间规划“双评价”成果相协调，将“三线一单”生态环境分区管控生态环境质量目标及生态环境分区管控要求作为国土空间规划相关目标指标和空间用途管制的重要依据，推动国土空间规划与“三线一单”生态环境分区管控成果数据互联互通。河北省应以“三线一单”生态环境分区管控和“双评价”为基础，全面开展市县国土空间规划环境影响评价，优化国土空间发展布局，提出改善生态环境质量和保障生态安全的对策措施，促进国土空间集约节约和高质量发展。

三、支撑“十四五”规划决策

河北省应将“三线一单”生态环境分区管控生态环境质量底线目标和分区管控要求作为确定“十四五”规划目标和重点任务的参考依据。各地和自然资源、发展改革、水利、住建、交通、林业和草原、文化旅游、农业农村等相关部门在编制有关规划时，应保持充分衔接，确保关键目标指标和生态环境管理要求一致。各地各部门专项规划环境影响评价要开展与“三线一单”生态环境分区管控的符合性分析，并根据各要素管控要求对规划具体工程建设内容提出优化建议。

四、强化与经济社会发展领域相关制度衔接

本研究建议推动生态环境部门与发展改革、自然资源、水利、交通等多部门合作，共同做好“三线一单”生态环境分区管控成果实施应用，在生态文明体制改革总体要求和职能分工框架下，探索“三线一单”生态环境分区管控与空间规划、产业准入的联动机制，发挥“三线一单”生态环境分区管控促进绿色发展、优化空间布局的基础作用，将“三线一单”生态环境分区管控方案作为政策制定和规划编制的基础。

五、推动完善环评管理体系

河北省应充分发挥“三线一单”生态环境分区管控源头预防引领作用，将“三线一单”生态环境分区管控成果应用到规划环评审查和建设项目环评审批中，发挥好“三线一单”生态环境分区管控在环评管理体系中的串联作用，推动“三线一单”生态环境分区管控与排污许可证制度有效衔接，选择典型地区开展环评管理制度改革试点。

同时，河北省还可以结合新一轮规划修编和调整，强化产业园区规划环评工作，突出与“三线一单”生态环境分区管控成果的协调性分析，进一步细化园区生态环境管控单元划定和生态环境准入清单管控要求。在建设项目环评审批环节，可重点衔接落实建设项目所在生态环境管控单元准入要求，对不符合要求的项目依法不予审批。

六、优化生态环境治理与监管

河北省的各市政府和省直有关部门应强化“三线一单”生态环境分区管控在污染防治、生态修复、环境风险防控和日常环境管理中的应用，制定相关环境政策时应落实生态环境分区管控要求，将生态环境分区管控体系作为监督开发建设行为和生产活动的重要依据，将优先保护单元和重点管控单元作为生态环境监管的重点区域，将生态环境分区管控要求作为生态环境监管的重要内容。

第二节　建立“三线一单”生态环境分区管控长效机制

一、建立保障落地实施的工作机制

本研究建议河北省推动“三线一单”生态环境分区管控纳入《白洋淀生态环境治理和保

护条例》，各市探索将“三线一单”生态环境分区管控纳入地方法律法规，加强“三线一单”生态环境分区管控落地实施的法律保障。为此，河北省可制定“三线一单”生态环境分区管控管理办法，明确 “三线一单”生态环境分区管控成果管理、成果使用、应用评估、更新调整、宣传培训、支撑保障等系列要求，建立“三线一单”生态环境分区管控考核机制，将“三线一单”生态环境分区管控落地实施纳入市政府考核体系，从统筹纳入地方国民经济和社会发展规划纲要、指导规划编制等角度，做好实施保障。

二、建立“三线一单”生态环境分区管控实施跟踪评估机制

为推动“三线一单”生态环境分区管控成果完善和实施应用，本研究建议河北省制定“三线一单”生态环境分区管控跟踪评估相关办法，并尽快选取部分产业园区、建设项目环评、要素管理、政策制定等方面开展“三线一单”生态环境分区管控成果实施应用跟踪评估，探索“三线一单”生态环境分区管控发挥效能的应用方式和管理办法。结合国家相关要求和工作推进情况，适时开展省市“三线一单”生态环境分区管控中期评估和五年期评估，作为更新调整的基础。

三、建立“三线一单”生态环境分区管控动态更新调整机制

河北省有必要跟踪评估“三线一单”生态环境分区管控动态更新调整情形，建立省-市分级统筹，常规调整与动态更新相结合的动态更新调整机制。要根据最新成果更新调整生态保护红线，环境质量底线应充分对接“十四五”规划目标、体现要素管理要求，资源利用上线要衔接资源、能源部门“十四五”规划成果。动态更新生态环境准入清单；根据环境质量年度评估结果，每年更新，对环境质量恶化、生态功能退化区域，收严管控要求。进一步规范动态更新和调整程序；对于发生变化发展战略、质量目标、政策制度，按照程序实施调整；及时跟进生态保护红线调整和自然保护区范围变化，对成果进行动态更新；成果调整更新后，更新备案相关数据至成果数据共享系统。河北省应该以国土空间规划、生态保护红线评估调整、土地利用三调、自然保护地体系规划和“十四五”规划等工作为契机，组织省市“三线一单”生态环境分区管控更新调整，成果统一。2025 年前，完成省市“三线一单”生态环境分区管控实施五年的更新与动态调整。

第三节　“三线一单”生态环境分区管控实施保障措施

一、加强组织领导

河北省生态环境厅要统筹做好省级“三线一单”生态环境分区管控的实施、监督、评估和宣传等工作。省级“三线一单”生态环境分区管控协调小组其他成员单位要根据职责分工，及时提供、更新反馈“三线一单”生态环境分区管控相关文件和数据，并在职责范围内做好

实施应用。各市人民政府是本辖区“三线一单”生态环境分区管控编制和实施的主体，要切实落实主体责任，扎实推进“三线一单”生态环境分区管控编制、发布、实施、评估和监督等工作。

二、强化技术支撑

省生态环境厅、各市要组建长期稳定的专业技术队伍，安排专项财政资金，切实保障“三线一单”生态环境分区管控实施、评估、更新调整、数据应用与维护、宣传培训等工作，加快推进“三线一单”生态环境分区管控数据应用与生态环境质量监测、污染源管理等系统的互联互通，数据共享和业务协同。

三、落实监督考核

省生态环境厅要建立健全“三线一单”生态环境分区管控成果应用评估和监督机制，建立定期开展成果实施应用和监督考核，将各级各部门“三线一单”生态环境分区管控落实相关情况纳入生态环境保护督察范围，定期跟踪评估实施成效，推进实施应用。

四、开展宣传培训

河北省需要广泛开展多种形式的“三线一单”生态环境分区管控成果及实施应用宣传与培训，推广“三线一单”生态环境分区管控应用经验，及时将“三线一单”生态环境分区管控成果与评估结果向社会公开，扩大公众宣传与监督范围，营造良好的社会氛围。

主要参考文献

[1] Ascensão F，Fahrig L，Clevenger A P，et al. Environmental challenges for the Belt and Road Initiative[J]. Nature Sustainability，2018，1（5）：206-209.

[2] Barrow C. Environmental management for sustainable development [M]. London：Routledge，2006.

[3] Cheng R，Li W. Evaluating environmental sustainability of an urban industrial plan under the three-line environmental governance policy in China[J]. Journal of Environmental Management，2019，251：109545.

[4] Cicin-Sain B，Belfiore S. Linking marine protected areas to integrated coastal and ocean management：A review of theory and practice[J]. Ocean & Coastal Management，2005，48（11-12）：847-868.

[5] De Roo G，Miller D. Transitions in Dutch environmental planning：new solutions for integrating spatial and environmental policies[J]. Environment and Planning B：Planning and Design，1997，24（3）：427-436.

[6] DE Roo G. Environmental planning in the Netherlands：too good to be true：from command-and-control planning to shared governance [M]. London：Routledge，2017.

[7] Driessen P P J，Dieperink C，Van Laerhoven F，et al. Towards a conceptual framework for the study of shifts in modes of environmental governance–experiences from the Netherlands[J]. Environmental Policy and Governance，2012，22（3）：143-160.

[8] Fan J，Li P. The scientific foundation of Major Function Oriented Zoning in China[J]. Journal of Geographical Sciences，2009，19（5）：515-531.

[9] Gao J. How China will protect one-quarter of its land[J]. Nature，2019，569（7755）：457-458.

[10] He P，Gao J，Zhang W，et al. China integrating conservation areas into red lines for stricter and unified management[J]. Land Use Policy，2018，71：245-248.

[11] Klijn F，de Waal R W，Oude Voshaar J H. Ecoregions and ecodistricts：ecological regionalizations for the Netherlands' environmental policy[J]. Environmental Management，1995，19：797-813.

[12] Omernik J M. Ecoregions of the conterminous United States[J]. Annals of the Association of American Geographers，1987，77（1）：118-125.

[13] Volkodaeva M V，Taranina O A，Volodina Y A. Functional zoning of urban areas with regard to environmental quality is one of ways to create more favourable conditions for life[C]//IOP Conference Series：Materials Science and Engineering. IOP Publishing，2019，687（6）：066041.

[14] Wang G，Yang D，Xia F，et al. Three types of spatial function zoning in key ecological function areas based on ecological and economic coordinated development：a case study of Tacheng Basin，China[J]. Chinese Geographical Science，2019，29：689-699.

[15] Xu K，Wang J，Wang J，et al. Environmental function zoning for spatially differentiated environmental policies in China[J]. Journal of environmental management，2020，255：109485.

[16] Zhang K，Wen Z. Review and challenges of policies of environmental protection and sustainable development in China[J]. Journal of Environmental Management，2008，88（4）：1249-1261.

[17] Zhao Y，Wang S，Nielsen C P，et al. Establishment of a database of emission factors for atmospheric pollutants from Chinese coal-fired power plants[J]. Atmospheric Environment，2010，44（12）：1515-1523.

[18] Xin Z，Ye L，Zhang C. Application of export coefficient model and QUAL2K for water environmental management in a rural watershed[J]. Sustainability，2019，11（21）：6022.

[19] Wang Z，Li W，Li Y，et al. The“Three Lines One Permit”policy：an integrated environmental regulation in China[J]. Resources，Conservation and Recycling，2020，163：105101.

[20] 安俊岭，李健，张伟，等. 京津冀污染物跨界输送通量模拟[J]. 环境科学学报，2012，32（11）：2684-2692.

[21] 蔡云，田珺，魏永军，等. 南京市 “三线一单” 编制及应用实践[J]. 环境影响评价，2019，41（4）：6-10.

[22] 陈安，杨晓东，余向勇，等. 融合法定制度与准入清单的生态环境分区管控制度研究——以湖北省宜昌市为例[J]. 环境保护科学，2020，46（3）：13-17.

[23] 陈吉宁. 环渤海沿海地区重点产业发展战略环境评价研究[M]. 北京：中国环境科学出版社，2012.

[24] 陈佳璇，郭丽婷，蔺文亭，等. 京津冀区域环境风险特征与演变态势研判[J]. 环境影响评价，2018，40（5）：15-20.

[25] 陈颖，王广友，李晓刚，等. 保定市 PM_{10} 和 $PM_{2.5}$ 时间分布特征研究[J]. 环境科学与技术，2015（S2）：5.

[26] 程红光，郝芳华，任希岩，等. 不同降雨条件下非点源污染氮负荷入河系数研究[J]. 环境科学学报，2006（3）：392-397.

[27] 程麟钧. 我国臭氧污染特征及分区管理方法研究[D]. 北京：中国地质大学（北京），2018.

[28] 迟妍妍，许开鹏，王晶晶，等. 京津冀地区生态空间识别研究[J]. 生态学报，2018，38（23）：8555-8563.

[29] 储成君，张南南，史宇. 臭氧污染特征与治理对策思考[J]. 环境保护，2017，45（16）：64-66.

[30] 邓富亮，金陶陶，马乐宽，等. 面向“十三五”流域水环境管理的控制单元划分方法[J]. 水科学进展，2016，27（6）：909-917.

[31] 翟敏婷，辛卓航，韩建旭，等. 河流水质模拟及污染源归因分析[J]. 中国环境科学，2019，39（8）：3457-3464.

[32] 翟敏婷. 河流水质模拟及污染总量控制研究[D]. 大连：大连理工大学，2019.

[33] 杜群，李丹.《欧盟水框架指令》十年回顾及其实施成效述评[J]. 江西社会科学，2011，31（8）：19-27.

[34] 范学忠，袁琳，戴晓燕，等. 海岸带综合管理及其研究进展[J]. 生态学报，2010，30（10）：2756-65.

[35] 范玉龙，胡楠. 陆地生态系统服务与生物多样性研究进展[J]. 生态学报，2016，36（15）：4583-4593.

[36] 冯爱萍，吴传庆，王雪蕾，等. 海河流域氮磷面源污染空间特征遥感解析[J]. 中国环境科学，2019，39（7）：2999-3008.

[37] 高建东，冯棣. 1998—2017 年海河流域水资源变化趋势分析[J]. 灌溉排水学报，2019，38（S2）：101-105.

[38] 耿海清.“三线一单”在我国空间规划体系中的定位浅析[J]. 环境与可持续发展，2019，44（5）：5.

[39] 耿海清，陈雷. 试论区域空间生态环境评价如何参与国土空间规划[J]. 环境保护，2019，47（19）：12-15.

[40] 耿润哲，殷培红，周丽丽，等. 关于农业面源污染物入河系数测算技术路线与关键方法的探讨[J]. 环境与可持续发展，2019，44（2）：26-30.

[41] 龚诗涵，肖洋，郑华. 中国生态系统水源涵养空间特征及其影响因素[J]. 生态学报，2017，37（7）：2455-2462.

[42] 郭祥，冯海波，陆雅静. 河北省土壤扬尘源 $PM_{2.5}$ 排放量估算[J]. 河北工业科技，2017（6）：93-98.

[43] 韩婧，李元征，李锋. 2000—2015 年中国 $PM_{2.5}$ 浓度时空分布特征及其城乡差异[J]. 生态学报，2019，39（8）：314-322.

[44] 韩丽君，王丽伟，孙玉娟，等. 河北省近岸海域环境质量评价及分析[J]. 中国环境管理干部学院学报，2018，28（3）：67-69，74.

[45] 何立霞，张玉玲，贾晓宇，等. 干旱地区水环境容量的研究：以张家口市境内永定河为例[J]. 草业科学，2020，37（7）：1368-1375.

[46] 贺三维，邵玺. 京津冀地区人口—土地—经济城镇化空间集聚及耦合协调发展研究[J]. 经济地理，2018（1）：95-102.

[47] 胡宏，彼得·德里森，特吉奥·斯皮德. 荷兰的绿色规划：空间规划与环境规划的整合[J]. 国际城市规划，2013，28（3）：18-21.

[48] 黄润秋. 黄润秋布置在“三线一单”试点工作启动会上的讲话[J]. 环保工作资料选，2017（8）：4-6.

[49] 惠婷婷. 水污染控制单元划分方法及应用[D]. 沈阳：辽宁大学，2011.
[50] 贾瑜玲，廖嘉玲. 四川省“三线一单”编制与相关部门管理工作的协调性研究[J]. 环境保护，2019，47（19）：20-23.
[51] 姜欣，许士国，练建军，等. 北方河流动态水环境容量分析与计算[J]. 生态与农村环境学报，2013，29（4）：409-414.
[52] 姜昀，王亚男，郭倩倩. “三线一单”生态环境分区管控落地实施情况及应用探讨[J]. 环境影响评价，2022，44（1）：1-5.
[53] 蒋洪强，刘年磊，胡溪，等. 我国生态环境空间管控制度研究与实践进展[J]. 环境保护，2019，47（13）：32-36.
[54] 蒋宁洁，王繁强，刘学春，等. 武汉市下垫面变化对大气污染物扩散和气象要素影响的数值模拟[J]. 安全与环境学报，2016，16（6）：270-276.
[55] 黎柯宏. 基于“双评价”的“三线划定”技术方法研究[J]. 智能城市，2021，7（5）：119-120.
[56] 李红亮，米玉华. 河北省水功能区纳污能力及限制排污总量研究[J]. 水资源保护，2011，27（1）：76-79.
[57] 李卉，苏保林. 平原河网地区农业非点源污染负荷估算方法综述[J]. 北京师范大学学报（自然科学版），2009，45（Z1）：662-666.
[58] 李倩，汪自书，刘毅，等. 京津冀生态环境管控分区与差别化准入研析[J]. 环境影响评价，2019，41（1）：28-33.
[59] 李倩，吕春英，王一星，等. 连云港市环境管控空间单元划分方案研究[C]//中国环境科学学会. 2017 中国环境科学学会科学与技术年会论文集（第三卷）. 北京清控人居环境研究院，2017：5.
[60] 李倩，汪自书，刘毅，等. 京津冀生态环境管控分区与差别化准入研析[J]. 环境影响评价，2019，41（1）：28-33.
[61] 李王锋，吕春英，汪自书，等. 地级市战略环境评价中“三线一单”理论研究与应用[J]. 环境影响评价，2018，40（3）：14-18.
[62] 李欣怡，向伟玲，陈学舜，等. 曹妃甸工业区空气污染来源及其对周边地区污染贡献的数值模拟研究[J]. 气候与环境研究，2019，24（4）：469-481.
[63] 刘松，程燕，李博伟，等. 2013—2016 年西安市臭氧时空变化特性与影响因素[J]. 地球环境学报，2017，8（6）：541-551.
[64] 刘毅，江涟，陈吉宁. 国际大都市区可持续发展实践经验概述[J]. 中国人口·资源与环境，2008，18（1）：75-78.
[65] 刘征，赵旭阳. 河北省水源涵养生态功能保护区划分研究[J]. 水土保持通报，2008（2）：180-183.
[66] 吕红迪，万军，秦昌波，等. “三线一单”划定的基本思路与建议[J]. 环境影响评价，2018，40（3）：1-4.
[67] 梅玉. 石家庄市大气污染源排放清单[D]. 石家庄：河北师范大学，2019.
[68] 欧阳志云，王效科，苗鸿. 中国陆地生态系统服务功能及其生态经济价值的初步研究[J]. 生态学，1999（5）：607-613.
[69] 潘涛. 缺水型城市流域水污染物排放总量调控技术研究[D]. 天津：天津大学，2017.

[70] 裴晶莹，王英伟.“三线一单”环境重点管控单元划分的方法探索——以黑龙江省为例[J]. 环境与发展，2020，32（8）：230-231.

[71] 彭艳，廖嘉玲，毛翔洲，等. 重点行业差别化环境准入政策路径研究[J]. 环境影响评价，2020，42（1）：28-32.

[72] 秦昌波，张培培，于雷，等.“三线一单”生态环境分区管控体系：历程与展望[J]. 中国环境管理，2021，13（5）：151-158.

[73] 任建兰，张伟，张晓青，等. 基于“尺度”的区域环境管理的几点思考——以中观尺度区域（省域）环境管理为例[J]. 地理科学，2013，33（6）：668-675.

[74] 荣伟英. 基于“三线一单”的生态环境风险防范体系构建[J]. 环境与发展，2020，32（7）：184-185.

[75] 尚可，杨晓亮，张叶，等. 河北省边界层气象要素与 $PM_{2.5}$ 关系的统计特征[J]. 环境科学研究，2016，29（3）：323-333.

[76] 苏晶. 漳河上游流域城市非点源污染负荷估算[D]. 邯郸：河北工程大学，2018.

[77] 苏敬华，东阳. 特大城市生态空间识别及管控单元划定——以上海市为例[J]. 环境影响评价，2020，42（1）：33-37.

[78] 孙冬梅，程雅芳，冯平. 海河干流汛期动态水环境容量计算研究[J]. 水利学报，2019，50（12）：1454-1466.

[79] 孙然好，李卓，陈利顶. 中国生态区划研究进展：从格局、功能到服务[J]. 生态学报，2018，38（15）：5271-5278.

[80] 孙玉娟，田建立，韩丽君，等. 2011—2016 年河北省主要入海河流水质及污染状况分析[J]. 河北工业科技，2018，35（5）：348-353.

[81] 陶艳茹，苏海磊，李会仙，等. 《欧盟水框架指令》下的地表水环境管理体系及其对我国的启示[J]. 环境科学研究，2021，34（5）：1267-1276.

[82] 田甜，刘鸿铭，辛培源. 国土空间规划与区域环评（“三线一单”）的协调研究[C]//中国环境科学学会（Chinese Society for Environmental Sciences）. 2019 中国环境科学学会科学技术年会论文集（第三卷）. 长春市城乡规划设计研究院，2019：4.

[83] 万军，秦昌波，于雷，等. 关于加快建立“三线一单”的构想与建议[J]. 环境保护，2017，45（20）：7-9.

[84] 万薇. 美国臭氧污染治理的经验借鉴与思考[J]. 绿叶，2017（12）：6.

[85] 汪自书，刘毅，李王锋. 京津冀地区战略环境评价研究[M]. 北京：中国环境出版集团，2021.

[86] 汪自书，李王锋，刘毅.“三线一单”生态环境分区管控的技术方法体系[J]. 环境影响评价，2020，42（5）：5-10.

[87] 汪自书，谢丹，杨洋，等.“三线一单”生态环境管控单元划定方法与建议[J]. 环境工程技术学报，2022，12（6）：1915-1921.

[88] 王涛，李杰，王威，等. 北京秋冬季一次重污染过程 $PM_{2.5}$ 来源数值模拟研究[J]. 环境科学学报，2019，39（4）：1025-1038.

[89] 王万忠，焦菊英，郝小品. 中国的土壤侵蚀因子定量评价研究[J]. 水土保持通报，1996，16（5）：1-20.

[90] 王万忠，焦菊英，郝小品. 中国降雨侵蚀力 R 值的计算与分布[J]. 土壤侵蚀与水土保持

学报，1996，2（1）：29-39.

[91] 王文燕，李元实，姜昀，等. 厘清“三线一单”制度与技术逻辑支撑国家生态环境治理体系现代化[J]. 中国环境管理，2020，12（6）：31-36.

[92] 王晓，胡秋红，倪依琳，等.“三线一单”中生态环境准入清单编制路径探讨[J]. 环境保护，2020，48（7）：46-50.

[93] 王晓，胡秋红，杨芳. 我国生态环境分区制度建设与实施机制分析[J]. 环境保护，2020，48（21）：14-19.

[94] 王亚男，王占朝.“三线一单”的制度定位、功能及如何建立长效机制[J]. 环境保护，2019，47（19）：24-27.

[95] 王洋洋，肖玉，谢高地，等. 基于 RWEQ 的宁夏草地防风固沙服务评估[J]. 资源科学，2019，41（5）：980-991.

[96] 王一星，吕春英，常照其. 城市总体规划环境影响评价中落实“三线一单”要点研究[C]//中国环境科学学会（Chinese Society for Environmental Sciences）. 2018 中国环境科学学会科学技术年会论文集（第一卷）. 北京清控人居环境研究院有限公司，2018：4.

[97] 王子为，钱昶，张成波，等. 伊逊河流域总磷污染来源解析[J]. 环境科学研究，2020，33（10）：2290-2297.

[98] 魏哲，张泽琨，史文浩，等. APEC 期间河北省大气污染及 $PM_{2.5}$ 来源变化特征[J]. 河北工程大学学报（自然科学版），2016，33（4）：76-82，88.

[99] 文超祥，刘圆梦，刘希. 国外海岸带空间规划经验与借鉴[J]. 规划师，2018，34（7）：6.

[100] 吴克宁，赵瑞. 土壤学报土壤质地分类及其在我国应用探讨[J]. 土壤学报，2019，5（1）：227-241.

[101] 武卫玲，薛文博，雷宇. 宜昌市大气环境红线研究[J]. 环境与可持续发展，2016，41（6）：182-185.

[102] 向华，毛敏娟，缪丽娜，等. 湖州市大气扩散能力与气象条件的关系[J]. 绿色科技，2017（10）：16-18.

[103] 谢敏，张丽君. 德国空间规划理念解析[J]. 国土资源情报，2011（7）：9-12，36.

[104] 解鑫，邵敏，刘莹，等. 大气挥发性有机物的日变化特征及在臭氧生成中的作用——以广州夏季为例[J]. 环境科学学报，2009，29（1）：54-62.

[105] 邢宝秀，陈贺. 北京市农业面源污染负荷及入河系数估算[J]. 中国水土保持，2016（5）：34-37，77.

[106] 熊善高，万军，吕红迪，等.“三线一单”环境管控单元划定研究——以济南市为例[J]. 环境污染与防治，2019，41（6）：731-736.

[107] 许开鹏，步秀芹，曾广庆，等. 环境功能区划的空间尺度特征[J]. 城乡规划，2017，1（5）：83-89.

[108] 许开鹏，迟妍妍，陆军，等. 环境功能区划进展与展望[J]. 环境保护，2017，45（1）：55-59.

[109] 杨星. 河北省 VOCs 排放对 O_3 贡献分析[J]. 北方环境，2018，30（10）：40-41.

[110] 杨俊杰，方皓. 关于“三线一单”生态环境分区管控体系落地应用机制的探索[J]. 环境

保护，2021，49（9）：40-43.
[111] 杨泽凡，胡鹏，赵勇，等. 新区建设背景下白洋淀及入淀河流生态需水评价和保障措施研究[J]. 中国水利水电科学研究院学报，2018，6（6）：563-570.
[112] 易雨君，林楚翘，唐彩红. 1960s 以来白洋淀水文、环境、生态演变趋势[J]. 湖泊科学，2020，32（5）：1333-1347，1226.
[113] 战强，刘子尧，王晨，等. 空间治理视角下国土空间全域管控单元划定研究[C]//中国城市规划学会，重庆市人民政府. 活力城乡 美好人居——2019 中国城市规划年会论文集（12 城乡治理与政策研究）. 长春市城乡规划设计研究院，2019：10.
[114] 张建云，王国庆，金君良，等. 1956—2018 年中国江河径流演变及其变化特征[J]. 水科学进展，2020，31（2）：153-161.
[115] 张灵杰. 美国海岸带综合管理及其对我国的借鉴意义[J]. 世界地理研究，2001，10（2）：7.
[116] 张南南，秦昌波，王倩，等.“三线一单”大气环境质量底线体系与划分技术方法[J]. 中国环境管理，2018，10（5）：24-28.
[117] 赵杰杰. 永定河河北段水环境容量计算与总量分配研究[D]. 沈阳：沈阳大学，2020.
[118] 赵露. 水环境面源污染负荷估算的分析[J]. 环境与发展，2018，30（5）：57，59.
[119] 朱梅. 海河流域农业非点源污染负荷估算与评价研究[D]. 北京：中国农业科学院，2011.
[120] 朱珊珊. 河北邯郸市 2013—2017 年大气颗粒物化学组成特征的研究[D]. 南宁：广西大学，2019.